附图

“利用稻麦秸秆炭粉制成摩擦材料生产刹车片”案例

彩图 9-1　稻麦秸秆炭粉制摩擦材料生产刹车片基地

彩图 9-2　稻麦秸秆收集

彩图 9-3　稻麦秸秆贮存

彩图 9-4　稻麦秸秆粉碎、清洗

彩图 9-5　清洗后稻麦秸秆烘干

彩图 9-6　稻麦秸秆压块

彩图 9-7　压块后稻麦秸秆炭化

彩图 9-8　稻麦秸秆材料活化和石墨化加工

彩图 9-9　稻麦秸秆人造颗粒石墨

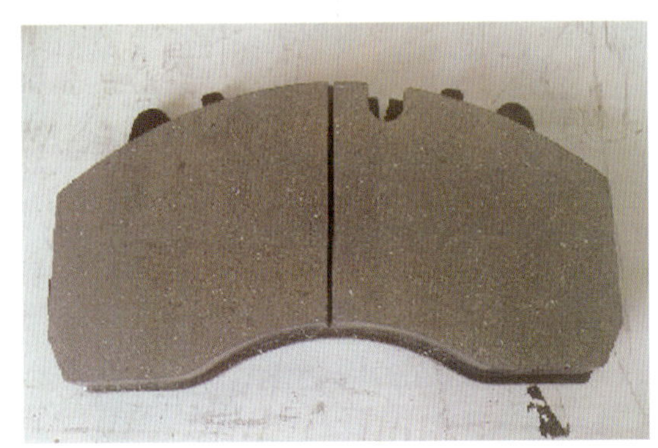

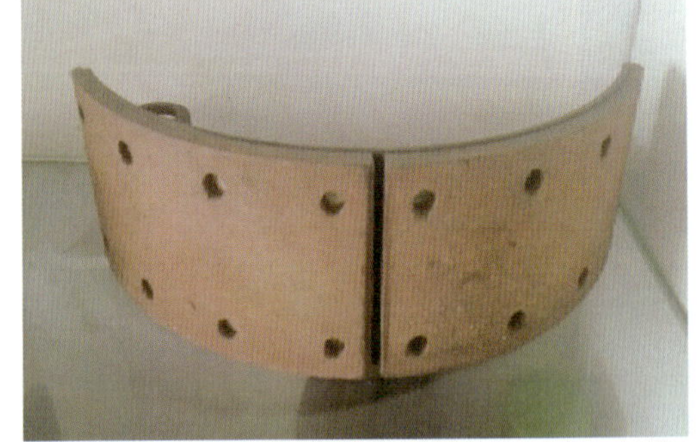

彩图 9-10　稻麦秸秆炭粉制成摩擦材料生产的刹车片

“利用秸秆类农业固体废物开发成型燃料”案例

彩图 9-11　生物质原料——木材加工边角料

彩图 9-12　粉碎后的生物质原料

彩图 9-13　生物质成型燃料生产车间

彩图 9-14　生物质成型燃料压块机

彩图 9-15　生物质成型燃料生产

彩图 9-16　生物质成型燃料块

彩图 9-17　生物质成型燃料颗粒

彩图 9-18　生物质成型燃料大型燃烧锅炉

彩图 9-19　生物质成型燃料小型燃烧炉

“利用秸秆生物质燃料发电”案例

彩图 9-20　生物质燃料发电厂

彩图 9-21　秸秆类农业固体废物收集

彩图 9-22　秸秆类农业固体废物燃料贮存

彩图 9-23　秸秆类农业固体废物燃料运输

彩图 9-24　秸秆类农业固体废物燃烧送料

“利用秸秆类农业固体废物开发基质产品”案例

彩图 9-25　食用菌栽培后废弃菌棒

彩图 9-26　废菌棒脱袋破碎残渣

彩图 9-27　竹制品加工后废弃竹屑

彩图 9-28　山核桃加工后废弃蒲壳

彩图 9-29　基质槽式生产发酵

彩图 9-30　基质生产发酵车间

彩图 9-31　全自动基质网袋生产及灌装生产线

彩图 9-32　网袋育苗基质产品

彩图 9-33　栽培基质产品

“利用青贮包技术开发笋壳青贮饲料”案例

彩图 9-34　废弃笋壳

彩图 9-35　笋壳机械切碎

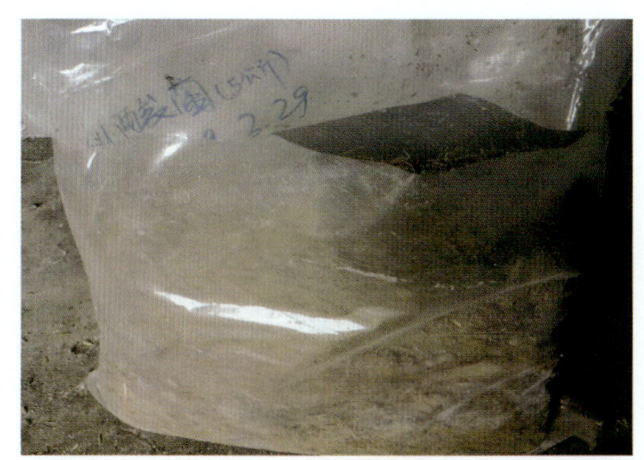

彩图 9-36　笋壳碎料接种乳酸菌剂

彩图 9-37　青贮料圆捆捆扎

彩图 9-38　圆捆青贮料打包

彩图 9-39　笋壳青贮包饲料

彩图 9-40　青贮饲料喂羊

“利用畜禽粪和农作物秸秆生产商品有机肥”案例

彩图 9-41　畜禽粪堆肥物料混合

彩图 9-42　畜禽粪堆肥物料做堆

彩图 9-43　骑跨式翻抛机翻堆

彩图 9-44　堆肥物料破碎过筛

彩图 9-45　取样检验

彩图 9-46　有机肥称重包装

彩图 9-47　有机肥成品入库贮存

“猪(鸡)粪一体化生产蝇蛆动物蛋白和有机肥”案例

彩图 9-48　苍蝇种蝇养殖

彩图 9-49　苍蝇卵块收集

彩图 9-50　幼蛆接种

彩图 9-51　蝇蛆养殖

彩图 9-52　鲜蛆烘干

彩图 9-53　蝇蛆干

彩图 9-54　蝇蛆养殖粪渣槽式堆肥发酵

彩图 9-55　有机肥成品

彩图 9-56　蝇蛆动物蛋白和有机肥一体化生产综合利用工艺流程

“死亡动物无害化处理及生物转化资源利用”案例

彩图 9-57　死亡畜禽无害化处理中心

彩图 9-58　死亡畜禽收集运输专用车

彩图 9-59　湿化法高温高压罐

彩图 9-60　湿化法高温高压处理车间

彩图 9-61　死亡畜禽自动卸入提升斗

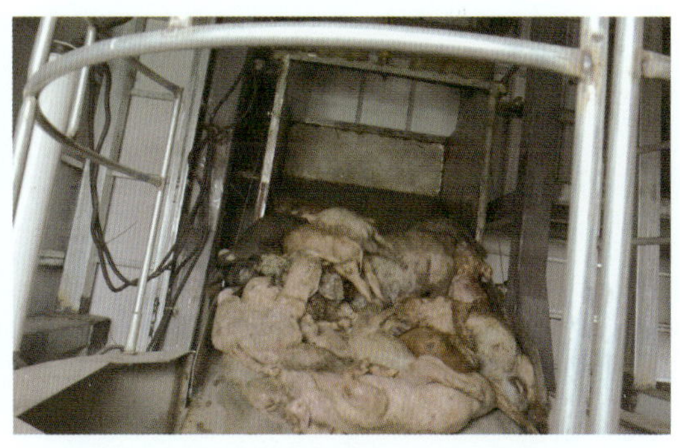

彩图 9-62　病死畜禽提升进入切割机

彩图 9-63　死亡畜禽切割机

彩图 9-64　死亡畜禽处理处置监控室

彩图 9-65　操作人员正在操作监控

彩图 9-66　苍蝇种蝇繁育房

彩图 9-67　苍蝇蛆生物转化车间

固体废物环境管理丛书
GUTI FEIWU HUANJING GUANLI CONGSHU

农业固体废物处理与处置

NONGYE GUTI FEIWU CHULI YU CHUZHI

总主编　陈昆柏　郭春霞
本册主编　薛智勇

河南科学技术出版社
·郑州·

图书在版编目（CIP）数据

农业固体废物处理与处置/薛智勇主编．—郑州：河南科学技术出版社，2016.11

（固体废物环境管理丛书）

ISBN 978-7-5349-8455-6

Ⅰ．①农…　Ⅱ．①薛…　Ⅲ．①农业废物-固体废物处理　Ⅳ．①X710.5

中国版本图书馆 CIP 数据核字（2016）第 274059 号

出版发行：河南科学技术出版社

地址：郑州市经五路 66 号　　邮编：450002

电话：（0371）65737028

网址：www.hnstp.cn

策划编辑：李肖胜　冯俊杰

责任编辑：司　芳

责任校对：窦红英

封面设计：张　伟

版式设计：栾亚平

责任印制：张艳芳

印　　刷：河南日报报业集团有限公司彩印厂

经　　销：全国新华书店

幅面尺寸：185 mm×260 mm　　印张：15.5　　字数：330 千字

版　　次：2016 年 11 月第 1 版　　2016 年 11 月第 1 次印刷

定　　价：80.00 元

如发现印、装质量问题，影响阅读，请与出版社联系并调换。

《农业固体废物处理与处置》编委会

主　　任　沈其荣

副 主 任　席北斗　沈东升

编　　委　张　宇　陈红金　戴旭明　常志州

　　　　　石伟勇

主　　编　薛智勇

副 主 编　姚燕来　王卫平

编写人员　（按姓氏笔画排序）

　　　　　王卫平　朱凤香　陈晓旸　洪春来

　　　　　姚燕来　薛智勇

总 序 言

环境污染已成为人类社会面临的重大威胁，为了更好地控制和解决环境污染问题，我国已将环境保护列为基本国策。尤其党的十八大以来，生态文明建设受到党中央、国务院高度重视，体现了党和政府对新世纪、新阶段我国发展呈现的一系列阶段性特征的科学判断和对人类社会发展规律的深刻把握，是对人类文明发展理论的丰富和完善，是对人与自然和谐发展的深刻洞察，是实现我国全面建设小康社会宏伟目标的基本要求，也是对日益严峻的环境问题国际化主动承担大国责任的庄严承诺。

固体废物是主要的环境污染源。生活垃圾、农业固体废物、工业固体废物特别是危险废物，除了直接污染外，还经常以水、大气和土壤为媒介污染环境，并且对人体健康也造成严重危害。为了让更多人了解固体废物环境管理方面的法规政策、工程技术和基本知识，帮助环境管理人员、行业从业人员、大学生、环保爱好者等解决工作、学习、生活的需要，真正实现固体废物的“减量化、资源化、无害化”，变有害为有利，上市文化企业——中原大地传媒股份有限公司的全资子公司河南科学技术出版社有限公司联合全国各地的科研院所、高校和企业界专家编写和出版了“固体废物环境管理丛书”，体现了出版社、行业专家和企业家的社会责任感。这一项目不但填补了国内固体废物环境管理领域的空白，而且对我国今后固体废物环境管理知识普及、科学处理和处置具有指导意义。

该丛书根据固体废物的类型及目前国内最新成熟技术编写，具体分为《固体废物环境管理法规汇编》《固体废物鉴别与管理》《生活垃圾处理与处置》《建筑垃圾处理与处置》《危险废物处理与处置》《污泥处理与处置》《传染性固体废物处理与处置》《农业固体废物处理与处置》《工业固体废物处理与处置》《电子废物处理与处置》《环境工程项目管理》《污染场地调查与修复》《重金属污染项目环境监理》《火电厂废烟气脱硝催化剂处理与处置》《等离子体技术与固体废物处理》等十五个分册。

这套丛书根据各类固体废物的来源、特性、危害等，详细介绍了如何进行行业管理，如何防控污染，如何把成熟的处理处置技术应用到项目工程上，以最大限度地减少和控制固体废物造成的环境污染。全国近 200 名专家学者和企业家在收集和参考了大量国内外资料的基础上，结合自己的研究成果和实际操作经验，编写了这套具有内容广泛、结构严谨、实用性强、新颖易读等特点的丛书，具有较高的学术水平和环保科普价值，是一套贴近实际、层次清晰、可操作性强的知识性读物，适于从事固体废物管理，固体废物处理施工、技术研发、培训教学等人员阅读参考。相信该丛书的出版对我国固体废物的环境管理、环境教育、污染防控、资源利用、无害化处置等工作会起到一定的促进作用。

全国人大环境与资源保护委员会副主任委员
中国工程院院士　中国环境科学研究院院长

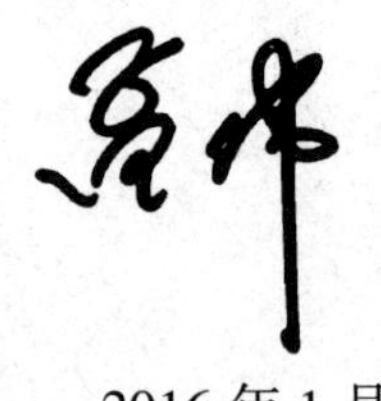

2016 年 1 月

前　言

我国是世界农业的主要起源地之一，具有几千年的农业文明史，是一个农业大国。长期以来，我们的祖辈们倡导天人合一、人与自然和谐共存发展，实现了人与自然的持续发展和协同进化。随着我国工业化的快速推进，农业产业化和农村经济的快速发展，农民生活水平的不断提高和改善，当代农业以大量化肥代替农家肥和绿肥等有机肥的使用，以人工饲料代替农作物秸秆饲料的使用，特别是近年来农业的种植业和畜牧业集约化与规模化的发展，打破了传统农业中废弃物的循环利用环节，从而造成了农业固体废物的大量积累和丢弃，引发了农业面源污染，严重危害了人类生存环境，同时还极大地浪费了可利用资源。

随着科技的进步，农业新技术广泛应用，农作物种植种类和产量不断增加，动物养殖规模和集约化程度提高，农业固体废物总量和区域性数量也呈快速上升趋势。而人们在农业生产过程中只注重粮、果、菜、肉、蛋、奶等产品的利用，往往忽视对大量副产品的处置，随意弃之。大量的秸秆被焚烧，畜禽粪便等未经无害化处理就直接排放，很多蔬菜植株残体和农产品加工下脚料露天任意堆放腐烂，不仅浪费资源，而且严重污染环境，还会制约农业生产的可持续发展。农业固体废物的特点是种类繁多、成分复杂、数量巨大、分布面广，因此，如何对农业固体废物进行有效的无害化处理和充分的资源化利用，已成为世界各国普遍面临的共同问题。

随着自然资源日趋短缺，农业固体废物资源化利用越来越受到人们的重视。但由于财政的支撑和吸纳社会资金的能力不足，缺少相应的人才和缺乏技术创新，因而农业固体废物普遍是低值产品转化，产业化进程缓慢，不能适应社会发展需求。政府应构建扶持现代生态循环农业的政策保障体系，采取大力扶持与鼓励的措施，通过利用高新技术，进行精深加工，开发新产品，延伸产业链，提高农业固体废物资源化利用效率，实现经济、生态和社会效益的统一。近年来，畜禽粪便的无害化处理和资源化利用得到了政府的高度重视，取得了相当大的进展和显著效果。

2010 年中央一号文件《中共中央国务院关于加大统筹城乡发展力度进一步夯实农业农村发展基础的若干意见》指出，加强农业面源污染治理，发展循环农业和生态农业。支持农村开发利用新能源，推进农林废弃物资源化、清洁化利用。2015 年《中共中央国务院关于加快推进生态文明建设的意见》提出，加快转变农业发展方式，大力发展农业循环经济，加强农业面源污染防治，加大种养业特别是规模化畜禽养殖污染防治力度，净化农产品产地和农村居民生活环境。按照减量化、再利用、资源化的原则，推进秸秆等农林废弃物资源化利用。加大财政资金投入，对资源节约和循环利用、生态修复与建设、先进适用技术研发示范等给予支持。2014 年 12 月，浙江省政府与农业部签订《关于共同推进浙江现代生态循环农业发展试点省建设合作备忘录》，农业部支持浙江省从 2015 年起开展现代生态循环农业试点省建设。可见，近年来国家开始高度重视农业固体废物资源化利用和发展现代生态循环农业。

国内外大量的研究和应用实践证明，农业固体废物的根本出路在于资源化。农业固体废物资源化目的在于减少农业面源污染，使农业可持续发展，因此，农业固体废物资源化是发展农业循环经济的必要手段。合理有效地利用农业固体废物，不仅可以保护环境，还可以节约大量资源，获得较大的经济效益。目前，国内外农业固体废物的资源化逐步向能源化、肥料化、饲料化、材料化、基质化和生态化等方面研发相应的技术及产品。虽然，以往出版的有关著作也有涉及农业废弃物处理利用的内容，但本书力求收集整理最新的相关资料，重点从管理的规范性，技术的先进性、实用性和成熟度等介绍相关的法律法规、基础知识、技术工艺和实用案例。本书可以作为大专院校的教学辅助教材，也可以作为农、林、牧技术人员和环境工程与管理人员学习及培训的参考用书，同时还是对从事农业固体废物处理处置的企业管理与工程技术人员具有较高参考价值的指导用书。有不少学者将农林生产过程中产生的植物残余类废弃物、牧渔业生产过程中产生的动物类残余废弃物、农业加工过程中产生的加工类残余废弃物和农村生活垃圾等统称为农业废弃物。在《农业固体废物污染控制技术导则》（HJ 588—2010）的术语和定义中，将农业固体废物定义为“农业生产建设过程中产生的固体废物，主要来自于植物种植业、动物养殖业及农用塑料残膜等”，并因此确定了我国农业固体废物的污染控制管理主要针对“农业植物性废物、畜禽养殖废物和农用薄膜等三种农业固体废物”。目前农村的生活垃圾和人粪的处理方式与城市的越来越相近，对其进行农业利用的比例也越来越少，本丛书中有《生活垃圾处理与处置》一书，专门编写城镇和农村生活垃圾的处理与处置的相关内容。综合以上情况，所以本书着重对植物种植、动物养殖、农产品加工和农用薄膜等生产过程中产生的农业固体废物处理与处置的相关内容做了介绍和论述。

在本书编写过程中，学习、查阅和参考了大量国内外相关著作和文献资料，在此谨向有关作者深表谢意。限于编者水平和经验，加之时间仓促，缺点、疏漏和错误之处在所难免，恳请专家、学者和广大读者批评指正。

薛智勇
2016 年 5 月于杭州

目　录

第1章　农业固体废物概论

在传统农业向现代农业转变过程中，农业经济发展方式正面临着从粗放经营到集约化经营、从不可持续到可持续的重大转变。农业固体废物对生态环境的影响日益突出，同时作为可再生资源的经济价值也日益显现。在全国农业和农村经济发展“十一五”规划中，“农村循环经济”成为发展重点。在国民经济和社会发展“十二五”规划纲要中，提出了从源头和全过程控制农业废弃物的产生和排放的建议。在全国农业和农村经济发展“十二五”规划中，更加明确地将“加快开发以农作物秸秆为主要原料的肥料、饲料、工业原料和生物质燃料，推进畜禽粪便等农业废弃物无害化处理和资源化利用”作为基本任务。在全国现代农业发展“十二五”规划中，进一步强调树立绿色、低碳发展理念，积极发展资源节约型和环境友好型农业，推进形成“资源—产品—废弃物—再生资源”的循环农业方式，不断增强农业可持续发展能力。

2010年中央一号文件《中共中央国务院关于加大统筹城乡发展力度进一步夯实农业农村发展基础的若干意见》指出，“支持农村开发利用新能源，推进农林废弃物资源化、清洁化利用”。2015年《中共中央国务院关于加快推进生态文明建设的意见》再次明确提出，加快转变农业发展方式，大力发展农业循环经济，加强农业面源污染防治，加大种养业特别是规模化畜禽养殖污染防治力度，净化农产品产地和农村居民生活环境。农业废弃物的处理不仅关系到资源的再利用和环境安全，还与农业的可持续发展紧密相关。农业废弃物的减量化、资源化和循环利用是发展现代生态循环农业的有效途径。

1.1　农业固体废物的定义

国内较早开展农业废弃物研究并进行明确定义的学者是孙振钧，他指出农业废弃物包括植物类废弃物、动物类废弃物、加工类废弃物和农村城镇生活垃圾等。近年来，农业废弃物及其资源化利用受到学术界的广泛关注，不同学者进一步丰富了农业废弃物的内涵，并基本形成了共识。目前一般认为，农业废弃物是指在整个农业生产过程中被丢弃的有机类物质，主要包括植物类废弃物（农林生产过程中产生的残余物）、动物类废弃物（牧、渔业生产过程中产生的动物类残余物）、农产品加工类废弃物（农林牧渔业加工过程中产生的残余物）和农村城镇生活垃圾四大类。

农业固体废物是农业废弃物的主要组成部分，是农林牧副渔各项生产中丢弃的固体废物，主要成分是农作物秸秆、枯枝落叶、木屑、动物尸体、大量家禽家畜粪便以及农业用资材废弃物（肥料袋、农用膜）。《中华人民共和国固体废物污染环境防治法》

2004年修订版中首次将农业固体废物（养殖业废物和种植业废物）纳入固体废物防治体系的范围。2010年国家环境保护部（以下简称环保部）发布的《农业固体废物污染控制技术导则》（HJ 588—2010）中明确定义，农业固体废物是指农业生产建设过程中产生的固体废物，主要来自植物种植业、动物养殖业及农用塑料薄膜等。从以上定义可以看出，农业固体废物未包括农村生活垃圾。随着我国农村城镇化建设的发展步伐加快，农村生活垃圾集中处置、生活污水纳管治理，农村的生活垃圾和人粪的处理方式与城市的处理方式越来越相近，其进行农业利用的比例也越来越少。本套丛书中有专门编写城镇和农村生活垃圾的处理与处置的相关内容，本书中农业固体废物主要是指种植业、养殖业、农产品加工等生产建设过程中产生的固体废物。

1.2　农业固体废物的种类与特点

1.2.1　农业固体废物的种类

（1）种植业固体废物：包括粮、棉、油、麻等作物秸秆，蔬菜植株残体、谷壳、稻壳、花生壳、树皮、椰壳、甘蔗渣、枯枝落叶、杂草、食用菌栽培废渣、果壳等植物性固体废物，以及地膜、棚膜、肥料袋及农药包装物等农业投入品固体废物。

（2）养殖业固体废物：包括畜禽粪便及圈栏垫料、死亡动物等。

（3）农产品加工废弃物：包括农林牧渔加工产生的木屑、竹屑、砻糠、笋壳、果汁加工残渣、茶叶渣、饼粕类、糟渣类、动物屠宰废物，以及渔业加工鱼杂、贝壳等。

1.2.2　农业固体废物的元素组成

（1）植物性农业固体废物。植物性农业固体废物中碳、氢、氧三元素的含量高达65%~90%，我国主要粮食作物水稻、小麦、玉米及最近提升为第四大类粮食作物的土豆等秸秆的含碳量占40%以上，还含有丰富的氮（N）、磷（P）、钾（K）、钙（Ca）、镁（Mg）、锰（Mn）、硅（Si）等营养元素。几种主要作物秸秆的元素组成及其含量见表1-1。

表1-1　几种主要作物秸秆的元素组成及其含量（质量分数）　　单位：%

种类	N	P	K	Ca	Mg	Mn	Si
水稻	0.60	0.09	1.00	0.14	0.12	0.12	7.99
小麦	0.50	0.03	0.73	0.14	0.02	0.003	3.95
玉米	0.60	0.10	1.90	0.31	0.03	0.007	—
土豆	1.93	0.03	1.55	0.84	0.07	—	—
油菜	0.52	0.03	0.65	0.42	0.05	0.004	0.18
棉花	1.24	0.15	1.02	0.63	0.08	0.001	—
大豆	1.93	0.03	1.55	0.42	0.05	0.004	0.18

（2）畜禽养殖固体废物。畜禽粪便中，富含氮、磷、钾、有机碳及其他中、微量元素。几种主要畜禽粪便的元素组成及其含量见表1-2。

表 1-2　几种主要畜禽粪便的元素组成及其含量

种类	水分/%	有机碳/%	pH 值	全 N/%	全 P/%	全 K/%	Cu/(mg/kg)	Zn/(mg/kg)	Ca/%	Mg/%	S/%
猪粪	73~82	19.36	7.1	1.05~2.96	0.50~0.78	0.35~0.45	565.1	828.0	0.39	0.42	0.10
牛粪	80~85	34.90	6.9	0.47~0.84	0.15~0.25	0.10~0.15	34.5	211.2	1.84	0.47	0.31
鸡粪	50~80	19.05	8.6	1.01~2.35	0.40~2.75	0.50~1.39	107.5	366.6	0.24	0.73	0.06
羊粪	50~70	32.30	7.3	1.06~1.91	0.15~0.22	0.32~0.53	26.3	187.7	1.31	0.25	0.15
备注	以湿样计						以干样计				

1.2.3　农业固体废物的成分组成

(1) 植物性农业固体废物的成分组成。一是天然高分子聚合物及其混合物，如粗蛋白、脂肪、纤维素、半纤维素、淀粉、木质素等；二是天然小分子化合物，如氨基酸、生物碱、单糖、激素、维生素、脂肪酸等。几种主要作物秸秆的成分组成及其含量见表1-3。这类农业固体废物通常具有密度小、韧性大及抗拉、抗弯、抗冲击能力强等物理性质。

表 1-3　几种主要作物秸秆的成分组成及其含量（质量分数）　单位:%

种类	灰分	纤维素	脂肪	粗蛋白	木质素	半纤维素
水稻	14~20	28~36	0.46~1.82	3.8~5.9	5.3~14	23~28
小麦	6~8	33~38	0.67~1.28	4.0~5.1	7.9~14	26~32
玉米	3.6~7.0	28~40	0.5~1.03	5.0~9.5	4.6~15	28
油菜	6.20	30.60	0.77	3.50	14.8	17.13
棉花	5.07	44	2.50	6.50	10.8~16.2	10.70
甘蔗渣	1.5~5	32~48	0.70	1.0	23~32	19~24
大豆	2.90	27.8	6.34	9.20	2.67	16.3

(2) 养殖业农业固体废物的成分组成。畜禽粪便含水率普遍在70%以上，呈固体糊状，并伴随有恶臭。几种主要畜禽粪便成分组成及其含量见表1-4。

表 1-4　几种主要畜禽粪便成分组成及其含量（质量分数）　单位:%

种类	灰分	粗蛋白	粗纤维	粗脂肪	无氮浸出物
猪粪	18.71	20.0	20.99	3.79	36.51
牛粪	18.17	11.96	20.78	2.19	46.96
鸡粪	23.3	28.79	13.55	2.44	31.92
兔粪	13.0	37.0	27.0	2.5	11.0

（3）农业投入品固体废物的成分组成。农用塑料薄膜、肥料袋及农药包装物主要成分是化学高分子聚合物，主要是聚氯乙烯、聚乙烯、聚丙烯和不饱和聚酯类等，其中一些高分子聚合物中还加入了可以部分光分解、生物降解的成分。

1.3 农业固体废物的总量、分布及变化趋势

1.3.1 种植业固体废物的数量、分布及变化趋势

种植业固体废物的主要来源之一是植物秸秆，通常指农作物籽实收获后的植株残体。《国家粮食安全中长期规划纲要（2008—2020 年）》中明确指出，为了今后中国粮食自给率稳定在95%以上，必须确保 2020 年前耕地保有量不低于 1.2 亿 hm^2。由于秸秆产量未列入国家有关部门的统计范围，其产量通常依据农作物的籽实产量及其经济系数计算而得。一般采用的是谷草比法，即主产品与副产品比例系数法，通常专指禾谷类作物的谷粒与其秸秆质量（干物质量）的比值，计算公式为：谷草比=籽粒产量/秸秆产量。我国国土面积辽阔，自然气候差异较大，不同区域种植的作物种类、面积差异较大，且复种指数也不同，因此产生的秸秆数量、种类、时期也各不相同。据全国污染源普查工作办公室的调查统计所提供的数据显示：我国主要种植作物中，每生产 1 000 kg 小麦或大麦，约产生 1 200 kg 麦秸秆；每生产 1 000 kg 水稻，约产生 1 060 kg 稻草；每生产 1 000 kg 玉米，约产生 1 340 kg 秸秆；每生产 1 000 kg 豆类，约产生 1 600 kg 秸秆；每生产 1 000 kg 棉花，约产生 1 700 kg 秸秆。即大约 1 亩（666.7 m^2）地可产生 375 kg 棉花秸秆、1 800 kg 玉米秸秆、740 kg 小麦秸秆、680 kg 大豆秸秆、600 kg 水稻秸秆（单季稻）。根据《中国统计年鉴 2014》中提供的 2011—2013 年我国主要作物种植面积统计数据（表 1-5）和 2013 年我国各地主要作物种植面积统计数据（表 1-6），可推算出 2013 年我国农作物秸秆总产量约为 9.36×10^4 万 t，其中稻草 2.04×10^4 万 t，麦秸秆 1.22×10^4 万 t，玉米秸秆 4.37×10^4 万 t，豆类、薯类藤蔓和棉花秸秆 7.61×10^3 万 t，油料作物秸秆 7.03×10^3 万 t 和糖料作物秸秆等 1.37×10^3 万 t（表 1-7）。

表 1-5 2011—2013 年我国大类作物种植面积统计

年份	主要作物种植面积/10^3 hm^2										
	谷物	豆类	薯类	棉花	油料	麻类	糖料	烟叶	蔬菜	茶园	果园
2011 年	91 016	10 651	8 906	5 038	13 855	118	1 948	1 461	19 639	2 113	11 831
2012 年	92 612	9 709	8 886	4 688	13 930	101	2 030	1 597	20 353	2 280	12 140
2013 年	93 769	9 224	8 963	4 346	14 023	92	1 998	1 623	20 899	2 469	12 371

资料来源：《中国统计年鉴 2014》，中国统计出版社，2014 年 9 月。表中谷物主要指水稻、小麦和玉米。

表1-6　2013年我国各地大类作物种植面积统计

地区	主要作物种植面积/10^3 hm^2										
	谷物	豆类	薯类	棉花	油料	麻类	糖料	烟叶	蔬菜	茶园	果园
北京	152.6	4.9	1.4	0.1	3.4				60.2		60.2
天津	324.6	7.5	0.7	39.2	1.8			0	89.9		34.2
河北	5 883.8	166.4	265.7	483.0	470.4	0.3	16.3	3.2	1 220.4		1 063.5
山西	2 763.5	320.3	190.5	23.4	140.3	0.1	4.6	3.3	252.8		348.3
内蒙古	4 250.0	755.4	611.9	1.1	812.2		45.8	3.3	265.7		72.7
辽宁	3 013.3	134.2	78.9	0.5	354.7		3.3	9.8	492.1		400.4
吉林	4 372.9	337.4	79.6	3.1	276.6	0	2.3	22.5	214.6		52.7
黑龙江	8 795.9	2 500.8	267.7		97.7	1.3	38.6	35.6	265.7		34.2
上海	163.0	4.5	1.0	2.0	6.8		0.1		132.2		21.1
江苏	4 987.7	314.6	58.5	155.2	518.3	0.7	1.6	0	1 354.9	34.0	222.1
浙江	1 004.0	137.0	112.8	19.6	183.4	0.1	10.3	1.0	619.1	184.0	321.4
安徽	5 534.4	937.6	153.3	285.1	802.0	8.0	5.0	16.5	836.0	155.3	118.2
福建	872.4	84.2	245.5	0.1	115.2	0.1	9.6	76.0	706.0	232.3	539.2
江西	3 387.6	160.3	142.9	84.7	743.1	5.3	14.5	23.7	563.3	72.6	405.2
山东	6 881.7	164.5	248.5	672.8	794.9	0	0	42.3	1 832.9	22.7	633.9
河南	9 276.1	503.8	301.9	186.7	1 589.9	6.5	4.0	137.2	1 745.8	97.7	475.7
湖北	3 794.9	160.3	303.3	415.6	1 516.9	11.2	7.5	64.4	1 145.0	291.8	403.6
湖南	4 483.9	166.0	286.7	159.6	1 382.5	7.6	14.2	118.9	1 283.7	115.5	563.9
广东	2 092.8	80.3	334.5		360.2	0.2	173.0	23.5	1 306.9	44.2	1 119.8
广西	2 656.1	154.8	265.1	2.3	222.0	4.4	1 125.1	21.6	1 104.6	62.9	1 039.5
海南	339.7	7.8	74.3		40.4	0.3	64.3	0.2	239.4	1.2	171.1
重庆	1 292.1	236.0	725.8	0.1	283.5	5.8	2.9	49.3	681.8	35.9	296.4
四川	4 758.3	471.3	1 240.3	13.8	1 265.5	31.0	14.1	120.0	1 276.0	284.0	613.5
贵州	1 864.2	316.3	937.9	1.6	560.8	0.7	27.9	266.4	847.7	313.2	228.1
云南	3 273.2	566.4	659.8	0.2	357.6	2.5	342.4	542.5	900.8	400.6	406.5
西藏	169.2	5.8	0.8	36.7	24.5			36.8	23.9	0.2	2.0
陕西	2 558.0	211.3	335.8	40.7	298.8	0.5	0.1	4.3	490.0	109.7	1 193.9
甘肃	1 976.4	183.7	698.7		336.9	2.3	4.9	0.1	481.9	10.8	451.8
青海	159.2	27.3	93.7	0	158.4		0	0.4	50.5		6.8
宁夏	556.9	29.2	215.4	1 718.3	82.1				117.3		137.7
新疆	2 130.3	73.4	30.6		221.7	2.4	65.9		296.7		934.0

表 1-7　2013 年我国农作物秸秆资源量

作物种类		作物产量[①]/万 t	谷草比[②]	秸秆产量/万 t	占秸秆总量的比例/%
谷物	水稻	20 361.2	1.0	20 361.2	21.76
	小麦	12 192.6	1.0	12 192.6	13.03
	玉米	21 848.9	2.0	43 697.8	46.70
	其他	866.5	1.5	1 299.7	1.39
豆类		1 595.3	1.5	2 394.5	2.56
薯类		3 329.3	1.0	3 329.3	3.56
棉花		629.9	3.0	1 889.7	2.02
油料	花生	1 697.2	2.0	3 394.4	3.62
	油菜籽	1 445.8	2.0	2 891.6	3.09
	芝麻	62.3	2.0	124.6	0.13
	其他	311.6	2.0	623.2	0.67
糖料	甘蔗	12 820.1	0.1	1 282.0	1.37
	甜菜	926.0	0.1	92.6	0.10
合计		78 086.7		93 573.2	100

资料来源：①《中国统计年鉴 2014》，中国统计出版社，2014 年 9 月。

②《中国农村能源行业 2002 年度发展报告》，中国农村能源行业协会编。

伴随着我国农业现代化进程的不断推进，农业生产逐步由传统农业向现代农业转变。统计资料显示，1996—2013 年，我国主要农产品产量及畜禽存栏量均呈现波动增长趋势，其中农产品产量增加趋势较为明显。如稻谷产量由 1996 年的 19 510.3 万 t，增加到 2013 年的 20 361.2 万 t；小麦产量由 1996 年的 11 056.9 万 t，增加到 2013 年的 12 192.6 万 t；玉米产量由 1996 年的 12 747.1 万 t，增加到 2013 年的 21 848.9 万 t；油料产量由 1996 年的 2 210.6 万 t，增加到 2013 年的 3 516.9 万 t；棉花产量由 1996 年的 420.3 万 t，增加到 2013 年的 629.9 万 t；薯类产量每年在 3 000 万 t 上下浮动；豆类产量近些年主要受进口大豆的冲击产量呈逐年下降趋势（图 1-1）。秸秆产生量与作物产量呈一致变化趋势。

从 2004—2013 年我国种植业各类作物占农业总产值变化可以看出（图 1-2、图 1-3），我国粮食产值在种植业总产值中的比重呈逐年下降趋势，而棉花、油料、糖料作物产值在种植业总产值中的比重较为稳定，蔬菜、水果产值在种植业总产值中的比重呈逐年上升趋势。因此由种植业产生的秸秆固体废物的数量、产出时间、分布区域也将随之发生相应变化。

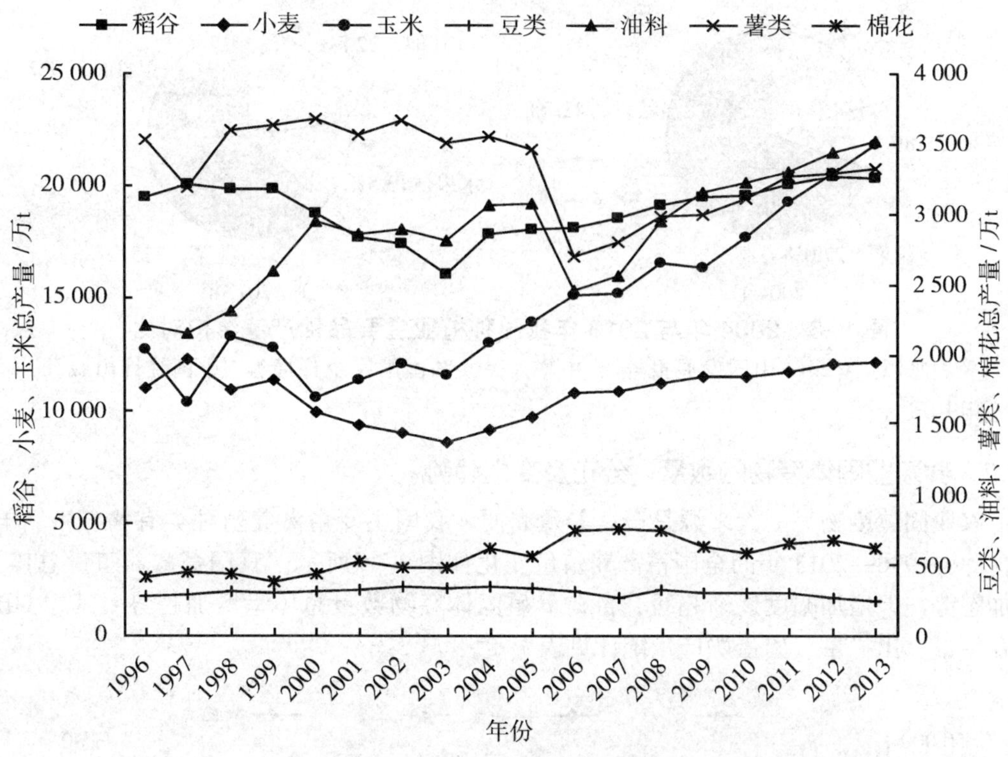

图 1-1 1996—2013 年我国主要农产品产量变化

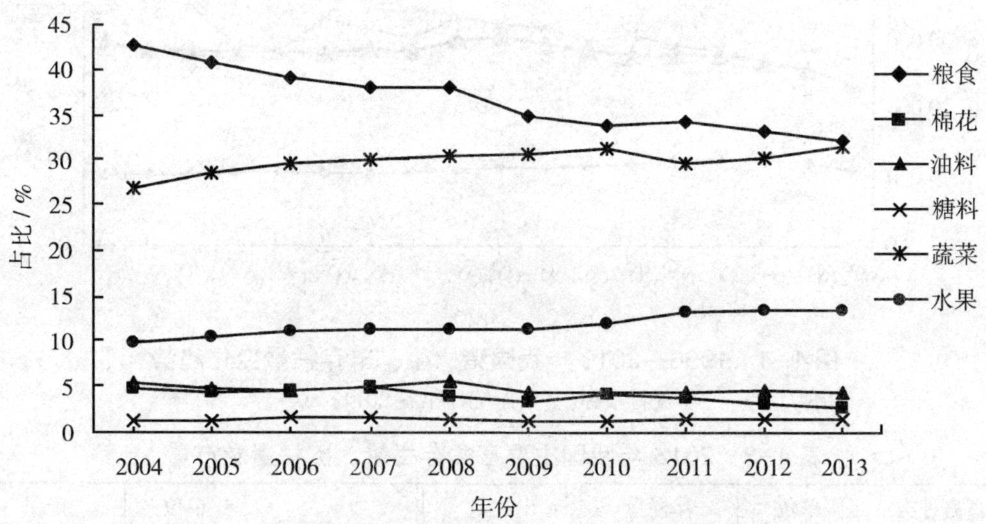

图 1-2 2004—2013 年我国种植业主要品种产值结构

（资料来源：《2014 中国发展报告》，中华人民共和国国家统计局编，中国统计出版社，2014。）

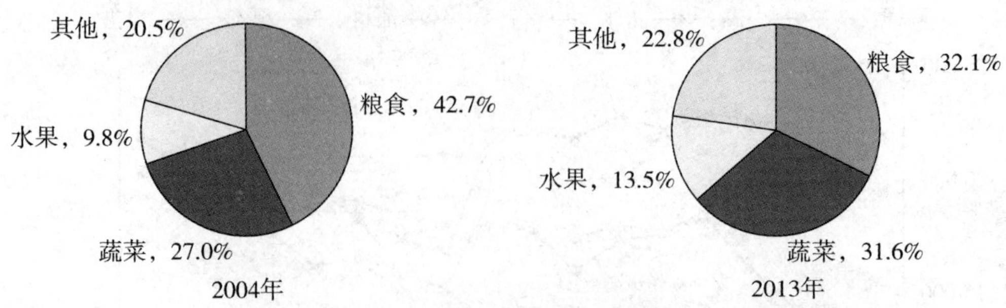

图 1-3　2004 年与 2013 年我国种植业主要品种产值结构对比

（资料来源：《2014 中国发展报告》，中华人民共和国国家统计局编，中国统计出版社，2014。）

1.3.2　养殖业固体废物的数量、分布及变化趋势

农业固体废物另一大来源是畜禽养殖粪便。我国主要畜禽养殖种类有猪、牛、羊、家禽等，1996—2013 年的全国畜禽养殖量变化如图 1-4 所示，我国畜禽养殖量总体呈增加态势，但增加幅度逐渐趋缓，畜禽养殖固体废物数量总体呈增加趋势。其中 2013 年存栏量、出栏量、肉蛋奶产量统计见表 1-8。

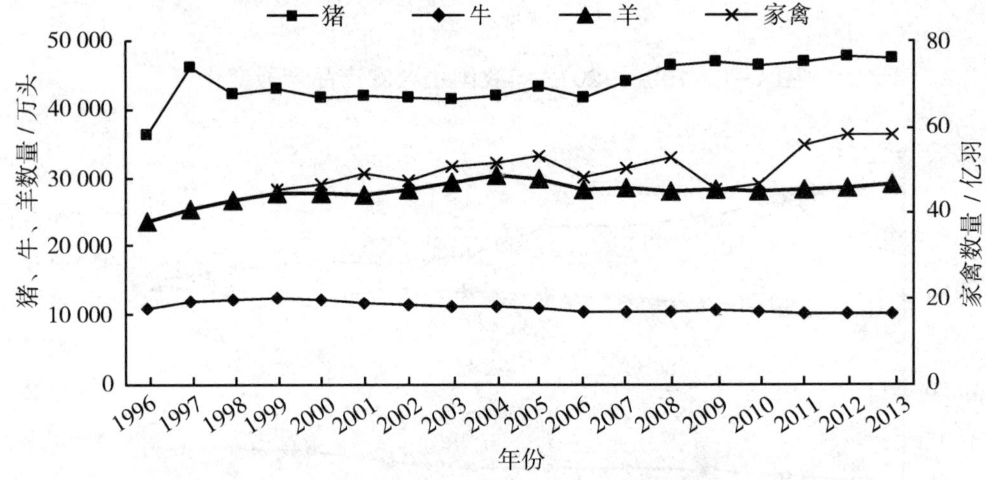

图 1-4　1996—2013 年我国猪、牛、羊存栏量变化趋势

（资料来源：《中国统计年鉴 2014》。）

表 1-8　2013 年我国主要畜禽存栏量、出栏量及产量

畜禽种类	单位	存栏量	出栏量	产品	单位	产量
大牲畜	万头	11 853. 2		肉类总产量	万 t	8 473. 0
牛	万头	10 385. 1	4 760. 9	猪、牛、羊肉	万 t	6 574. 3
马	万匹	602. 7	157. 7	猪肉	万 t	5 493. 0

续表

畜禽种类	单位	存栏量	出栏量	产品	单位	产量
驴	万头	603.4	247.4	牛肉	万 t	673.2
骡	万头	230.4	51.8	羊肉	万 t	408.1
骆驼	万峰	31.6	7.0	禽肉	万 t	1 822.6
猪	万头	47 411.3	69 789.5	兔肉	万 t	76.1
羊	万只	29 036.2	27 586.8	禽蛋产量	万 t	2 876.1
家禽	亿羽	58.0	120.8	奶类产量	万 t	3 649.5
兔	万只	22 158.2	48 776.7	牛奶	万 t	3 531.4

资料来源：《中国农业年鉴 2013》和《中国统计年鉴 2014》。

畜禽养殖中规模最大及集约化程度最高的是养猪业，而且猪粪中氮、磷、钾等养分含量高，有利于资源化利用。2011—2013 年我国各地生猪生产统计见表 1-9。

表 1-9　2011—2013 年我国各地生猪生产统计

	年末存栏量/万头			出栏量/万头			猪肉产量/万 t		
	2011 年	2012 年	2013 年	2011 年	2012 年	2013 年	2011 年	2012 年	2013 年
全国总计	46 766.9	47 592.2	47 411.3	66 170.31	69 789.47	71 557.3	5 053.1	5 342.7	5 493.0
北京	179.3	187.4	189.2	312.20	306.11	314.4	24.2	23.9	24.6
天津	191.3	193.7	201.0	352.70	374.21	381.7	27.6	29.2	29.8
河北	1 885.2	1 847.5	1 932.9	3 235.82	3 396.70	3 452.0	246.6	259.0	265.3
山西	446.1	473.8	502.2	672.10	723.85	786.2	52.2	56.3	61.2
内蒙古	684.2	693.8	684.5	905.10	940.40	931.9	71.3	73.9	73.4
辽宁	1 585.4	1 592.6	1 624.5	2 652.10	2 728.50	2 785.8	225.9	230.2	233.6
吉林	989.3	1 001.2	1 001.2	1 480.20	1 625.26	1 669.1	122.0	132.7	136.3
黑龙江	1 367.9	1 381.6	1 356.7	1 635.92	1 765.16	1 821.6	116.9	128.4	133.4
上海	180.7	178.8	184.8	267.00	257.24	241.8	19.1	18.7	18.3
江苏	1 745.5	1 775.2	1 787.3	2 878.23	3 043.12	3 049.6	215.9	228.8	229.9
浙江	1 281.9	1 338.3	1 287.5	1 929.91	1 934.41	1 895.1	135.8	139.7	138.8
安徽	1 467.3	1 555.2	1 612.6	2 721.09	2 927.62	2 971.5	233.1	249.7	253.4
福建	1 297.8	1 340.9	1 296.2	1 950.43	2 069.05	2 092.0	146.6	155.6	157.7
江西	1 570.5	1 645.9	1 708.0	2 884.80	3 050.60	3 150.3	224.1	237.3	245.1

续表

	年末存栏量/万头			出栏量/万头			猪肉产量/万 t		
	2011 年	2012 年	2013 年	2011 年	2012 年	2013 年	2011 年	2012 年	2013 年
山东	2 837. 1	2 902. 4	2 931. 4	4 234. 24	4 599. 87	4 797. 7	346. 9	376. 7	392. 9
河南	4 569. 0	4 587. 3	4 426. 7	5 361. 20	5 711. 25	5 996. 9	406. 4	432. 5	454. 1
湖北	2 533. 1	2 543. 2	2 566. 1	3 871. 39	4 180. 84	4 356. 4	290. 5	317. 3	330. 6
湖南	4 158. 2	4 245. 5	4 096. 9	5 575. 90	5 878. 80	5 902. 5	406. 1	427. 6	430. 6
广东	2 300. 6	2 256. 6	2 282. 6	3 664. 10	3 736. 18	3 744. 8	271. 0	276. 4	277. 8
广西	2 412. 0	2 466. 6	2 471. 5	3 195. 12	3 342. 09	3 456. 7	239. 8	252. 5	261. 3
海南	416. 5	438. 6	433. 8	513. 74	580. 89	610. 5	42. 2	48. 1	50. 5
重庆	1 540. 6	1 524. 3	1 502. 3	2 020. 87	2 050. 76	2 104. 5	148. 6	150. 7	155. 0
四川	5 101. 8	5 132. 4	5 004. 1	7 002. 60	7 170. 66	7 314. 1	484. 8	496. 4	510. 8
贵州	1 521. 6	1 604. 1	1 604. 1	1 689. 66	1 734. 76	1 832. 3	148. 3	156. 1	163. 7
云南	2 689. 8	2 708. 6	2 708. 7	2 964. 72	3 180. 13	3 323. 7	243. 9	264. 1	276. 0
西藏	32. 3	34. 4	37. 0	16. 40	17. 73	18. 3	1. 4	1. 5	1. 5
陕西	880. 0	900. 2	897. 9	1 063. 70	1 127. 91	1 186. 6	77. 3	83. 5	88. 3
甘肃	560. 3	590. 7	608. 9	633. 11	672. 30	696. 7	45. 8	48. 6	50. 8
青海	115. 2	116. 7	120. 8	130. 17	132. 12	137. 7	9. 2	9. 4	9. 9
宁夏	68. 3	69. 5	75. 3	99. 68	103. 34	95. 6	7. 3	7. 7	7. 1
新疆	158. 2	265. 4	274. 7	256. 10	427. 60	439. 6	22. 5	30. 2	31. 3

资料来源:《中国农业年鉴 2012》《中国农业年鉴 2013》《中国统计年鉴 2014》。

根据每头(羽)畜禽每天的粪便排泄量,再结合 2013 年主要畜禽的存栏量,即可粗略估算出 2013 年几种主要畜禽年粪便排放总量,见表 1-10。

表 1-10 2013 年我国主要畜禽粪便产生量

种类	存栏数/万头,亿羽	粪便排泄系数/{kg/[d·头(羽)]}	年粪便排放总量/万 t
猪	47 411. 3	2	94 822. 6
牛	10 385. 1	20	207 702
羊	29 036. 3	0. 5	14 518. 15
家禽	58. 0	0. 1	5. 8
合计			317 048. 55

资料来源:《中国统计年鉴 2014》,《关于减免家禽业排污费等有关问题的通知》(环发〔2004〕43 号)。

各区域内部畜禽养殖业也存在着极大的不平衡性,集约化、规模化程度不一,造成畜禽养殖固体废物在部分地区排放集中,污染严重。黄淮海平原和长江两岸平原是我国最大的两个粮食产区，同时也是我国畜禽养殖业最为发达的地区，畜禽粪便产生量分别达到3.0亿t和2.2亿t猪粪当量，累计超过全国畜禽粪便量的20%。四川盆地区、粤桂南部平原丘陵区、豫西南丘陵盆地区、燕山太行山区、松嫩三江平原区、山东丘陵区、长城沿线及内蒙古南部高原区和贵州高原区也是畜禽粪便量较大的区域，均超过1亿t猪粪当量。

随着人口的增长和生产的发展，我国农业固体废物将以年均5%~10%的速度递增，目前大部分农业固体废物能够在农业、工业、农产品加工业或能源行业中作为资源性原材料得到再生利用。

1.4　农业固体废物与生态环境

1.4.1　农业固体废物对水体环境的影响

1.4.1.1　直接污染

直接污染是指农业固体废物直接侵入水体，污染其所在的水源。如农业固体废物可以随着地表径流进入小溪、河流、湖泊，或者随风迁徙落入水体，从而将富营养成分、有毒有害物质带入水体，威胁水中生物，进而可能污染人类饮用水源，危害人体健康。一些农作物秸秆类的废物，有的被堆放在河道边，有的甚至被直接丢弃到河道里，造成河道堵塞，泄洪功能受阻，河水漫溢冲毁庄稼、毁坏房屋，给人们的生命财产造成严重的威胁。据环保部门估算，我国畜禽养殖业废弃物产生量已达到工业固体废物量的3.8倍，未经处理的粪便或者死亡动物直接进入江河湖泊，会使水质污浊恶臭，生化需氧量负荷增加，形成厌氧腐败或水体富营养化现象，威胁鱼类、贝类和藻类的生存，也会传播疾病，影响居民健康。

1.4.1.2　间接污染

农业固体废物通过环境介质间接侵入水体，污染当地水源，比如农业固体废物在露天堆放的过程中会产生大量的需氧腐败有机物及多种分解液体、有害物质渗入土壤中污染地下水，或随着雨水流入水体，污染河流、湖泊和水库等水域后会使水生生物特别是藻类等大量地繁殖，这些营养过剩水体的生态平衡遭到破坏，加重水体的富营养化。

1.4.2　农业固体废物对大气环境的影响

1.4.2.1　直接产生有害和恶臭气体

农业固体废物对大气最明显的污染就是其堆放过程中会产生大量有害气体或散发恶臭污染大气。如未经处理的畜禽粪便中含有大量未被消化吸收的有机物，在自然条件下会产生大量的氨气、硫化氢等多种恶臭气体，危害周围居民的身体健康。经研究表明，养殖场内的畜禽长时间处于恶臭气体中会导致其体质弱化，采食量下降，出产率降低，甚至出现大面积的疫病传染。一些秸秆类农业固体废物在适宜的温度和湿度下也会发生生物降解，释放出有毒、有害气体。

1.4.2.2　秸秆焚烧污染大气环境

秸秆露天焚烧，会产生大量的有害气体（氮氧化物、二氧化碳、二氧化硫等）和烟尘。在田间大量焚烧秸秆期间，大气中二氧化硫、二氧化氮、可吸入颗粒物三项污染指数达到高峰值，从而造成局部空气污染，危害周围人群健康；焚烧秸秆形成的烟雾，造成空气能见度下降，影响道路交通和航空安全，容易引发交通事故，由秸秆焚烧产生的烟雾导致高速公路临时封闭，进出机场的飞机因烟雾污染造成起降困难的事情更是屡见不鲜；此外污染物经过光照作用进一步分解的有害物质还会造成大气环境的二次污染。

1.4.3 农业固体废物对土壤环境的影响

1.4.3.1 占用土地

农业固体废物的堆放占用了大量的土地，其数量越多，所需堆放的土地面积就越大。农业固体废物不经过处理随意堆放在路边或河道旁，不仅影响农业生产，还破坏了地表植被和农村景观。

1.4.3.2 危害土壤健康

农业固体废物及其渗出液还会破坏土壤的生态平衡，不仅会影响种子发芽和植物根系生长，还会改变土壤的结构和性质。农业固体废物中难以降解的有毒物质残留在土壤中，不仅会杀死土壤中的微生物，抑制土壤微生物活性，破坏土壤的正常生物群落结构与功能，还会严重影响农作物的生长，导致作物减产。焚烧秸秆使地面温度急剧升高，能直接杀死土壤中的有益微生物，影响作物对土壤养分的充分吸收，进而影响农田作物的产量和质量。

1.4.3.3 带入有害物质

未经无害化处置的畜禽养殖固体废物中含有较多的重金属和抗生素、激素等污染物，在畜禽养殖业主产区，当地畜禽粪便及废弃物产生量往往超出当地农田安全承载量数倍乃至百倍以上，容易造成土壤重金属和抗生素、激素等污染。

1.4.3.4 地膜残留

我国的地膜用量和覆盖面积已居世界首位，构成农膜的主要成分聚乙烯性能稳定，在自然环境中，其光解和生物分解性均较差，农膜在老化、破碎之后，留在土壤中的残膜很难被自然降解，随着农膜技术的推广，土壤中的残膜越积越多，不断增加的地膜带来了严重的环境污染问题，地膜污染被称为“白色污染”。目前我国农膜的残留量一般为 60~90 kg/hm^2，最高可达到 165 kg/hm^2。我国每年的农膜残留量高达 35 万 t，残膜率达 42%，地膜降低了土壤渗透性能，减少土壤水分含量，削弱了耕地的抗旱能力，使土壤物理性质变差，最终导致减产。

1.4.4 农业固体废物对人类健康及食品安全的影响

1.4.4.1 传染疾病

畜禽粪便或死亡动物含有大量的病原微生物、寄生虫及虫卵等，如不进行及时有效的处理，这些有害病菌就会直接进入周边环境，不仅威胁养殖畜禽业自身安全，还可能引起人畜共患病的发生，威胁人类的健康和食品安全。根据世界卫生组织（WHO）的有关资料表明，人与动物可交叉感染的传染病（人畜共患传染病）至少有 89 种，最近几年的禽流感即是人与禽类交叉感染的一个明显例子，严重危害人体健康。又如 2013 年 3 月黄浦江上游惊现大量死猪事件后，病死动物的处置与处理引起了社会的广泛关注，它不仅可能引发疫病的发生与传播，而且给畜产品卫生质量带来极大的安全隐患，如死亡动物流向食品、餐桌将引发更为严重的公共安全事件，对人民身体健康构成严重威胁。

1.4.4.2　威胁食品安全

据权威部门提供的资料显示，目前，我国农药使用量已达 130 万 t，是世界平均水平的 2.5 倍。农药作为农业生产基本资料，随着使用范围的扩大和使用时间的延长，农药包装物的处理、回收在相关的法律法规层面还没有具体要求，大量含有农药残留物的空药瓶、空塑料包装袋等废弃农药包装物散落农村田边地头、河道沟渠中，其包装废弃物已成为危害人类健康与生存的污染源。据中国农药信息网报道，有 65.2% 的施用者将农药包装瓶或包装袋随便扔在田间地头或河里，约 3.2% 的人将其直接烧掉。有部分不法厂商将大量回收的空药瓶、塑料包装袋不经处理就直接制成其他类塑料制品，甚至作为食品包装袋（瓶）加工上市，严重威胁人们的健康。

1.5　农业固体废物处理、处置及资源化利用

1.5.1　农业固体废物处理、处置原则与思路

农业固体废物的处理、处置及资源化利用作为农业循环经济的重要组成，是农业与农村持续发展的基础和“美丽乡村”建设的重要环节。农业固体废物的处理、处置及资源化利用将一项农业污染治理和环境保护技术及策略提升至生态循环农业的高度，它直接关系到农业、农村的可持续发展。农业固体废物循环利用—循环农业—循环经济是农业固体废物产业发展的方向与目标。

农业固体废物处置要符合国际上通行的循环经济“3R”原则，即减量化（reduce）、再利用（reuse）和再循环（recycle）三种原则。减量化是指通过适当的方法和手段尽量减少废弃物的产生和污染排放，这是防止和减少污染的基础；再利用是指尽可能多次用尽可能多的方式利用物品，延长物品变成垃圾的过程和用途；再循环是指把废弃物品作为原材料融入再生产之中。

根据国际“3R”原则，结合我国国情，我国提出将固体废物无害化、减量化、资源化作为控制固体废物污染的技术政策。无害化处理是将固体废物通过工程处理，达到不损害人体健康、不污染周围的自然环境；减量化处理是通过适宜的手段，减少和减小固体废物的数量和容积；资源化是采取工艺措施从固体废物中回收有用的物质和能源。

农业固体废物的处置与资源化不仅关系到资源的再利用和环境安全，而且与农业的可持续发展和农村小康社会的建设紧密相关。2005 年孙永明等提出了我国农业固体废物资源化利用的“三环循环”理论，其总体发展战略思路是按循环经济理论，以人为本，由废弃物的生态循环开始，逐级发展到循环农业、循环社会。这里说的“三环循环”包括：第一个“环”是从农业本身发展的层面，按照生态循环原理，以农业固体废物的循环利用为切入点连接种植业和养殖业，构建农牧结合的循环农业发展模式；第二个“环”是依据循环经济的原理，构建生产—生活—生态—生命（人）一体化协调发展的“四生一体”农业发展模式；第三个“环”为在上述两个循环的基础上，形成具有社会主义新农村特征的小康社会。“三环循环”的核心是循环，目标是实现农村小康

社会，技术不断提升与发展是动力，政策法规是保障。农业固体废物资源化的“三环循环”发展理论框架见图 1-5。

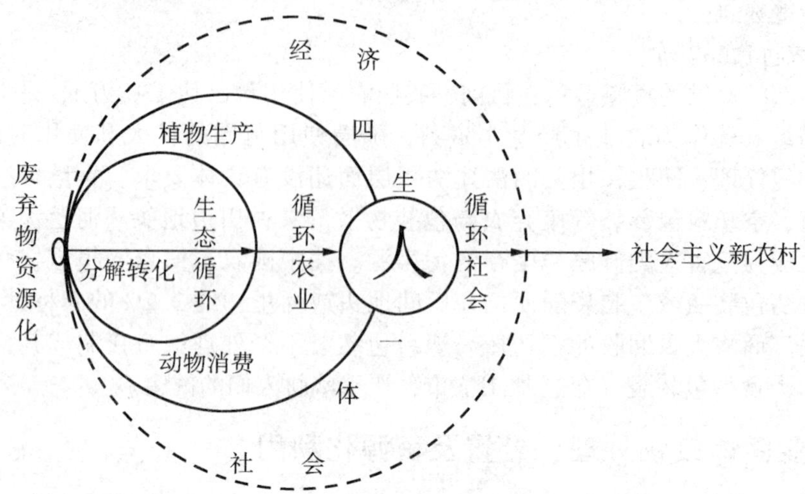

图 1-5　农业固体废物资源化的“三环循环”发展理论框架

（资料来源：孙永明等，2005。）

1.5.2　农业固体废物的处置现状

农业固体废物作为一个资源库，从循环经济学的角度来看，农业固体废物是物质和能量的载体，是以特殊形态存在的资源。我国农村传统的种植业和养殖业是紧密结合的，禽畜以分散养殖为主，畜禽粪便作为农田利用，基本能够就近消纳；种植业产生的秸秆类固体废物被用作燃料、饲料和垫料等方式消纳。改革开放以后，尤其是最近十年来，随着社会经济的发展，农业生产水平的提高，畜禽养殖规模化程度不断提高，种植业与养殖业形成专业化分工，种植业以大量化肥代替原有农家有机肥，养殖业以人工配方饲料代替农业废弃物饲料，农村能源结构也发生了很大变化，大量农村劳动力向城市转移，打破了传统农业中废弃物的循环利用环节，造成了农业固体废物的大量积累，进而带来了较为严重的环境问题和资源浪费问题。《全国农业可持续发展规划（2015—2030 年）》指出：我国环境污染问题突出，农业内源性污染严重，化肥、农药利用率不足 1/3，农膜回收率不足 2/3，畜禽粪污有效处理率不到一半，秸秆焚烧现象严重，确保农产品质量安全的任务艰巨。

1.5.2.1　农业固体废物的特性

农业固体废物的特性主要体现在以下三个方面：污染性、时间分异性和空间分异性。

（1）污染性。农业固体废物不科学、不规范的处置方式使其成为污染源。例如：焚烧农作物秸秆只利用了其能量的 1/10，而且造成空气污染；未经处理的畜禽粪便随意排入江河湖泊，会使水质污浊，生化需氧量负荷增加，形成厌氧腐败或富营养化现象，威胁鱼类、贝类和藻类的生存，不但会产生刺鼻的恶臭污染空气，导致大量的蚊虫滋生，病原菌、寄生虫卵传播疾病，还会造成农产品污染，最终危及人体健康。

（2）时间分异性。农业固体废物只是放错了位置、时间，放对了就是资源。从时间上来看，由于受到科学技术和经济条件的限制，人们暂时还不能或不愿意对这类废弃物进行利用。但是，随着科学技术的发展和不可再生资源的日益短缺，资源性农业废弃物将越来越得到重视。

（3）空间分异性。从空间的角度来看，农业固体废物仅是对于某个特定的对象、某个过程或某一方面失去了使用价值，成为某个地方的废弃物，但在另一个地方就可能变成资源。

1.5.2.2　农业固体废物处置方式

农业固体废物处置不当必然引发严重的环境污染问题，还可能引起细菌、病毒和寄生虫等传染性疾病传播和食品安全风险。合理处置与利用农业固体废物，可以有效地降低或者消除日益严重的环境污染问题，改善耕地土壤质量问题，解决农村能源短缺问题，同时降低疾病传播的风险。

（1）种植业固体废物处置方式。种植业固体废物主要有植物秸秆类固体废物和投入品废物等。

秸秆类固体废物的现有处置方式有：①直接还田（包括机械还田、堆制还田等作为肥田、改土原料）；②过腹还田（包括直接作为饲料，或通过青贮、氨化等处理加工成饲料）；③作为培养基料（包括食用菌栽培和作物、苗木育苗及栽培的基质原料）；④作为原材料（包括制备墙体材料、人造板材、造纸、包装材料、编织材料、治污材料等）；⑤作为能源（直接燃烧、成型燃料、制炭、秸秆气化和制沼气等）；⑥堆放或焚烧。

种植业投入品产生的农业固体废物主要有破损农膜（地膜、棚膜等）、肥料包装袋和农药瓶（袋）等。农膜类现有处置方式有：①回收作为其他塑料制品原料；②焚烧。肥料包装袋一般被回收再利用后丢弃成为垃圾或焚烧。农药瓶（袋）主要被随手丢弃在田边地头、河道沟渠旁成为危险的废物。

（2）养殖业固体废物处置方式。养殖业固体废物主要有畜禽粪便及圈栏垫料、死亡动物等。畜禽粪便现有处置方式有：①作为有机肥生产原料经堆肥化处理加工成商品有机肥料或土壤改良剂；②直接还田（作为肥料）；③牛粪作为培养蘑菇基料的基质原料；④任意丢弃、排放成为污染废弃物。死亡动物现有处置方式有：①掩埋；②焚烧；③生物堆制发酵处置；④化制法处置；⑤丢弃。

（3）农产品加工固体废物。农产品加工固体废物主要有谷壳、砻糠、饼粕、稻壳、花生壳、甘蔗渣、果壳、木屑、竹屑、笋壳、果汁加工残渣、茶叶渣、糟渣类、动物屠宰废物，以及渔业加工鱼杂、贝壳等。主要处置方式有：①直接还田作为肥料或作为有机肥生产的辅料加工成商品有机肥料或土壤改良剂；②直接作为饲料或加工后作为饲料；③作为培养食用菌基料的基质原料；④作为燃料或加工成燃料；⑤任意丢弃、堆放成为污染废弃物。

1.5.2.3　农业固体废物资源化利用潜力

农业固体废物“用则利，弃则害”。农业固体废物蕴藏着巨大的资源，早在2005年孙永明等学者以当年的农业废弃物总量为估算单位，按照农业废弃物现有能量转化技术及养分含量，以国际上通行的方法对农业废弃物商业开发的巨大潜力进行了估算。

以农作物秸秆为例，将5亿t秸秆转化为电能，以1 kg秸秆产生电1 kW·h计算，就有电能5亿kW·h的潜力；作为肥料可提供氮（N）2 264.4万t，磷（P_2O_5）514.6万t，钾（K_2O）2 715.7万t；作为饲料，仅玉米秸秆就能提供1.9亿~2.2亿t。通过表1-11可以得出农业固体废物具有巨大的商业开发前景。

表1-11 我国农业固体废物资源化潜力分析

种类	重量/10^8 t	肥料				能源		
		有机质/10^4 t	含氮量/10^4 t	含磷量/10^4 t	含钾量/10^4 t	热值/10^{15} kJ	沼气/10^8 m^3	标准煤/10^8 t
畜禽粪便	26	27 399	1 470	294	1 109	32	497.84	1.12
农业秸秆	7.0	36 386	430	57	651	100	1 546.86	3.48
蔬菜类废弃物	1.0	1 748	69	7.3	37	12	177.80	0.40
林业废弃物	0.5	3 205	34	55.5	500	7.3	111.13	0.25
加工废弃物	1.5	3 040	84.8	17.3	101.8	22	328.93	0.74
生活垃圾	2.5	6 250	120	72	249	23	346.71	0.78
其他	0.5	2 001	56.6	11.5	67.9	6.7	102.24	0.23
合计	39.0	80 029	2 264.4	514.6	2 715.7	203	3 111.51	7.0

资料来源：孙永明等，2005。

有学者对2010年我国秸秆类农业固体废物的综合利用方式占比做了初步调查分析，具体数据见图1-6。我国秸秆类废弃物资源利用潜力巨大，利用方式也有很大的空间。

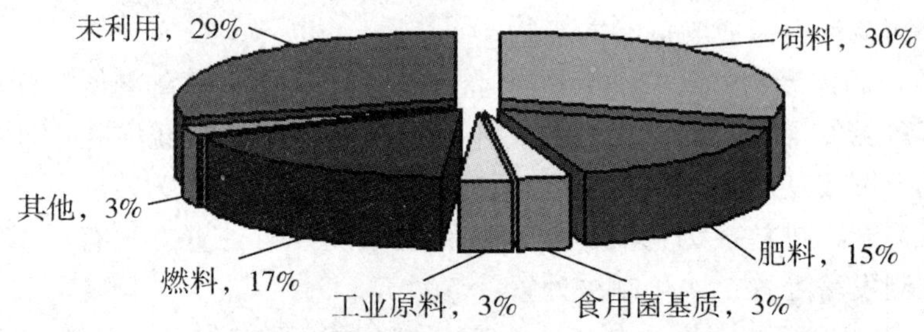

图1-6 2010年我国农作物秸秆综合利用方式结构占比

（资料来源：侯新强，2012。）

我国秸秆开发利用的总体趋势具体体现在“四个增加”“两个减少”“一个替代”。“四个增加”：一是秸秆新能源开发利用量增加；二是秸秆饲用量增加；三是秸秆工业加工利用量增加；四是秸秆食用菌种植利用量增加。“两个减少”：一是秸秆废弃和焚烧量减少；二是秸秆直接燃用量减少。“一个替代”是指秸秆过腹还田、秸秆沼肥还田和秸秆过腹沼肥还田逐步替代秸秆直接还田。

畜禽养殖粪便资源化利用的总体趋势体现在利用的高值化上：一是生产商品有机肥系列产品替代化肥利用；二是作为沼气发酵的主要原料进行能源化利用；三是通过

蚯蚓、蝇蛆等生物转化生产饲料蛋白、功能性生物制品。

未来 20 年，我国农业固体废物的产生总量仍将呈持续增长趋势，对环境的压力将更大。依据经济发展与农业固体废物产生量的关系，预计到 2020 年全国农业固体废物产生量将超过 50 亿 t，其中秸秆将达到 9.5 亿~11 亿 t，畜禽粪便将达到约 40 亿 t。农业固体废物作为一种极其可观的、特殊形态的可再生资源，广泛存在于我国农村地区，具有巨大的开发潜力，如能物尽其用，变废为宝，必将推动农业循环经济的良性发展。从农业系统学的角度而言，农业固体废物资源化综合利用不仅可延长农业产业链和产品链，提高资源利用效率，解决饲料、肥源、能源问题，提升农副产品的附加值，而且还可促进农业清洁生产，减轻环境处理负荷，全面消除废弃物的直接污染，保护农业生态环境，以较低的物能消耗，取得最佳的生态、经济、社会效益。

1.5.3　农业固体废物资源化利用方式

根据农业固体废物研究利用现状、技术发展水平及经济和劳动力等条件，将农业固体废物区分为资源性农业固体废物和非资源性农业固体废物。当前国内外农业固体废物的资源化逐步向能源化、肥料化、饲料化、材料化、基质化和生态化利用等几个方面发展（表 1-12）。

表 1-12　农业固体废物资源化利用途径

	种类	功能类型	技术途径
资源性农业固体废物	植物纤维性废弃物及畜禽粪便	能源化	直接作为燃料、农业废物制沼气、农业废物气化（制成可燃气体）、农业废物液化（制成液体燃料或生物燃料）、农业废物固化（制成固体成型燃料）
	畜禽粪便为主	肥料化	堆肥、液体肥料、有机肥料、生物有机肥、有机-无机复混肥、生产昆虫饲料蛋白
	植物纤维性废弃物	饲料化	氨化饲料、青贮饲料、生化蛋白饲料、糖化饲料、碱化饲料
	植物纤维性废弃物、塑料薄膜	材料化	制成有机产品（生产木糖醇、淀粉等，制乙醇、糖醛等），制备生物炭、轻型建材（造纸、人造板、复合墙板等）、可降解的包装材料、食品防腐剂和空气清新剂，制作生物滤床滤料，制造生物润滑油、生物柴油、生物塑料、特种纸类等，塑料原料再利用
	植物纤维性废弃物	基质化	用作食用菌培养基栽培食用菌、蔬菜、花卉苗木等育苗及栽培基质、水稻育秧基质等
	植物纤维性废弃物及畜禽粪便	生态化	根据生态学的食物链原理，将农业固体废物作为产业链中的一个重要环节，进而实现物质的多重循环和多次转化利用。如稻鱼共生，猪、沼、果循环，以及林下经济等生态循环农业模式

1.5.3.1 肥料化

我国农业固体废物含总养分 7 000 多万 t，是一个巨大的有机（类）肥料资源库。农业固体废物肥料化利用有利于提高土壤有机质和土壤养分，改善土壤结构和土壤墒情，是培肥土壤、提高耕地综合生产能力的沃土工程，还可促进农业固体废物污染治理。据测算，秸秆还田 5 年以上，土地等级可以提高一个级别。

1.5.3.2 基质化

农业固体废物基质化是指农业固体废物用作食用菌培养基料、植物育苗及栽培基质材料。植物纤维类固体废物中含大量木质纤维素、一定量的蛋白质和丰富的矿物质元素，用作食用菌培养基料，培育平菇、草菇、金针菇、木耳、香菇等食用菌，转化率高，可以提高食用菌的产量和质量，为人类提供美味的菌菇类食品；秸秆类农业固体废物经堆肥化处置后用作植物育苗及栽培基质材料，替代草炭，可显著降低生产成本。

1.5.3.3 饲料化

农业固体废物含有大量的粗蛋白、脂肪等动物所需的营养成分，可直接或经转化为有利于消化、吸收的营养价值更高的畜禽与水产养殖饲料。农作物秸秆经氨化、青贮或干物质粉碎发酵处理，是牛羊等反刍家畜的优质主饲料及家禽的辅助饲料。部分农业固体废物还可以通过养殖昆虫（如黄粉虫等）、蜗牛等转化为饲料或食物。畜禽粪也可以开展昆虫（如蝇蛆、水虻等）、蚯蚓养殖生物转化成动物蛋白饲料。

1.5.3.4 能源化

农业固体废物是能量的载体。秸秆热值约为 15 000 kJ /kg，相当于标准煤的 50%，是一种具有很大开发价值的再生清洁能源。秸秆及畜禽粪通过微生物发酵产生沼气用于生产、生活；将农村大量的植物秸秆集中收贮，利用燃烧释放的能量进行发电；通过秸秆气化技术将秸秆裂解转换为气体燃料；将秸秆、稻壳、木屑等植物纤维类农业固体废物用机械加压、加热的原理压制成具有一定形状、密度较高、热值更大的固体成型燃料。

1.5.3.5 材料化

植物纤维素类固体废物富含木质纤维类物质，可以通过工业化加工技术和手段，生产人造板、工业建材、复合材料、包装材料、摩擦材料、造纸、制炭和制造化学品等。此外，农用塑料薄膜的回收可作为很多塑料制品的生产原料用于再生产。

1.5.3.6 生态化

根据生态学的食物链原理，农林牧及加工所产生的固体废弃物，可以通过农业生产过程的全产业链中实现物质的多次循环再利用，如稻鱼共生，猪、沼、果循环，以及林下经济等多种种养结合形式，从而实现农业废弃物的多种生态循环农业利用模式。

1.5.4 农业固体废物的几种生态循环利用模式

目前以农作物秸秆、畜禽养殖粪便为主要原料，技术较成熟、应用较广泛的农业固体废物资源化生态循环利用模式如图 1-7、图 1-8、图 1-9、图 1-10 所示。

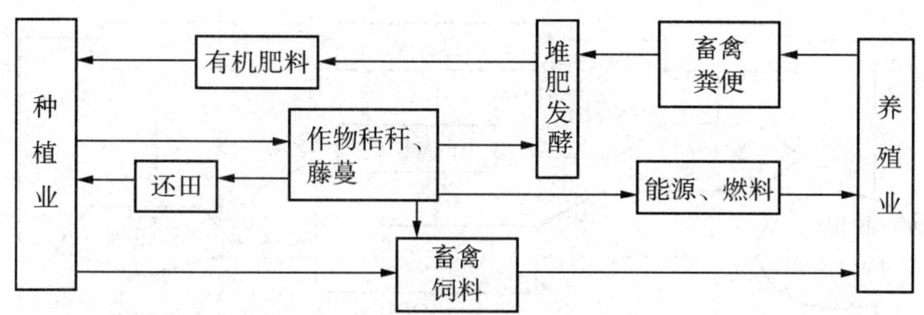

图 1-7　种养结合的农业固体废物生态循环利用模式

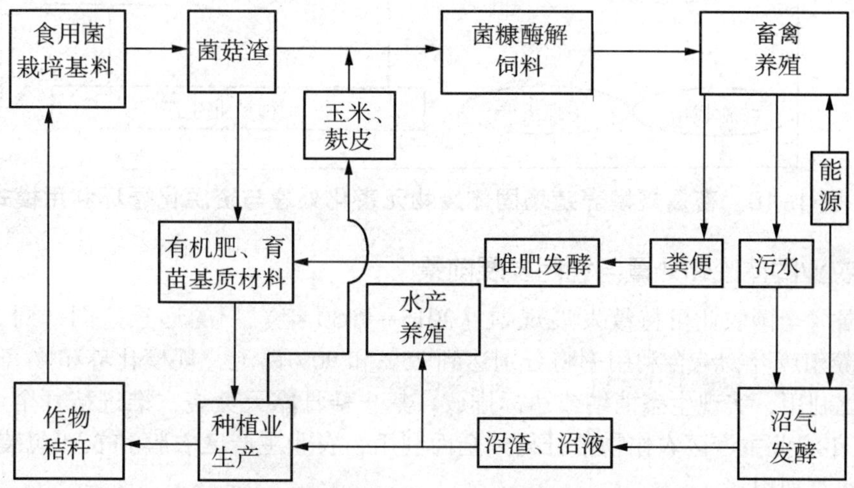

图 1-8　以食用菌生产为纽带的农业固体废物生态循环利用模式

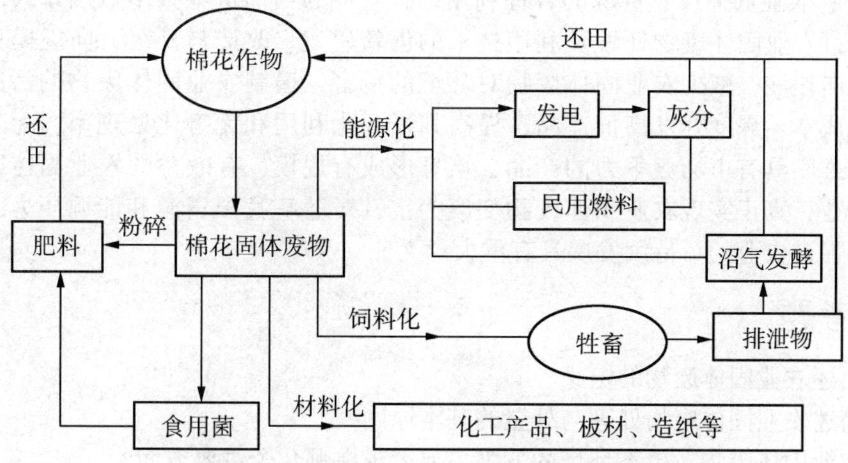

图 1-9　棉花秸秆资源化生态循环利用模式

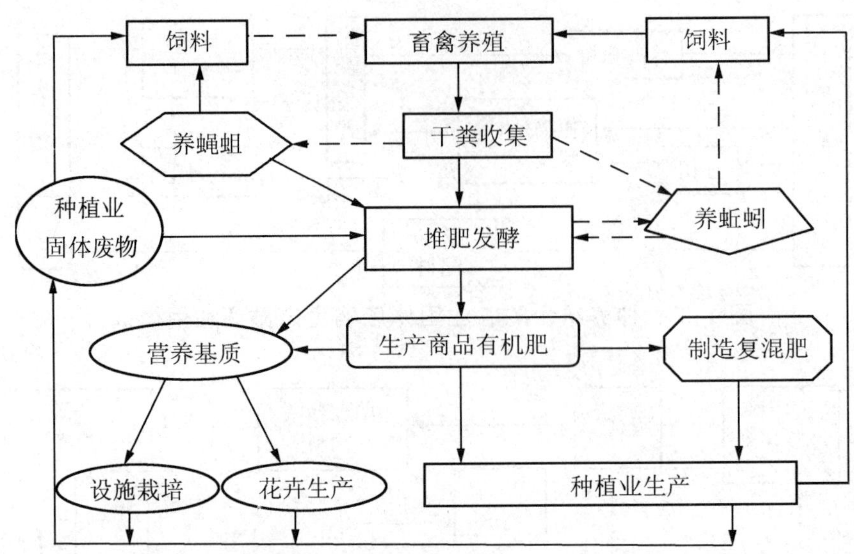

图 1-10 畜禽规模养殖场固体废物无害化处理与资源化循环利用模式

1.5.5 农业固体废物处置与利用发展前景

根据《全国农业可持续发展规划（2015—2030 年）》的远景蓝图，到 2020 年和 2030 年养殖废弃物综合利用率将分别达到 75%和 90%以上，规模化养殖场畜禽粪污基本资源化利用，实现生态消纳或达标排放。禁止秸秆露天焚烧，推进秸秆全量化利用，到 2030 年农业主产区农作物秸秆得到全面利用，农业主产区农膜和农药包装废弃物实现基本回收利用。

农业固体废物既是一个大的环境污染源，同时也是一个生物质资源库，其具有“两重性”；农业固体废物资源的合理利用已日益成为当前世界大多数国家共同面临的问题，通过农业固体废物处置及利用技术的创新研发、改造与升级，向规模化的生物质利用方向拓展，减少农业固体废物对环境的危害、遏制农业固体废物的污染、降低其资源化成本、深度开发高值产品、提高其资源化利用和无害化处理率，配套相关政策，大力推广具有市场竞争力的产品，培育形成有规模、有效益的农业固体废物资源化利用产业，真正实现农业固体废物变废为宝，对缓解我国资源和能源压力，保护生态环境，促进农业的可持续发展具有重大意义。

思考题

1. 简述农业固体废物的定义。
2. 简述农业固体废物处理与处置的基本原则。
3. 农业固体废物对生态环境的危害主要表现在哪几个主要方面？
4. 农业固体废物资源化利用的主要途径有哪些？结合当地实际举例说明。
5. 如何对农药废弃包装物进行正确处置？

第2章　农业固体废物的管理

2.1　发达国家农业固体废物的管理政策与措施

美国、日本和欧盟发达国家等关于农业固体废物污染防治的管理及措施相对我国起步较早，管理体系也较为完善。发达国家把有关农业固体废物的污染防治立法纳入整个固体废弃物大类的管理范畴，他们很重视固体废物的减量化、无害化、资源化(简称“三化”)，并且把“三化”作为立法重点，采取了生产者责任延伸制度，将企业对产品的责任扩展到整个产品生命周期，实行全程控制。发达国家以其先进的科学技术、创新的发展思路、科学的管理模式，在农业固体废物污染防治方面取得了显著成效。

2.1.1　美国、欧盟农业固体废物的管理政策与措施

2.1.1.1　美国农业固体废物的管理政策与措施

美国是全世界固体废物数量产生最多的国家，随着环保意识的提高以及对固体废物价值的重新认识，美国政府逐渐建立了完备的固体废物污染防治体系。美国最早的有关固体废物处理的法律是1965年颁布实施的《固体废弃物处理法》，同年美国政府建立了固体废弃物管理局，专门管理固体废物污染。1970年美国又颁布了《资源回收法》，该法的重点是对固体废物资源回收利用进行管理。而对农业固体废物污染防治最有影响力的是《资源保护与回收法》，该法还特别设立了联邦资源保护和回收部门协调委员会，专门负责固体废物资源回收过程中的协调工作。以典型农业固体废物畜禽粪便为例，美国相继出台了一些法律法规，形成了比较完善的管理体系，具体见表2-1。

表2-1　美国畜禽养殖污染防治法律法规及其要点

法律法规	要点
《清洁水法》	将集约型的大型养殖场看作点污染源，同时制定了非点源性污染防治规划，由各州自行监督实施《大型养殖场污染许可制度》
《2002年农场安全与农村投资法案》	对实施生态环境保护措施的农牧民提供经济和技术扶持，根据经营土地上所采用的环保措施多少以及这些措施的应用范围大小，奖励实施环保措施的农牧民，以便达到最高环保标准
《CSP计划》	对农场主或牧场主的补贴分为3档，合同期为5~10年，各档最高年补贴额为5万~45万美元

续表

法律法规	要点
《水污染法》	侧重于畜禽场建设管理，超过一定规模的畜禽场，建场必须通过环境许可证
《动物排泄物标准》	针对大型养殖企业（要求养殖场在 2009 年前必须完成氮管理计划）
《2008 年农场法案》	要求项目 60%的资金支出用于解决饲养业造成的水土资源污染问题

2.1.1.2 欧盟农业固体废物的管理政策与措施

德国最早于 1972 年制定了《废弃物处理法》，1986 年修改为《废弃物限制处理法》，从末端治理转向了源头控制，即从怎样处理废弃物转向避免产生废弃物。德国 1994 年修改后的《循环经济和废物清除法》强调了促进循环经济、保护自然资源的重要性，确保废弃物按照有利于环境的方式清除，更加强调了废弃物的资源化利用。农业固体废物的转化利用需要一定的法律法规约束，德国政府建立了一整套的资源性农业固体废物转化利用的法律保障体系，为综合农业发展模式的实施与推进提供了强有力的法律保障，具体包括设备、技术、处理流程等，同时德国政府还建立了一套奖励措施与办法。1996 年德国颁布了《循环经济和废物管理法》，确立了三项原则，即污染者承担治理义务、产生废弃物最小化和政府与公民合作的原则。1998 年德国又颁布了《农业和自然保护法》，它要求把生活垃圾分离出来的有机物做成肥料用于农业。该法实施后，德国家庭的生活废弃物利用率从 1996 年的 35%上升到 2003 年的 60%。

瑞典作为一个后起的发达国家，非常重视环保立法。从 20 世纪 60 年代开始，就通过立法规范管理行为，加强农业固体废物的管理。瑞典是世界上环境法体系最为完备的国家之一。相对美国等其他发达国家，瑞典的废弃物管理法律、法规体系的专门性法规较多。除了《废弃物收集与处置法》这部比较综合的法律以外，还颁布了很多专门性法规，法律条文多，规定详细、专业，各项具体法规的针对性和可操作性很强。另外，瑞典非常注重循环利用的原则，强调废弃物管理都应当以促进采取有利于废弃物重复使用和循环利用的方式进行。瑞典也是环保法实施比较好的国家，这是因为瑞典在废弃物管理法实施过程中突出强调责任制。一种是生产者的责任，强调生产者有义务对废弃物进行无害或对环境影响较少的处理和转移。生产者必须保证其在制造、进口或销售产品或包装物时产生的废弃物得到重复使用、循环利用或以环境可接受的废弃物管理方式加以处置。另一种是政府职责，当地政府有责任保证本辖区内的固体废物得到最终处置。瑞典也充分发挥了公众的作用，20 世纪 90 年代以来，大量以自愿与合作为基础的公众参与机制不断涌现，在农业固体废物转化利用方面发挥着社会支撑和制衡的作用。瑞典在《废弃物收集与处置法》中有明确的公众参与程序，完善的公众参与程序能够保证地方性法规最大限度地反映公众的意志，从而保证这些法规的顺利实施。

整体来说，欧盟发达国家对于农业固体废物的管理体系相对完整，尤其在畜禽养殖污染防治方面有许多值得我国借鉴的地方，表 2-2 列出了欧盟等出台的一些关于畜禽养殖污染防治法规以及相对应法规的具体内容。

表 2-2　欧盟等针对畜禽养殖污染防治法律法规及其要点

地区	法律法规	要点
欧盟	《农村发展战略指南（2007—2013）》	欧洲农业发展基金提供资金支持农业环保项目，其中农业环保支付金额占全部农村发展项目的 22%左右
	《欧共体硝酸盐控制标准》	每年 10 月至第二年 2 月禁止在田间放牧或将粪便排入农田
德国	《粪便法》	畜禽粪便不经处理不得排入地下或地表水源，畜禽养殖量应与当地农田面积相匹配，每公顷土地家畜的最大允许饲养量不得超过规定数量
	《肥料法》	规定了畜禽粪便生产有机肥的质量标准
挪威	《水污染法》	规定了禁止畜禽养殖污水排入河流，以及在冰雪覆盖的土地上倾倒任何畜粪肥
丹麦	《环保法》	规定了畜禽的最高养殖密度，施入裸露土地的粪肥必须在 12 h 内翻耕入土，在冻土或被雪覆盖的土地上不得施用粪便，每个农场的贮粪能力要达到 9 个月的产粪量
	《规划法》	规定了不同种类养殖场的规划标准，包括农场与邻居的距离、动物粪便、农场污物的收集处理方案、农场中耕地最小面积、施用动物粪便的种植作物的品种等
法国	《农业污染控制计划》	规定了养殖规模，限定了养殖区域，禁止在土地上直接喷洒猪粪，对于采取环保措施降低氮化物、硝酸盐等污染物排放的，给予一定的政府补贴
荷兰	《污染者付费计划》	规定了农场畜禽粪便排放量的征税标准
英国	《污染控制法规》	规定了畜禽粪便存贮设施应距离水源至少 100 m，有 4 个月的贮存能力和防渗结构。畜牧业应远离大城市，与农业生产紧密结合

2.1.2　日、韩等周边发达国家农业固体废物的管理政策与措施

2.1.2.1　日本农业固体废物的管理政策与措施

日本由于本国资源极其匮乏，一直积极着力于建立固体废物回收法律体系来减少固体废物的污染排放。经过近 30 年的不断发展，日本已成为世界上农业固体废物防治法律体系建立与发展最为完善的国家之一。

在关于固体废物的综合性立法方面，日本 1970 年颁布实施的《废弃物处理法》是其在固体废物污染防治领域中相当重要的一部综合性法律，并分别于 1974 年、1976 年、1983 年和 2001 年进行了多次修订。另一部重要的综合性法律则是 2000 年制定的《循环型社会形成推进基本法》，该法是日本建立循环型社会的基本法，其内容涵盖了大量的固体废物循环利用的政策和制度，它首次将废弃物资源循环利用的政策以法律的形式固定下来。明确了排放者责任原则（即排放固体废物的行为人须承担循环利用的责任）和扩大生产者责任原则（即产品生产者在产品售出及使用后须承担废弃物循

环利用的责任）。

20 世纪 70 年代末期，由于畜禽养殖业造成了非常严重的环境污染，日本政府制定了《防止水污染法》《恶臭防治法》《废弃物处理与消除法》等一系列法律，对畜禽污染防治和管理做出了十分明确的规定（表 2-3）。日本政府还制定了鼓励养殖企业保护农田生态环境的相关政策，给予财政补贴，同时还设立了专门的监察机构，确保政策的实施。2001 年日本环境厅升格为环境省，并将原来分属于不同部门的管理职能归于环境省，由大臣官房下属的废弃物回收利用对策部统一管理。

表 2-3　日本针对畜禽养殖污染防治法律法规及其要点

法律法规	要点
《废弃物处理与消除法》	在城镇等人口密集地区，畜禽粪便必须经过处理，处理方法有发酵法、干燥或焚烧法、化学处理法、设施处理等
《防止水污染法》	规定了畜禽养殖场的污水必须达标排放
《恶臭防治法》	规定了畜禽粪便产生的恶臭气体中 8 种污染物的排放限值
《家畜排泄物法》	禁止一定规模以上的养殖户将畜禽粪便在野外堆积或者直接向沟渠排放；粪便贮存设施的地面须采用非渗透性材料

2.1.2.2　韩国农业固体废物的管理政策与措施

韩国国土面积狭小，人口稠密，资源有限，韩国单位面积固体废物的产生量较多。但由于韩国的固体废物污染防治法律制度贯穿于废弃物从产生到处理的全过程，基本上实现了循环经济的要求。1986 年，韩国制定了《废弃物管理法》，该法于 1991 年进行了全面修订，并引入了废弃物的再利用及减少措施、垃圾分类回收等概念。韩国《废弃物管理法》用较大的篇幅详细规定了废弃物处理业和废弃物处理单位的相关事项，体现了对于废弃物无害化处理和废弃物处置产业市场化的重视。

2.2　我国农业固体废物的管理体系

2.2.1　农业固体废物管理的指导思想与原则

我国在农业固体废物的法律法规体系建设方面起步较晚，但是近年来国家高度重视固体废物的管理与处置利用。2005 年修订的《中华人民共和国固体废物污染环境防治法》（以下简称《固体废物污染环境防治法》）中首次将农业固体废物纳入固体废物防治体系范围。《固体废物污染环境防治法》明确提出促进循环经济的发展原则，倡导绿色生产、绿色生活，并将农业固体废物防治纳入法律规制范围，关注保护与改善农村环境。对两种典型的农业固体废物（养殖业废物和种植业废物）做出规定，它要求“从事畜禽规模养殖应当按照国家有关规定收集、贮存、利用或者处置养殖过程中产生的畜禽粪便，防止畜禽粪便污染环境”“禁止在人口集中地区、机场周围、交通干线附近以及当地人民政府划定的区域露天焚烧秸秆”。

《固体废物污染环境防治法》确立了固体废物污染防治“三化”的指导思想和原则，即将固体废物污染防治的无害化、减量化、资源化作为我国固体废物管理的基本技术政策。我国农业固体废物循环利用遵循国际通行的“3R”原则，即减量化（reduce）、再利用（reuse）、再循环（recycle）三种原则。

因此，广泛吸收国内外可持续农业的成功经验，把农业经济活动与自然生态循环融为一体，注重农业清洁生产和农业固体废物综合利用，通过物质能量的多级循环利用达到节约资源与减轻污染的目的，促使农业生态系统和经济系统逐渐向良性循环方向转变，是农业可持续发展的必然选择。

2.2.2　我国农业固体废物管理体系概述

2.2.2.1　秸秆类农业固体废物管理体系

1. 我国对秸秆禁烧区域的相关法律规定

农业秸秆是我国农业固体废物的主要来源之一，焚烧是秸秆处置的一种普遍现象，秸秆焚烧所产生的环境问题也一直是我国大气环境污染治理的焦点。我国各级政府及相关部门在1999年至2015年间相继颁布了多部关于秸秆焚烧管理的法律法规。

除了国务院及其各部委的相关禁烧法规之外，各省市对于秸秆禁烧区域也纷纷做出了相应规定。2000年出台的《陕西省人民政府办公厅关于进一步做好秸秆禁烧和综合利用管理工作的通知》和2003年出台的《陕西省人民政府关于加强秸秆禁烧与综合利用工作的通告》中，进一步明确重点禁烧区域扩大到各大中城市郊区和县级人民政府所在城镇区域。2009年5月，江苏省人民代表大会常务委员会通过了《江苏省人民代表大会常务委员会关于促进农作物秸秆综合利用的决定》，这是我国首部省级禁止农作物秸秆焚烧和促进综合利用的地方性法规，2012年年底实行了全行政区域禁止露天焚烧秸秆。安徽省也在2010年8月出台了《安徽省环境保护条例》，对秸秆焚烧做出了相应的规定。关于秸秆禁烧各项法律法规具体见表2-4。

表2-4　我国历年出台的关于秸秆禁烧的法律法规

颁布时间	颁布单位	法律法规
1999年	国家环境保护总局、农业部、财政部、铁道部、交通部、中国民用航空总局	《秸秆禁烧和综合利用管理办法》
2000年	陕西省人民政府办公厅	《陕西省人民政府办公厅关于进一步做好秸秆禁烧和综合利用管理工作的通知》
2003年	农业部	《关于进一步加强农作物秸秆综合利用工作的通知》
2003年	山东省人民政府办公厅	《山东省人民政府办公厅关于加强农作物秸秆综合利用禁烧工作的通知》
2003年	陕西省人民政府	《陕西省人民政府关于加强秸秆禁烧与综合利用工作的通告》
2004年	国务院	《国务院办公厅关于加强民航飞行安全管理有关问题的通知》
2008年	环境保护部	《关于进一步加强秸秆禁烧工作的通知》

续表

颁布时间	颁布单位	文件
2009 年	国务院	《民用机场管理条例》
2009 年	江苏省人民代表大会常务委员会	《江苏省人民代表大会常务委员会关于促进农作物秸秆综合利用的决定》
2010 年	安徽省环境保护局	《安徽省环境保护条例》
2010 年	浙江省人民政府	《浙江省农业废弃物处理与利用促进办法》
2014 年	河北省发展和改革委员会，河北省农业厅	《河北省 2014—2015 年秸秆综合利用实施方案》
2015 年	全国人民代表大会常务委员会	《中华人民共和国大气污染防治法》

《中华人民共和国大气污染防治法》第七十七条规定：省、自治区、直辖市人民政府应当划定区域，禁止露天焚烧秸秆、落叶等产生烟尘污染的物质。第一百一十九条第一款规定：违反本法规定，在人口集中地区对树木、花草喷洒剧毒、高毒农药，或者露天焚烧秸秆、落叶等产生烟尘污染的物质的，由县级以上地方人民政府确定的监督管理部门责令改正，并可以处 500 元以上 2 000 元以下的罚款。

1999 年多部委联合出台的《秸秆禁烧和综合利用管理办法》第四条规定：禁止在机场、交通干线、高压输电线路附近和省辖市（地）级人民政府划定的区域内焚烧秸秆。第八条规定：对违反规定在秸秆禁烧区内焚烧秸秆的，由当地环境保护行政主管部门责令其立即停烧，可以对直接责任人处以 20 元以下罚款；造成重大大气污染事故，导致公私财产重大损失或者人身伤亡严重后果的，对有关责任人员依法追究刑事责任。

《山东省人民政府办公厅关于加强农作物秸秆综合利用禁烧工作的通知》指出，实现秸秆禁烧、推进综合利用、发展秸秆经济是保护环境、促进农业结构调整，培育农村经济新的增长点、增加农民收入的有效途径。各地要结合本地实际，研究制定秸秆综合利用发展规划，建立工作目标责任制，分解任务，落实措施，认真做好秸秆综合利用与禁烧工作。疏、堵结合，营造秸秆综合利用与禁烧的良好氛围，通过机械化措施，拓宽综合利用渠道，使秸秆变废为宝。

《陕西省人民政府办公厅关于进一步做好秸秆禁烧和综合利用管理工作的通知》规定，西安、咸阳、宝鸡、渭南等市为陕西省的重点禁烧地区，并划定了机场附近、高速公路两侧的重点禁烧区域。

《关于进一步加强农作物秸秆综合利用工作的通知》中将北京、天津、上海等 10 个大中城市郊区以及京珠、沪宁等五条高速公路沿线和首都机场、天津机场等 5 个机场周边地区划定为重点禁烧区域。

《陕西省人民政府关于加强秸秆禁烧与综合利用工作的通告》进一步明确重点禁烧区域扩大到各大中城市郊区和县级人民政府所在城镇区域。

《国务院办公厅关于加强民航飞行安全管理有关问题的通知》第四条规定，严禁在机场附近焚烧农作物秸秆、垃圾等。

《关于进一步加强秸秆禁烧工作的通知》规定，将各中心城市和秸秆焚烧情况较为严重的几个省份也列为重点禁烧区域，以确保空气环境质量。《民用机场管理条例》第四十九条第六款规定，禁止焚烧产生大量烟雾的农作物秸秆、垃圾等物质，或者燃放烟花、焰火。《民用机场管理条例》第七十九条规定，违反本条例的，对焚烧产生大量烟雾的农作物秸秆、垃圾等物质，或者燃放烟花、焰火由民用机场所在地县级以上地方人民政府责令改正；情节严重的，处 2 万元以上 10 万元以下的罚款。

《江苏省人民代表大会常务委员会关于促进农作物秸秆综合利用的决定》第九条规定，在各地级市城市建成区 30 km 范围内以及县级市和县级政府所在地的镇的建成区 5 km 范围内，不得露天焚烧秸秆，并且规定市、县人民政府有权设定禁止露天焚烧秸秆的具体区域和有权扩大禁烧区域的范围，以及到 2012 年年底实行全行政区域禁止露天焚烧秸秆。第十三条规定了秸秆焚烧的法律责任：违反本决定露天焚烧秸秆的，由环境保护行政主管部门责令停止违法行为；情节严重的，可以处以 50 元以上 200 元以下罚款。同时第十三条第四款规定：违反本决定露天焚烧秸秆或者将秸秆弃置于河道、湖泊、水库、沟渠等水体内，造成他人人身伤亡或者财产损失的，应当依法给予赔偿；构成犯罪的，依法追究刑事责任。

《安徽省环境保护条例》第三十六条第二款规定：市、县（区）人民政府应当按照国家规定，在城市、机场、铁路、快速交通线和公路干线、文物保护区、粮食和油料仓库、林地、通信和电力设施等周边地区，划定禁止露天焚烧秸秆的区域，并向社会公布。

《浙江省农业废弃物处理与利用促进办法》第十三条规定：县级以上人民政府发展和改革、经济和信息化、财政、农业、科技等有关部门应当统筹安排秸秆利用项目和产业布局，大力推广秸秆粉碎还田等循环利用措施，支持以秸秆为原料的饲料、食用菌生产以及编织等加工业，支持利用秸秆发展生物质能源。第十四条规定：设区的市、县（市、区）人民政府应当按照国家和省的有关规定，将机场、交通干线、高压输电线路、人口集中地区等周边一定范围划定为禁止露天焚烧秸秆的区域，并向社会公布。禁止在前款划定的区域范围内露天焚烧秸秆。

《河北省 2014—2015 年秸秆综合利用实施方案》要求，坚持“五化”（燃料化、肥料化、饲料化、基料化、原料化）并举，狠抓能源利用；坚持疏堵结合，完善政策机制；坚持创新引领，强化科技支撑；坚持企业主体，实施工程项目，加快秸秆利用产业化步伐，提升秸秆综合利用水平，力争到 2015 年，基本实现秸秆资源全部利用目标。

综上所述，秸秆禁烧的重点区域还是集中在机场附近、高速公路附近、城乡人口密集区域。对于秸秆禁烧区域的规定，不仅国家部委有相关的规定，江苏、安徽、山东、陕西、浙江等多个省份也有了明确的规定，但是仍有一些省份对此缺乏相关规定。

2. 我国对秸秆焚烧行为的法律责任规定

目前，我国相关法律法规规定了秸秆焚烧行为的法律责任，包括责令停止焚烧行为、2 000 元以下罚款、承担相应的民事赔偿责任或刑事责任四种责任承担方式。《中华人民共和国大气污染防治法》第一百一十九条第一款规定：违反本法规定，在人口集中地区对树木、花草喷洒剧毒、高毒农药，或者露天焚烧秸秆、落叶等产生烟尘污染的物质的，由县级以上地方人民政府确定的监督管理部门责令改正，并可以处 500 元以上 2 000 元以下的罚款。六部委联合颁布的《秸秆禁烧和综合利用管理办法》第八条规定：对违反规定在秸秆禁烧区内焚烧秸秆的，由当地环境保护行政主管部门责令其立即停烧，可以对直接责任人处以20元以下罚款；造成重大大气污染事故，导致公私财产重大损失或者人身伤亡严重后果的，对有关责任人员依法追究刑事责任。2009年《江苏省人民代表大会常务委员会关于促进农作物秸秆综合利用的决定》第十三条规定了秸秆焚烧的法律责任：违反本决定露天焚烧秸秆的，由环境保护行政主管部门责令停止违法行为；情节严重的，可以处以50元以上200元以下罚款。同时第十三条第四款规定：违反本决定露天焚烧秸秆或者将秸秆弃置于河道、湖泊、水库、沟渠等水体内，造成他人人身伤亡或者财产损失的，应当依法给予赔偿；构成犯罪的，依法追究刑事责任。

通过以上法律法规，我们不难看出，目前我国对于秸秆焚烧行为法律责任的规定仍然有所欠缺，处罚力度较小，并且在实践中相关的环境执法部门的执法效果并不理想。

2.2.2.2 我国畜禽养殖污染控制政策管理体系

我国畜禽养殖污染防控的管理体系较为完善。在法律、行政法规、部门规章以及地方政府的管理条例等不同层面都进行了详细的规定。

1. 我国畜禽养殖污染防治管理法律法规

从法律法规层面来看，主要有《中华人民共和国农业法》《中华人民共和国固体废物污染环境防治法》《中华人民共和国动物防疫法》《中华人民共和国大气污染防治法》《畜禽规模养殖污染防治条例》等（表2-5）。

表2-5 我国畜禽养殖污染防治管理的主要相关法律和法规

颁布时间	颁布单位	法律文件
1993年	全国人民代表大会	《中华人民共和国农业法》
1995年	全国人民代表大会	《中华人民共和国固体废物污染环境防治法》
1997年	全国人民代表大会	《中华人民共和国动物防疫法》
2002年	全国人民代表大会	《中华人民共和国清洁生产促进法》
2005年	全国人民代表大会	《中华人民共和国畜牧法》
2007年	国务院	《全国污染源普查条例》
2008年	全国人民代表大会	《中华人民共和国水污染防治法》
2011年	国务院	《饲料及饲料添加剂管理条例》
2013年	国务院	《畜禽规模养殖污染防治条例》
2015年	全国人民代表大会常务委员会	《中华人民共和国大气污染防治法》

《中华人民共和国农业法》第五十八条、第六十五条及第六十六条规定了农用薄膜、秸秆、畜禽养殖废物的综合利用与污染防治的相关内容。

《中华人民共和国固体废物污染环境防治法》明确规定“从事畜禽规模养殖应当按照国家有关规定收集、贮存、利用或者处置养殖过程中产生的畜禽粪便，防止环境污染”，这是我国农业固体废物污染防治的环境保护基本法律依据。

《中华人民共和国动物防疫法》主要是针对动物疫病防治所做的法律规定，其中与畜禽养殖污染相关的内容只是病死畜体的无害化处理。比如，该法规定，染疫动物及其排泄物、染疫动物的产品、病死或者死因不明的动物尸体，必须按照国务院畜牧兽医行政管理部门的有关规定处理，不得随意处置。

《中华人民共和国大气污染防治法》明确规定，畜禽养殖场、养殖小区应当及时对污水、畜禽粪便和尸体等进行收集、贮存、清运和无害化处理，防止排放恶臭气体。

《中华人民共和国清洁生产促进法》明确规定，农业生产者应当科学地使用饲料添加剂，改进养殖技术，实现农产品的优质、无害和农业生产废物的资源化，防止农业环境污染。

《中华人民共和国畜牧法》要求，畜禽养殖场、养殖小区应当有污染物再利用或者无害化处理设施，保证污染物达标排放，防治污染环境，畜禽养殖场应当建立养殖档案，载明病死畜禽无害化处理情况。国家支持畜禽养殖场、养殖小区建设畜禽污染物综合利用设施。

《全国污染源普查条例》规定了全国污染源普查范围包括农业污染源，其中包括农用薄膜的使用情况，秸秆等植物性废物以及养殖业污染物产生、治理情况。

《中华人民共和国水污染防治法》没有提及畜禽养殖对地下水和地表水的污染，相关内容仅是关于含病原体污水排放、企业输送或贮存污水的一些规定。《饲料及饲料添加剂管理条例》规定了加强对饲料、饲料添加剂的管理，提高饲料、饲料添加剂的质量，保障动物产品质量安全，维护公众健康的相关内容。

《畜禽规模养殖污染防治条例》专门对畜禽粪便综合利用的激励措施做出规定，如对污染防治和废弃物综合利用设施建设进行补贴、对有机肥购买使用实施不低于化肥的补贴等优惠政策、鼓励利用废弃物生产沼气以及发电入网等。这些规定，将从根本上对提高畜禽养殖废弃物综合利用水平、实现以环境保护促进产业优化和升级、促进实现畜禽养殖产业发展与环境保护的和谐统一提供有力的制度保障。

2. 畜禽养殖废物污染控制相关标准

国家多个部委相继对畜禽养殖废物管理出台了一系列的污染控制标准（表 2–6）。

表 2–6　我国各部委颁布的关于畜禽养殖污染控制标准

颁布时间	颁布单位	文件
1987 年	卫生部	《粪便无害化卫生标准》
1999 年	农业部	《畜禽场环境质量标准》
2001 年	国家环境保护总局	《畜禽养殖污染防治管理办法》
2001 年	国家环境保护总局	《畜禽养殖业污染防治技术规范》
2001 年	国家环境保护总局 国家质量监督检验检疫总局	《畜禽养殖业污染物排放标准》
2004 年	国家质量监督检验检疫总局 国家标准化管理委员会	《畜禽场环境质量评价准则》

续表

颁布时间	颁布单位	文件
2006年	农业部	《畜禽标识和养殖档案管理办法》 《畜禽粪便干燥机质量评价技术规范》 《畜禽环境质量及卫生控制规范》 《畜禽粪便无害化处理技术规范》 《畜禽场环境污染控制技术规范》 《规模化畜禽养殖场沼气工程设计规范》
2007年	农业部	《畜禽粪便安全使用准则》 《标准化肉鸡养殖场建设规范》 《标准化规模养猪场建设规范》
2009年	环境保护部、财政部、发展和改革委员会	《关于实行“以奖促治”加快解决突出的农村环境问题的实施方案》
2009年	环境保护部	《畜禽养殖业污染治理工程技术规范》
2010年	环境保护部	《农业固体废物污染控制技术导则》

《粪便无害化卫生标准》对畜禽粪便的高温堆肥和沼气发酵的卫生标准做出了相应规定。

《畜禽场环境质量标准》规定了畜禽场必要的空气、生态环境质量标准以及畜禽饮用水的水质标准。

《畜禽养殖污染防治管理办法》对污染防治原则、“新、改、扩”建养殖场的环境评价和选址、污染控制设施的“三同时”（同时设计、同时施工、同时投入生产和使用)、排污申报登记、排放标准、排污许可证、排污费、超标准排污费、污染控制设施及措施、违法的法律责任等都做出了规定。

《畜禽养殖业污染防治技术规范》从畜禽养殖场的选址要求、场区布局与清粪工艺、畜禽粪便贮存、污水处理、固体粪肥的处理利用、饲料和饲料管理、病死畜禽尸体处理与处置、污染物监测等方面进行了规范，特别是规定应根据土地消纳能力确定新建畜禽养殖场的养殖规模。

《畜禽养殖业污染物排放标准》按照集约化养殖业的不同规模分别规定了水污染物、恶臭气体的最高允许日均排放浓度、最高允许排水量及畜禽养殖业废渣无害化环境标准，同时对畜禽养殖场和养殖区的规模分级、污染物排放配套监测方法也做出了说明。

《畜禽场环境质量评价准则》对新建、改建、扩建畜禽场环境质量评价的程序、方法、内容及要求做出了相关规定。

《畜禽标识和养殖档案管理办法》规范了畜牧业生产经营行为，加强畜禽标识和养殖档案管理，建立了畜禽及畜禽产品可追溯制度，防控重大动物疫病，对病死畜禽无害化处理的记录做了规定。

《畜禽粪便干燥机质量评价技术规范》规定，畜禽粪便经干燥处理后，其蛔虫卵死亡率、粪大肠菌值应符合相关标准。

《畜禽环境质量及卫生控制规范》要求采用固液分离与干清粪工艺相结合的设施，

使粪尿、污水及时排出，减少有害气体产生。

《畜禽粪便无害化处理技术规范》对畜禽粪便无害化处理设施的选址、场区布局、处理技术卫生学控制指标及污染物监测和污染防治技术要求做出了较为详细的规定。

《畜禽场环境污染控制技术规范》除了规定畜禽场选址、场区布局、污染治理设施外，还规定了控制畜禽场恶臭污染、粪便污染、污水污染、病原微生物污染、药物污染、畜禽尸体污染等的基本技术要求和畜禽场环境污染监测控制技术。

《规模化畜禽养殖场沼气工程设计规范》强调沼气工程的设计应以减量化、无害化、资源化为目标，应首先考虑养殖场改进生产工艺，实行清洁生产，从源头上减少粪污排放量。

《畜禽粪便安全使用准则》规定，粪便作为肥料应充分腐熟，卫生学指标及重金属含量达到要求后方可施用。畜禽粪料单独或与其他肥料配施时，应满足作物对营养元素的需要，适量施肥以保持或提高土壤肥力及土壤活性。

《标准化肉鸡养殖场建设规范》规定，养殖区域应位于污水、粪便、病死鸡处理区的上风向，养殖场内应设置无害化处理设施对生产、生活污水，粪便和病死鸡进行处理。

《标准化规模养猪场建设规范》要求猪场污水和粪便进行无害化处理，其无害化处理设施应根据养猪场粪污排放量确定其建设规模。

《关于实行"以奖促治"加快解决突出的农村环境问题的实施方案》重点支持农村饮用水水源地保护、生活污水和垃圾处理、畜禽养殖污染和历史遗留的农村工矿污染治理、农业面源污染和土壤污染防治等与村庄环境质量改善密切相关的整治措施。

《畜禽养殖业污染治理工程技术规范》规定了集约化畜禽养殖场（区）污染治理工程设计、施工、验收和运行维护的技术要求。强调畜禽养殖业污染治理应按照资源化、减量化、无害化的原则，以综合利用为出发点，提高资源化利用率。

《农业固体废物污染控制技术导则》对畜禽粪便污染实施减量化控制措施，采用好氧高温堆肥、沼气等生物处理和利用方式，实现畜禽粪便资源化利用。

《畜禽养殖业污染防治技术政策》要求对中小型畜禽养殖场（小区）宜采用高温好氧堆肥工艺或生物发酵工艺生产有机肥，采用厌氧发酵工艺生产沼气，并做到产用平衡，实行种养结合，发展生态农业，实现还田利用。

在我国其他规范性文件中，也对畜禽养殖污染控制做出了一些规定（表 2-7），如《加强农村生态环境保护工作的若干意见》对畜禽养殖污染防治做出了比较详细的规定：对新建、扩建或改建的具有一定规模的养殖场，必须按照国家《建设项目环境保护管理条例》的规定，督促建设单位认真执行环境影响评价制度和"三同时"制度；对于"三河"（淮河、海河、辽河）、"三湖"（太湖、巢湖、滇池）等国家和地方明确划定的重点流域和重点地区，以及大中城市周围的中等以上规模的集约化养殖场，必须进行限期治理。到 2002 年年底前建成污水处理设施或畜禽粪便综合利用设施，采取有力措施控制沿海地区污染直排入海。《关于扶持家禽业发展的若干意见》其中部分内容也涉及了畜禽养殖污染防治问题。比如，对扑杀后的畜禽要进行无害化处理，对重点养殖小区和规模养殖场的防疫设施、粪污处理设施建设给予必要的支持。

表 2-7　我国其他规范性文件对畜禽的管理

颁布时间	颁布单位	文件
1999 年	国家环境保护总局	《加强农村生态环境保护工作的若干意见》
2005 年	国务院办公厅	《国务院办公厅关于扶持家禽业发展的若干意见》

3. 我国各级地方政府畜禽养殖污染控制管理体系

我国各级地方政府也在畜禽管理方面制定了相关的规章条例和管理办法（表 2-8）。

表 2-8　我国部分地方政府关于畜禽管理的规章条例

颁布时间	颁布单位	文件
1995 年	上海市人民政府	《上海市畜禽污染防治暂行条例》
2002 年	福建省环境保护局、福建省农业厅	《福建省畜禽养殖污染防治管理办法实施细则》
2004 年	上海市人民政府	《上海市畜禽养殖管理办法》
2006 年	天津市人民政府	《天津市畜禽养殖管理办法》
2007 年	河北省人民政府办公厅	《河北省畜禽养殖场养殖小区规模标准和备案程序管理办法》
2008 年	北京市质量技术监督局	《无公害食品 畜禽场环境质量》
2009 年	广东省人民政府	《广东省畜禽养殖业污染物排放标准》
2011 年	山东省人民政府	《山东省畜禽养殖管理办法》
2012 年	辽宁省环境保护厅、辽宁省畜牧局	《关于加强畜禽养殖业污染治理促进农业源减排的实施意见》
2013 年	江西省人民政府	《江西省畜禽养殖管理办法》

《上海市畜禽污染防治暂行条例》对污染防治原则、养殖场选址、畜禽粪便处理、排污口设置、排污许可证、排污收费、病死畜体处理等相关内容做出了常规性规定，细化了排污标准。

《福建省畜禽养殖污染防治管理办法实施细则》规定，畜禽养殖场排放污染物，不得超过国家或地方规定的《畜禽养殖污染物排放标准》要求，并按规定缴纳排污费，向水体排放污染物超过国家或地方规定排放标准的，还应按规定缴纳超标排污费。对畜禽粪便的清洗、贮存、利用及污水处理、病死畜禽尸体的处理与处置，按国家环保总局发布的《畜禽养殖业污染防治技术规范》相关规定进行。畜禽养殖污染防治要做到因地制宜、综合利用，实行资源化，实现减量化，达到无害化。超标排放的畜禽养殖场，应当限期治理。

《上海市畜禽养殖管理办法》针对禽养殖区域的规划布局，畜禽养殖场的设置，畜禽的饲养，畜禽疫病和养殖污染防治及其相关的监督管理活动，违反规定时的法律责任做出了规定。

《天津市畜禽养殖管理办法》对养殖场规划布局、养殖管理、法律责任做出了详细规定，里面涉及了一些畜禽污染防治的内容，但它并不是专门针对畜禽养殖污染防治的法规。

北京《无公害食品 畜禽场环境质量》对无公害畜禽（猪、鸡、羊、牛）场布局要求：应设有管理、生活、生产三大区域，管理区和生活区要建在生产区的上风向，生产区布置在管理区主风向的下风向或侧风向。生产区用绿化带或围墙隔离，场内净道和污道分开，互不交叉。隔离畜禽舍，污水、粪尿处理设施和病、死畜禽的处理区在生产区风向的下风向或侧风向。

《山东省畜禽养殖管理办法》对畜禽养殖行为做出了较为详细的规范，要求新建、改建和扩建畜禽养殖场、养殖小区，应当符合当地畜禽养殖布局规划，而且有对废水、异味、畜禽粪便和其他固体废弃物进行治理和综合利用的设施或者无害化处理设施，并与主体工程同时设计、同时施工、同时投入使用。

辽宁省《关于加强畜禽养殖业污染治理促进农业源减排的实施意见》要求因地制宜开展畜禽粪便的综合利用，积极推进粪便防渗堆积发酵生产农家肥、加工有机肥、大中型畜禽粪便生产沼气等项目，实现畜禽粪便的资源化、减量化、无害化，不断提高畜禽粪便资源化利用水平。深入实施“以奖促治”政策，坚持治理和减排相结合，通过“以奖促治”带动畜禽养殖业污染减排。农村环境综合整治专项资金要重点支持畜禽养殖减排项目，积极推动有条件的村（屯）建设集中式粪污处理场和有机肥场，实现对养殖专业户、养殖密集区畜禽粪便的集中收集、集中处理。大力开展畜禽粪便的综合利用，最大限度地降低养殖专业户和散养户的排污强度，不断提高畜禽养殖污染治理水平。

《江西省畜禽养殖管理办法》要求畜禽养殖按照养殖场、养殖小区和分散养殖户实行分类管理。鼓励农村集体经济组织、农民和畜牧业合作经济组织建立畜禽养殖场、养殖小区，发展规模化、标准化畜禽养殖。而且要求对畜禽养殖废弃物进行无害化处理和综合利用。

4. 浙江省关于畜禽养殖污染防控的管理体系

浙江省耕地面积少，人口密度高，畜禽养殖集约化和规模化程度位居全国前列，因此畜禽养殖污染防控形势更为严峻。浙江省近年来十分重视畜禽污染治理工作，在畜禽养殖污染防控的管理体系建设方面做了很好的示范（表 2-9）。

表 2-9　浙江省畜禽养殖污染治理举措

颁布时间	颁布单位	文件
2010 年	浙江省人民政府	《浙江省农业废弃物处理与利用促进办法》
2011 年	浙江省农业厅	《浙江省商品有机肥推广应用实施办法》
2013 年	浙江省人民代表大会常务委员会	《关于加强畜禽养殖污染防治促进畜牧业转型升级的决定》
2014 年	浙江省水利厅	《中共浙江省委浙江省人民政府关于全面实施“河长制”进一步加强水环境治理工作的意见》

续表

颁布时间	颁布单位	文件
2014 年	浙江省农业厅 浙江省环保厅 浙江省国土资源厅	《浙江省畜禽养殖场污染治理达标验收办法（试行）》
2014 年	浙江省质量监督局	《美丽乡村建设规范》
2015 年	浙江省政府	《浙江省畜禽养殖污染防治办法》

《浙江省农业废弃物处理与利用促进办法》规定，按照生态农业的发展要求，合理确定畜牧业区域布局和养殖规模。畜禽养殖场应当配套建设相应的畜禽养殖废弃物处理设施，落实管理措施，保障相关设施的正常运行。县级以上人民政府及其有关部门应当对畜禽养殖废弃物处理与利用设施的建设予以支持。畜禽养殖废弃物的处理与利用应当符合环境保护法律法规的规定，防止污染环境。

《浙江省商品有机肥推广应用实施办法》要求做好利用畜禽排泄物等农业有机废弃物资源为主要原料，经发酵腐熟除臭后制成的商品有机肥推广应用和补贴政策实施工作，加快推进农业废弃物资源化、肥料化利用，提高耕地土壤肥力、农产品品质和质量安全水平，促进生态循环农业发展。

《关于加强畜禽养殖污染防治促进畜牧业转型升级的决定》要求建立病死畜禽无害化处理长效机制，推行病死畜禽统一收集、集中处理、统计报告等制度。《中共浙江省委浙江省人民政府关于全面实施“河长制”进一步加强水环境治理工作的意见》提到，深入开展“美丽乡村”“四边三化”“三改一拆”“双清”行动，积极推进村庄环境整治。《浙江省畜禽养殖场污染治理达标验收办法（试行）》要求，养殖场必须实现“两分离”“三配套”的基本设施配备要求，通过肥水还田、生产沼气、制造有机肥料等途径进行畜禽粪污的综合利用，且保证去向可靠；畜禽粪污还田用作农作物肥料的，须经无害化处理。《美丽乡村建设规范》要求，塑料农膜回收率不低于 80%，农作物秸秆综合利用率不低于 80%，规模化畜禽养殖粪便综合利用率不低于 90%。到 2015 年，全省建成省级生态循环农业示范县 20 个、示范区 100 个、示范企业 100 个、示范项目 500 个，农作物秸秆、规模畜禽养殖场排泄物、农村清洁能源利用率分别达到 80%、97%和 70%以上。《浙江省畜禽养殖污染防治办法》规定，要科学确定畜禽养殖的品种、规模和总量，落实畜禽养殖污染区域控制和污染物排放总量控制要求，组织编制畜牧业发展规划、畜禽养殖污染防治规划。

5. 死亡动物无害化管理

目前我国还未对死亡动物无害化处理进行专门立法。《中华人民共和国动物防疫法》《中华人民共和国大气污染防治法》《畜禽规模养殖污染防治条例》只是简单地要求生产经营者要对病死畜禽进行无害化处理。但早在 1996 年我国就出台了《畜禽病害肉尸及其产品无害化处理规程》(GB 16548—1996)，规定了畜禽病害肉尸及其产品的销毁、化制、高温处理和化学处理的技术规范。2005 年农业部出台《病死及死因不明动物处置办法（试行）》，规范了病死及死因不明动物的处置以及奖惩制度；并在 2013

年进一步以《病死动物无害化处理技术规范》的形式，规定了病死动物尸体及相关动物产品无害化处理方法的技术工艺和操作注意事项，以及在处理过程中包装、暂存、运输、人员防护和无害化处理记录要求。针对死亡畜禽肉制品流入餐桌问题的发现及死亡动物随意丢弃造成的巨大生态环境风险，2014 年国务院又出台《国务院办公厅关于建立病死畜禽无害化处理机制的意见》，从生态文明建设、食品安全监管和促进养殖业健康发展出发，对建立病死畜禽无害化处理机制做出了全面部署，“及时处理、清洁环保、合理利用”是对病死畜禽无害化处理的必然要求，从事畜禽饲养、屠宰、经营、运输的单位和个人是病死畜禽无害化处理的第一责任人，同时也对病死畜禽无害化处理体系的建设提出了明确要求。一些地方政府对病死动物无害化处理也做出明文规定：2012 年天津市出台了《病死畜禽无害化处理管理办法》，就病死畜禽收集、转运、处理和工作运行机制进行了详细规定。2014 年湖南省出台了《关于做好病死动物无害化处理的通知》，要求发现随意抛弃病死动物的，要组织人员进行打捞，依法进行无害化处理，并追查来源。发现养殖场（户）饲养动物数量不明原因减少的，要及时调查。要严格按照《中华人民共和国动物防疫法》等有关规定，对不按照规定处置染疫动物和动物产品、病死或者死因不明动物尸体，以及经检疫不合格的动物及其产品的，责令无害化处理，同时予以处罚，情节严重的，要移交公安机关立案处。各地要通过电视广播、发放宣传册和明白纸等形式，加强对养殖场（户）动物防疫法律法规和规模猪场死亡生猪无害化处理补助政策的宣传，加大对动物饲养、疫病防控技术以及无害化处理方法等的培训力度，增强养殖者履行无害化处理病死动物这一法定义务的主动性，实行群防群控，推动病死动物无害化处理到位，消除疫情和畜产品质量安全隐患。2015 年浙江省出台《浙江省畜禽养殖污染防治办法》，文件明文规定病死或者死因不明的畜禽尸体等病害畜禽养殖废弃物，应当按照国家和省有关动物防疫的规定进行无害化处理，不得随意处置。

病死畜禽尸体的无害化处理，影响养殖业的可持续发展。我国各地应根据自身的发展需要，建立与发展相适应的无害化处理中心或无害化处理厂，在实现养殖业跨越发展的同时不给疫病传播、环境污染留下机会。

2.2.2.3　农膜及农药废弃包装物等农业生产固体废物的管理

我国有关农用废旧薄膜污染防治还存在许多立法空白，仅有的一些规定也是在综合性立法中附带做出的，专门针对此类农业固体废物处置与管理的法律法规较少。2006 年农业部出台的《农用塑料薄膜安全使用控制技术规范》，对农用废旧薄膜的回收和利用做出了规定，国家环境保护行业标准《废塑料回收与再生利用污染控制技术规范（试行）》对废旧塑料的回收、处理和再利用做出了规定。

农药废弃包装物是指在因农业生产产生的、不再具有使用价值而被废弃的农药包装物，包括用塑料、纸板、玻璃等材料制作的与农药直接接触的瓶、桶、罐、袋等器具。农药废弃包装物由于其自身的特性，对环境安全及人体健康具有较大的潜在风险。目前，我国有关农药废弃包装物的管理尚存在诸多立法空白。浙江省政府办公厅 2015 年出台了《浙江省农药废弃包装物回收和集中处置试行办法》，其中规定，农药废弃包装物回收和集中处置坚持政府扶持、企业负责、市场运作、属地管理的原则，建立以“经营单位负责回收、专业机构集中处置、公共财政予以补助”为主要模式的农药废弃包装物回收和集中处置体系。农药废弃包装物集中处置应当委托具备法定资质的专业处置单位参照危险废物处置的相关技术标准进行无害化集中处置，禁止露天焚烧、擅自填埋。鼓励依法设立的危险废物集中处置单位参与农药废弃包装物集中处置。承担农药废弃包装物集中处置的专业处置单位，由当地人民政府通过政府采购或者招投标等方式确定。处置费用按照设区市价格行政主管部门会同环境保护、农业行政主管部门规定的标准执行。

2.2.3 制定优惠政策，促进减排与循环利用

在近几年，国家和地方政府相继出台了一些关于发展循环农业，促进农业农村节能减排的税收优惠、补贴激励政策（表2-10），这些政策对促进农业固体废物处置及加快循环农业发展起到了很大的作用。

表2-10 我国促进农业节能减排的部分举措

颁布时间	颁布单位	文件
2008年	财政部	《秸秆能源化利用补助资金管理暂行办法》
2010年	浙江省人民政府	《浙江省农业废弃物处理与利用促进办法》
2011年	农业部	《农业部关于进一步加强农业和农村节能减排工作的意见》
2011年	国务院	《“十二五”节能减排综合性工作方案》
2011年	浙江省农业厅	《浙江省商品有机肥推广应用实施办法》
2012年	辽宁省环境保护厅 辽宁省畜牧局	《关于加强畜禽养殖业污染治理促进农业源减排实施意见》

财政部2008年出台的《秸秆能源化利用补助资金管理暂行办法》，重点支持从事秸秆成型燃料、秸秆气化、秸秆干馏等秸秆能源化生产的企业。补助资金主要采取综合性补助方式，支持企业收集秸秆、生产秸秆能源产品并向市场推广。2011年农业部出台的《农业部关于进一步加强农业和农村节能减排工作的意见》，要求深入开展农村生产生活节能。积极推进畜禽适度规模养殖，加强畜禽养殖排泄物治理，在粪污相对集中的规模化养殖场或养殖小区，补贴养殖企业（户）建设粪污处理利用设施。大力推广秸秆粉碎还田、快速腐熟还田、过腹还田、覆盖免耕等技术，推进秸秆肥料化利用，推进农作物秸秆能源化利用。加快废旧地膜捡拾技术装备的推广应用，对农民回收利用废旧地膜进行补贴，鼓励和引导农民回收利用地膜，扶持建设一批废旧地膜回收加工网点，建立健全废旧地膜回收加工网络，逐步建立地膜使用、回收、再利用等环节相互衔接的废旧地膜回收利用机制。同时，争取财政支持，积极会同有关部门建立农药废弃包装物回收、处理机制。2011年国务院出台的《“十二五”节能减排综合性工作方案》，明确提出发展户用沼气和大中型沼气，要求规模化养殖场和养殖小区配套建设废弃物处理设施的比例达到50%以上，鼓励污染物统一收集、集中处理。节能减排重点工程所需资金主要由项目实施主体通过自有资金、金融机构贷款、社会资金解决，各级人民政府应安排一定的资金予以支持和引导。

部分地方政府也陆续制定相关优惠政策，响应节能减排号召。2010年浙江省出台

的《浙江省农业废弃物处理与利用促进办法》，对以下项目予以扶持：①利用农业废弃物生产有机肥、沼气、食用菌、饲料等产品或者作为工业生产原材料；②农业废弃物处理与利用关键技术、设备的研发及设备的生产；③农业废弃物处理与利用技术的推广应用。2011 年，浙江省农业厅出台了《浙江省商品有机肥推广应用实施办法》，规定省财政对推广应用商品有机肥给予适当补贴，省补助标准为经济欠发达地区 200 元/t、其他地区 150 元/t。2012 年辽宁省出台了《关于加强畜禽养殖业污染治理促进农业源减排实施意见》，规定通过政策激励、资金扶持、技术指导等措施，积极引导散养农户、中小养殖户向规模化养殖发展。大力推进生物发酵床等生态养殖方式，推广干清粪等实用技术。积极推进粪便防渗堆积发酵生产农家肥、加工有机肥、大中型畜禽粪便生产沼气等项目，实现畜禽粪便的资源化、减量化、无害化，不断提高畜禽粪便资源化利用水平。深入实施“以奖促治”政策，坚持治理和减排相结合，通过“以奖促治”带动畜禽养殖业污染减排。农村环境综合整治专项资金要重点支持畜禽养殖减排项目，积极推动有条件的村（屯）建设集中式粪污处理场和有机肥场，实现对养殖专业户、养殖密集区畜禽粪便的集中收集、集中处理。

在资源短缺的今天，农业节能减排和农业固体废物的循环利用是必然之举。虽然支持节能减排的财政政策非常多，但是现行的财税政策对农业和农村生产的支持力度仍然不够。我国今后必须切实做好对秸秆能源化利用企业消耗秸秆提供专项财政补贴，对使用秸秆生产电力、热力、炭吸附材料（富含活性金属氧化物，可应用于土壤改良、肥料养分保蓄、增强作物抵御低温冷冻能力、融雪以及环境净化）给予所得税减免优惠，将秸秆还田、青贮等纳入农机透支补贴范围，对利用畜禽粪便生产有机肥、生产沼气的企业或农户实行补贴以及对农民回收利用废旧地膜进行补贴等优惠鼓励政策。

2.2.4　现代生态农业园区固体废物的管理

现代生态农业园区建设是我国农业现代化的发展趋势，是养殖业和种植业的有机结合，实现了废弃物资源循环利用。现代生态农业园区以“农业结构调整、农业增效、农民增收、农村稳定”为总目标，成为现代农业产业化发展的重要途径之一，实现农业生产方式和农业经济增长方式的转变。

我国从 20 世纪 90 年代开始建设现代农业园区，发展至今经历了 4 个阶段：探索起步阶段（1994—1996 年）、快速发展阶段（1997—1998 年）、膨胀阶段（1999—2003 年）和平稳发展阶段（2004 年至今）。它有几个明显的特点：①空间区域性，明确的边界和区域；②要素集聚性，规模经营和集约经营；③机制灵活性，政府+企业+农户；④发展过程性，只有起点，没有终点；⑤生产组织性，园区管委会统一管理，健全运行机制。

现代农业园的农业固体废物具有集聚性、可控性，应按照统一回收、集中处置、资源化循环利用的要求，建立园区农业固体废物管理体系。遵循农业清洁生产和循环农业的理念，开展秸秆、畜禽粪污综合利用和残膜等农业固体废物的回收和资源化利用，实现园区废弃物利用全循环，促进化肥农药减量及高效利用。

2.2.5　农业固体废物处置与管理存在问题及对策

从管理来看，尽管部分地区探索了一些新的管理模式，但从实践来看，在我国大多数环境管理方案的链条中，环境执法是最薄弱的环节。由于对环境执法激励和制约机制的不重视，地方政府或环境管理部门为了地方经济发展或自身政绩考量而“理性”地“怠于执法”或“选择性执法”的现象非常普遍，大量环境法律法规或其部分条款形同虚设。总体来说，我国农业固体废物管理存在以下几个突出问题。

（1）环保意识薄弱。由于知识普及率普遍较低，在广大的农村地区，农业生产者法律和环保意识薄弱，往往只看重眼前利益，农业固体废物随意丢弃，秸秆焚烧的现象普遍。因此，应通过宣传教育，引导农户转变观念，提高环保意识，从思想上解决他们对农业固体废物的偏见，让其认识到废弃物既是污染物也是一种资源，而且是潜力巨大的资源。

（2）处理处置技术资金缺乏。农村相对落后，农业固体废物存放的基础设施落后，资源化处理与处置资金不足。只有加大对资金和人力的投入，才能完善并突破现在的技术瓶颈，形成农业固体废物资源化利用的产业链。

（3）政府职责不清，重视不够。我国现行农业固体废物污染防治立法中关于政府职责的规定很少，导致各级政府对农业固体废物的重视不够，对农业废弃物的产生量和危害停留在粗略的估算上，数据不准，对农业固体废物的管理存在一定的盲目性。各级政府环保部门应明确自身对农业固体废物的管理责任，摒弃重发展、轻治理的传统方式，积极对本辖区内的农业固体废物做出五年或十年的规划，运用循环经济理论从根本上解决农业固体废物污染的问题。

2.3 农业固体废物的循环利用

近年来，我国对农业固体废物的循环利用工作非常重视，国家和地方政府颁布了一系列资源综合利用和环境保护方面的政策、法规和重要文件（表2-11）。

表2-11 我国关于促进农业废弃物资源化循环利用的发展历程

颁布时间	名称	主要内容
1992年	《中国21世纪议程》	资源的合理利用与环境保护、可持续发展
1992年	《关于大力开发秸秆资源发展农区草食家畜的报告》	大力开发农区丰富的秸秆资源，促进草食家畜发展，加快畜牧业结构调整，对开发利用农作物秸秆和发展草食家畜进行规划布局，综合部署，制定、完善切实可行的政策措施
1998年	《全国生态环境建设规划》	加快制定生态环境相关法律法规，宣传和普及生态农业方面的科技知识，重视生态环境建设培养是我国生态保护工作的里程碑，目标是遏制人为生态环境破坏，切实解决边治理、边破坏的问题
2000年	《全国生态环境保护纲要》	
2002年	《全国规模化畜禽养殖业污染情况调查及其防治对策》	我国畜禽养殖业的发展及其环境问题，畜禽养殖污染治理可行性分析、防治对策以及资源化利用技术

续表

颁布时间	名称	主要内容
2002年	《中华人民共和国农业法》第五十七条、六十五条	循环使用农业资源
2003年	《中国21世纪初可持续发展行动纲要》	加强农业生态环境监测，提高资源利用率和综合利用水平，加强可持续发展立法
2006年	《政府收支分类改革方案》	设立环境保护科目
2007年	《可再生能源中长期发展规划》	清洁利用废弃物，推进循环经济发展。推广“小水电代燃料”、户用沼气、生物质固体成型燃料、太阳能热水器等可再生能源技术，为农村地区提供清洁的生活能源，改善农村生活条件，提高农民生活质量
2008年	《关于加快推进农作物秸秆综合利用意见的通知》	推进秸秆综合利用于秸秆产业化，加强组织领导
2008年	《中华人民共和国循环经济促进法》	促进循环经济发展，提高资源利用效率，实现可持续发展
2010年	《浙江省农业废弃物处理与利用促进办法》	遵循减量化、资源化、无害化原则，促进农业废弃物的处理和资源化利用，节约资源，保护和改善生态环境
2010年	《关于完善农林生物质发电价格政策的通知》	鼓励农林废弃物循环利用
2010年	《畜禽粪便中铅、镉、铬、汞的测定 电感耦合等离子体质谱法》	将养殖废弃物处理纳入国家扶持畜禽标准化规模养殖政策资金支持范围
2010年	《中国资源综合利用技术政策大纲》	农林废弃物和养殖废弃物综合利用技术和产品增值税政策
2011年	《“十二五”农作物秸秆综合利用实施方案》	加快秸秆综合利用，缓解资源约束，减轻环境压力，稳定农业生态平衡
2011年	《大宗固体废物综合利用实施方案》	到2015年力争使稻秆综合利用率超过80%
2011年	《“十二五”资源综合利用指导意见》	在十三个粮食主产省建设千个年利用万吨以上的秸秆循环农业生态工程和一批稻秆固化成型、气化、木塑、板材、清洁制浆示范项目
2012年	《土壤有机质提升补贴项目实施指导意见》	鼓励和支持农民实施稻秆还田
2012年	《畜禽养殖污染防治条例（征求意见稿）》	加强对畜禽养殖污染防治的监督和监测，体现“以奖促治”的管理思路

续表

颁布时间	名称	主要内容
2012 年	《国家鼓励的循环经济技术、工艺和设备名录》	提升循环经济发展技术支撑能力和装备水平，提高资源产出率
2012 年	《废物资源化科技工程“十二五”专项规划》	废弃物资源化科技发展
2012 年	《再生资源综合利用先进适用技术目录（第一批）》	稻秆清洁制浆及废液资源化利用技术，以及畜禽粪便资源化处理设备及技术等

由表 2-11 可见，我国农业固体废物循环利用立法不断推进，法律法规及政策日趋完善。从 1992 年国务院办公厅转发农业部《关于大力开发秸秆资源发展农区草食家畜的报告》开始，至国家环境保护总局自然生态保护司于 2002 年编写的《全国规模化畜禽养殖业污染情况调查及其防治对策》调查报告的公布，我国政府对农业废弃物的环境危害和资源化利用已经有了初步的认识。在 2008—2012 年，政府出台了一系列政策和文件，并明确提出了“十二五”期间废弃物资源综合利用工作的指导思想、基本原则、主要目标、重点领域及政策措施，同时提出了在工业、建筑业和农林业等领域选择产生堆存量大、资源化利用潜力大、环境影响广泛的固体废物编制实施方案。从历年的立法不难看出，农业固体废物资源化是按循环经济理论，以人为本，由农业固体废物的生态循环开始，逐级发展到循环农业，循环社会。这些政策的出台说明了要从真正意义上改变我国农业固体废物污染现状，就必须摒弃农业废弃物的传统低效利用方式，采取农业废弃物循环利用及产业发展的“五位一体”（农户主导、产业管理部门引导、涉农企业参与、技术推广与协会组织部门助推、社会民众监督）发展机制（图 2-1），逐步构建完善生态补偿机制，鼓励农户主动采用循环农业技术、企业积极开发和生产相关技术和设备、技术推广部门加快技术的集成示范，逐步完善产业链，推进产业的规模化、集约化发展，促进农业废弃物的资源化利用。

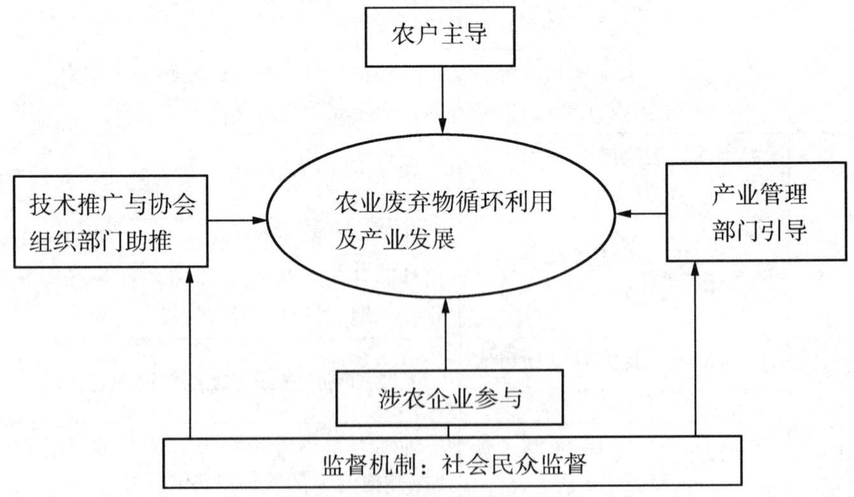

图 2-1　农业废弃物循环利用及产业发展的“五位一体”发展机制

思考题

1. 了解国外固体废物管理的先进性。

2. 简述我国农业固体废物的管理思想与原则。

3. 我国《固体废物污染环境防治法》中将哪两种典型的农业固体废物纳入管理体系？

4. 我国畜禽养殖污染防治的主要法律法规有哪些？

第3章　农业固体废物肥料化利用技术

我国每年产生的畜禽粪便有30多亿t，秸秆近9.0亿t，畜禽粪用作肥料是我国的传统习惯，农村曾有“庄稼一枝花，全靠粪当家”的谚语。畜禽粪便和秸秆中含有大量的有机质及丰富的氮、磷、钾等营养元素，是非常好的肥料源。传统分散养殖产生的畜禽粪便主要采用填土、垫圈的方法或沤肥方式做成农家肥。畜禽粪便按这种方式做成的农家肥又脏又臭，含有未完全杀灭的病原菌、草籽等，腐熟程度低，易“烧苗”，且体积庞大，含水率高，不便于远途运输，不能作为商品有机肥直接出售。秸秆在农村除了部分作为薪柴，大部分往往在田间地头直接焚烧。随着种植业养殖业集约化和规模化的快速发展，农业固体废物传统的处理方式已经不能适应现代农业发展和新农村建设的需求。堆肥化等农业固体废物高效处置利用技术应运而生并得到了快速发展，秸秆肥料化利用方面也取得了很多新的进展。

3.1　农业固体废物直接还田利用

3.1.1　秸秆直接还田利用

3.1.1.1　机械作业直接还田

机械作业直接还田又分为粉碎还田和整秆还田两大类。粉碎还田是采用机械作业将田间直立或铺放的秸秆直接粉碎还田，或者作物收割时直接粉碎抛撒还田。整秆还田是采用机械将田间直立的作物秸秆整秆深埋或平铺覆盖栽培。旋耕翻埋还田是粉碎还田和整秆还田的结合，主要适合玉米青秆还田。玉米收获后，经旋耕机横竖两遍旋耕，玉米青秆即可被切成20 cm左右长并旋耕入土。玉米青秆木质化程度低，秸秆脆嫩易折断，且通气组织发达，遇水易软化，腐解快，养分当季就可被利用。机械作业直接还田是一项高效、省工、省时的有效措施，易被农民普遍接受，但是存在耗能大，成本高，山区、丘陵地区因地块面积小而使机械使用受限等问题。

3.1.1.2　覆盖栽培还田

覆盖栽培还田是在没有翻耕的田地上，将上一季秸秆均匀覆盖还田，必要时添加腐熟剂促进秸秆快速腐解，配以药剂防治病虫草害，在覆盖秸秆后栽种水稻，或小麦、油菜等种子播撒后覆盖秸秆，或者马铃薯地表摆播后覆盖秸秆，对田地一年两作或两作以上的作物种植不间断地进行免耕栽培。秸秆覆盖可使土壤蓄水能力增加，提高土壤供水能力和水分利用率，促进植株生长。秸秆是热的不良导体，覆盖秸秆能够使土壤产生低温时“高温效应”和高温时“低温效应”双重效应，调节土壤温度，有效减轻气温激变对作物的伤害。玉米、小麦等的覆盖栽培方式已在河北、黑龙江、山西等省区大面积推广应用。

3.1.1.3 留高茬还田

秸秆留高茬还田是秸秆覆盖栽培还田的一种特殊形式，在收割农作物时，留下一定高度的秸秆在田地里，通过灭茬还田或直接翻入土中还田等方式，秸秆经自然腐解，达到疏松土壤、增加有机质、改良土壤理化性状、培肥地力、提高产量、减少环境污染、争抢农时的一项综合配套技术。留高茬还田是发展保护性耕作的关键措施之一。

3.1.1.4 秸秆堆

秸秆堆是采用菌剂将秸秆制造成优质有机肥还田的高效快速方法，可不受季节和地点的限制，一般原地堆制使用。堆制方法简便、省工省力，在秸秆资源丰富的地区普遍适用，干草、鲜草都可以利用。使用的菌剂有酵素菌、催腐剂和速腐剂等，其使用方法大同小异，使用剂量因秸秆及菌剂种类的不同而略有变化。通过加水或者接受雨水使秸秆的含水率达到60%~70%，并按照秸秆干重加入0.1%的速腐剂和0.5%的尿素，或者加入适量的畜禽粪便，以调节堆肥的碳氮比。秸秆堆一般高0.8~1.6 m、宽1.5~2 m，长度不限，就地用泥封堆，或者用塑料薄膜盖严，以防止温度扩散、水分蒸发和养分流失。使用菌剂腐熟秸秆，一般堆制3 d以后，堆温就可以达到50~70 ℃，通常情况下，鲜秸秆只需要20 d，干秸秆需要30~40 d腐熟后还田利用。

3.1.1.5 秸秆直接还田的注意事项

秸秆还田腐解能增加土壤有机质含量，补充氮、磷、钾和微量元素，使土壤理化性质改善，土壤中物质的生物循环加速。但是秸秆直接还田应注意秸秆覆盖量，一般情况下，在薄地、氮肥不足、秸秆还田离下茬播期较近时，秸秆用量不宜过多；而在肥地、氮肥较多、离下茬播期较远时，可加大用量，一般每亩300~400 kg。另外，秸秆碳氮比较高不利于土壤微生物繁殖，可能与下茬作物争肥，导致作物脱肥。因此，秸秆还田还应配合施用氮、磷肥料，一般100 kg秸秆配施0.6~0.8 kg氮肥为宜，对缺磷土壤还需配施适量的速效磷肥。为防止病虫害传播，对于有病害的秸秆应销毁或经高温腐熟后再还田。

3.1.2 畜禽粪便直接还田利用

粪便直接还田是一种传统的、经济有效的粪污处置和培肥方式，可以不外排污染，充分利用粪污中有用的营养物质，改善土壤中营养元素含量，提高土壤的肥力，增加农作物的产量。粪便直接还田以水田灌施、旱地植株根部浇施两种农艺措施为主。粪便直接还田需注意用量，若粪便量过多，超过了耕地承载能力，不仅影响植物的正常生长，造成产量降低，而且污染环境。粪便直接还田易带来病原微生物、粪大肠菌群、蛔虫卵污染和传播，一般不提倡使用。

3.2 农业固体废物堆肥

1920年，英国农学家艾·霍华德在印度发明了印多尔厌氧堆肥法。随后，贝盖洛尔又建立了贝盖洛尔好氧堆肥法，大大缩短了堆肥时间，从此好氧发酵堆肥工艺得到了广泛应用。随着堆肥工艺和专业化生产设备的不断完善和提高，农业固体废物堆肥进入现代化、工厂化处置利用新阶段。

3.2.1 堆肥的概念

堆肥是指通过人工调控物料适宜的含水率、碳氮比和通气性等条件，依靠堆料中自然存在的细菌、放线菌、真菌等微生物或人工接种外源微生物，使堆料高温发酵，达到杀灭病菌、虫卵、草籽等无害化的效果，同时使堆料矿化、腐殖化而变成腐熟肥料的过程。堆料在微生物分解的过程中，不但产生大量可被植物吸收利用的有效态氮、磷、钾化合物，而且又合成新的高分子有机物——腐殖质，它是构成土壤肥力的重要活性物质。堆肥分为好氧堆肥和厌氧堆肥。好氧堆肥堆体温度高，一般在50~65 ℃，所以又叫高温堆肥。由于高温堆肥能最大限度地杀灭病原菌，同时有机物的降解、稳定化速度快，目前商品有机肥生产企业主要采用高温好氧堆肥方式。

3.2.2 堆肥腐熟度的评价

堆肥腐熟度是指堆肥腐熟的程度，它反映了堆肥过程中堆料的病菌、虫卵、草籽等有害生物的灭活程度，以及有机物质经过矿化、腐殖化过程最后达到的成熟程度。堆肥的腐熟程度直接影响产品质量，其评价指标主要包括物理指标、化学指标、生物活性指标等。

3.2.2.1 物理指标

1. 温度

温度与堆肥中微生物活性相关，有机质被微生物氧化分解越快，放热越多，堆肥温度就越高。堆肥过程一般经历4个阶段，即起温期、高温期、中温期和稳定期。在初始物料合适的条件下，堆肥温度通常在5 d内从环境温度迅速上升至50~70 ℃，并持续一段时间后逐渐下降。有研究表明，堆料温度高于50 ℃保持8 d以上或者高于55 ℃保持3 d以上，就能灭活堆料中一般动植物病原菌。一般认为，当堆体温度趋近于环境温度时，可降解有机质的分解接近完全，堆肥已达腐熟稳定。

2. 颜色与气味

腐熟堆肥的颜色呈褐色或黑色，并带有湿润的泥土气味。泥土气味是由真菌和放线菌产生的土臭味素和2-甲基异冰片两种物质引起，堆肥中存在这两种物质时，表明堆肥已达腐熟稳定。

3. 保水力

保水力是指堆肥对水分的保持能力。有人提出用堆肥的保水力作为腐熟度的一项指标，并用试验证明腐熟后的堆肥保水力降低。但由于不同堆肥原料的保水力初始值不同，限制了其作为绝对指标来应用，故只能作为一项参考指标。

4. 光谱学分析

波谱法被认为是反映堆肥过程中有机物变化的可靠工具，主要有^{13}C-核磁共振法和红外光谱法。核磁共振法可提供有机分子骨架的信息，敏感地反映碳核所处化学环境的细微差别，还可以确定有机物的结构。红外光谱法则可以辨别化合物的特征官能团。但不同物料堆肥的有机成分差异较大，因此也需结合其他物理化学指标进行评价。

3.2.2.2　化学指标

1. pH 值

许多研究者提出 pH 值可以作为评价堆肥腐熟度的一项指标。堆肥原料或发酵初期，pH 值为弱酸到中性，一般为 6.5~7.5。腐熟的堆肥一般呈碱性，pH 值在 9.0 左右，但 pH 值易受堆肥原料的影响，故只能作为堆肥腐熟度的一项参考指标。另外，Chikae 等以 pH 值及 NH_4^+ 和磷酸酯酶活性为参数建立实地电化学传感器系统，来判断堆肥腐熟程度。

2. 阳离子交换量（CEC）

Harad 等研究发现，CEC 随着堆肥腐殖化过程的进行而逐渐增高，CEC 与碳氮比之间呈显著负相关（$r=-0.94$），提出当 CEC 大于 60 cmol/kg（有机物质）时，表明堆肥已达腐熟。Bernal 等研究发现，由于物料的不同，腐熟堆肥的 CEC 值变化很大，而所有堆肥的 CEC/水溶性有机碳的比值均在 1.7~1.9，因此当 CEC/水溶性有机碳的比值大于 1.7 时，表示堆肥已达腐熟。

3. 水溶性碳含量（WSC）

水溶性碳是堆料中各种微生物优先利用的碳源，Sharon 等发现，初始 WSC 含量较高，堆肥化的前 7 d，水溶性碳含量迅速下降，在随后 3~4 d，大分子有机物质在微生物的作用下开始降解，水溶性碳含量升高，大约 10 d 后，水溶性碳含量再一次大幅度降低，4 周以后才缓慢减小并趋于平稳。

4. 水溶性氮含量

在堆肥的高温阶段，由于高温环境强烈抑制了硝化细菌的生长活动，NO_3^--N 含量极低，接近于 0，随着温度的下降，硝化细菌快速繁殖，NH_4^+-N 一部分转化为 NH_3 挥发损失，另一部分通过硝化作用转化为 NO_3^--N，而使 NO_3^--N 含量迅速增高。当堆肥中出现 NO_3^--N 或其含量开始升高时，表明堆肥已达稳定。因此，NH_4^+-N 的减少及 NO_3^--N 的增加，是堆肥腐熟度评价的常用指标。鲍艳宇等通过对不同畜禽粪便在堆肥过程中各种含氮化合物的动态变化研究发现，除仔猪粪外，其他畜禽粪便在碱解性氮（HN）/全氮（TN）$<20.77\%$、NH_4^+-N/TN $< 10.06\%$ 及 NO_3^--N/TN $> 0.38\%$ 时基本达到腐熟要求。也有人提出以 NH_4^+-N/NO_3^--N 的比值作为堆肥腐熟度的评价指标，当堆肥中 NH_4^+-N/NO_3^--N<0.16 时，表明堆肥达到腐熟。加拿大政府规定，当 NO_3^--N/NH_4^+-N>2 或 NH_4^+-N/NO_3^--N<0.5 时，认为堆肥已达腐熟。但氮浓度变化受许多因素影响，因此这类参数通常只作为堆肥腐熟度的参考指标。

5. 碳氮比（C/N 值）

堆肥起始的 C/N 值一般控制在 25~30，有利于堆肥微生物正常生长繁殖及有机物的快速降解。随着堆肥的进行，当 C/N 值减小到 20 以下时，可认为堆肥达到腐熟。但不同物料的初始和终点 C/N 值的差异较大，并且许多堆肥原料的 C/N 值较低，因而影响了这一参数的广泛应用。Morel 等建议采用 T=（终点 C/N 值）/（初始 C/N 值）来评价城市垃圾堆肥的腐熟度，并提出当 T 值小于 0.6 时堆肥达到腐熟。不同物料堆肥的 T 值变化不大，为 0.5~0.7，因而 T 值适用于不同物料堆肥的腐熟度评价。Hue 等则提出，以水溶性碳/总有机氮作为评价指标，当比值小于 0.70 时，表明堆肥已达腐熟。

6. 腐殖化程度

新鲜堆肥含有较低含量的胡敏酸（HA）和较高含量的富里酸（FA），而随着堆肥化的进行，HA 含量显著增加，而 FA 含量则无大变化，这种变化可表征堆肥的腐熟化过程。但也有学者认为有机物的腐殖化程度不适于描述堆肥腐熟度，因为其总含量有时在堆肥过程中变化不明显，新腐殖质形成的同时，原有腐殖质会发生矿化作用。Inbar 等定义腐殖化系数（HI）= HA-C/FA-C，其中 HA-C 和 FA-C 分别表示胡敏酸碳和富里酸碳，并发现它会随堆肥进行而不断增高。Bernal 等发现腐熟的城市垃圾、污泥和猪粪等物料混合堆肥的 HI 均大于 1.9。Adani 定义了有机物质的稳定化指数 SI = CH2/CH1，其中 CH1 和 CH2 分别表示极性溶剂和非极性溶剂萃取液中腐殖酸碳的含量，通过试验得出当 SI 大于 0.6 和 0.8 时，堆肥分别达到稳定和腐熟。Vuorinen 等根据腐殖质质量进行严格的分离，利用分光光度学性能，提出 E_4/E_6 值即腐殖质在 465 nm 和 665 nm 的吸光度比值作为参数。但这些方法或参数并不适用于所有堆肥原料，因此在应用中需参照其他指标综合评价。

7. 有机酸

未腐熟堆肥中含有氨基酸、挥发性脂肪酸和其他低分子有机酸，其中乙酸含量最高，它们的存在对种子发芽和植物生长有不良影响，且含量高低与其植物毒性有关。Garcia 等发现当乙酸浓度超过 300 mg/kg 时，种子发芽受到强烈抑制。

8. 生化需氧量（BOD）

Mathur 研究认为 BOD 在堆肥初期上升，当堆肥达到腐熟时降低，59 d 堆肥的 BOD 与 40 d 的 BOD 很接近，与起始的 BOD 差异很大。这是由于堆肥初期有机物质以糖和酸为主，易被降解，堆肥过程中形成的腐殖质不易被生物氧化。因此 BOD 也可作为堆肥腐熟的一项参考指标。

9. 热重分析法

大部分农业固体废物中含有木质纤维素，Blanco 在研究麦秆堆肥试验中，采用热重方法分析堆肥在 40~540 ℃的质量分布，结合植物发芽及黑麦温室试验，发现堆料在 360~540 ℃的质量损失与堆肥腐熟度有较好的相关性。

3.2.2.3 生物活性指标

1. 植物毒性指标

大量研究表明，引起植物毒性的物质是未腐熟堆肥中小分子的有机酸和大量氨、多酚等物质，大分子组分反而会对植物生长有刺激作用。许多植物种子在堆肥原料和未腐熟堆肥中受到抑制，在堆肥萃取液中随着堆肥的进行，抑制作用不断减少。因此，堆肥腐熟度可以通过堆肥对花粉培养、种子发芽及植物生长的抑制程度进行评价。加拿大政府以种子发芽率（GR）作为评价堆肥腐熟程度的指标，规定当水堇的种子发芽率达 90%时，表示堆肥达到腐熟。Zucconi 等报道，水堇种子的发芽指数（GI）用于堆肥腐熟度评价指标更能有效地反映堆肥的植物毒性大小，它不仅考虑了种子的发芽率，还考虑了植物毒性物质对种子生根的影响。当水堇种子的发芽指数大于 50%时，表示堆肥已达腐熟，这是一个使用比较普遍的评价指标。但高建程等通过不同预堆期对牛粪和秸秆混合堆肥进程的影响研究，以 GI 为腐熟度标志，pH 值和 C/N 值为自变量，通过建模分析，建议GI大于105%时作为牛粪堆肥腐熟度的参考指标。Tiquia等研究了6种种子大白菜、甘蓝、洋葱、黄瓜、菠菜及西红柿对堆肥植物毒性的敏感性，发现大白菜和菠菜比较敏感。笔者采用黄瓜和大白菜作为种子发芽指数试验的指示种子时发现，大白菜种子比黄瓜种子对有害物质更敏感，因此更适合作为指示种子。

2. 酶活分析

堆肥过程中，多种酶与碳、氮、磷等基础物质代谢密切相关，分析相关酶活力，可间接反映微生物的代谢活性，一定程度上反映堆肥的腐熟程度。倪治华等在研究猪粪堆肥过程中发现，在堆肥快速分解阶段，脲酶活性在初始高位值维持一段时间（10~15 d）后呈快速下降，降幅可达73.17%；纤维素酶活性则直接从初始高位值快速下降至较低的水平，降幅达74.18%；转化酶活性在堆肥发酵初期有一快速的下降过程，在堆肥发酵20 d内，酶活性可降至初始值的3%以下，且随堆肥发酵时间的延长维持在较低水平。因此认为，转化酶活性下降95%以上，脲酶、纤维素酶活性下降70%以上，可作为判定猪粪堆肥腐熟度的指标。Vuorinen等对畜粪便与稻草的混合堆肥研究中发现，脱氢酶在堆肥开始时含量为21.5~22.9 μmol/g，堆肥结束时为4.44~5.43 μmol/g。Tiquia等研究猪粪垫料堆肥时发现，腺苷三磷酸（ATP）含量从开始的0.1 μmol/g上升到0.3 μmol/g，并在这一水平保持到28 d，之后开始下降，到56 d时仅为0.05 μmol/g，这些活性指标的变化可以用来了解堆肥的稳定性。笔者研究了猪粪堆肥过程中过氧化氢酶的变化趋势，结果显示过氧化氢酶的活性趋势与堆肥过程高、中温期的温度变化趋势较好地吻合，总体上呈现先升高后降低趋势，最后酶活性趋于稳定。因此，可通过测定过氧化氢酶活性变化来判定猪粪堆肥腐熟程度。

3. 三大类群微生物数量变化

Hankin等研究树叶堆肥时发现，细菌数量从堆肥开始的10^8 cfu/g（cfu为菌落形成单位）增加到10 d的10^{10} cfu/g，之后细菌的数量为10^7~10^9 cfu/g，这是因为部分中低温细菌在高温阶段被杀死。真菌的数量较少，大约为10^6 cfu/g，而且在高温阶段之后明显减少。放线菌在高温阶段仍维持较大数量，大约为10^8 cfu/g，在堆肥的后熟阶段其数量明显减少。微生物种群及数量的变化，间接地反映了堆肥过程中腐熟度的变化。但微生物数量受环境影响较大，因而也只能作为参考指标。

4. 致病微生物数量

新鲜的有机固体废物中可能含有较多致病微生物，如大肠杆菌、病毒及寄生虫等，常见致病微生物对温度非常敏感，当堆肥的温度高于55 ℃并保持4 d以上时，可杀死大多数病原微生物。无论何种物料，堆肥高温阶段一般都保持在7 d以上，所以腐熟堆肥中检测不到大肠杆菌。

5. 呼吸作用

新鲜堆肥中，由于微生物活动对有机物质的氧化分解作用而产生大量的CO_2，并消耗大量的O_2，随着堆肥的进行，易降解利用的有机物质减少，微生物活动减缓，释放出的CO_2和消耗的O_2也随之减少。不论何种物料，当堆肥中每100 g物料降解释放出的CO_2小于500 mg时，表明堆肥已达稳定，小于200 mg时，达到腐熟；当堆肥中每100 g物料降解消耗的O_2量小于100 mg时，表明堆肥已达稳定。

3.2.2.4 其他简易方法

1. 蚯蚓法

蚯蚓对未腐熟堆肥中未分解的酚类、氨气等会有很强的忌避倾向，蚯蚓法即利用此原理通过观察蚯蚓反应的方法来判别堆肥腐熟度。本法是将长 50 mm 以上的健康蚯蚓放入装有 1/3 左右堆肥的烧杯中，盖上黑布或置于遮光室内，室温保持在 20~25 ℃。蚯蚓放入后立即想逃离或有不适感，1 d 后死亡或颜色发生变化，可判断为堆肥未腐熟；蚯蚓放入后立刻潜入堆肥中，1 d 后也无变化，呈健康状态，可判断为堆肥已腐熟。采用该方法堆肥物料水分含量应控制在 60%~70%，呈弱酸性或偏中性。

2. 聚乙烯袋法

堆肥初期，堆料中含有大量易分解的有机物如可溶糖、有机酸和淀粉等，微生物首先利用这些有机物进行快速新陈代谢和矿化，释放出大量 CO_2，随着堆肥的进行，易降解的有机物质不断减少，CO_2 释放也不断减少，当到达一定值或消失时，即认为堆肥已达腐熟。Hue 等研究了 14 种堆肥末期 2~3 d 的 CO_2 释放速率，得出堆肥稳定的临界值为 120 mg/(kg · h)。聚乙烯袋法即利用上述原理来判断堆肥腐熟度。该方法选用合适大小的聚乙烯袋，装入容积 1/5~1/3 的堆肥，将袋中的空气赶出，将袋口扎紧，放置 3~4 d（室温 25 ℃左右），观察聚乙烯袋的膨胀情况。如果聚乙烯袋鼓起，则为未腐熟，如果不鼓起则为腐熟。

3. 色阶比色法

堆肥过程腐殖酸含量与腐熟度存在正相关，同一种原料堆肥腐殖酸含量与其提取液的颜色相关。沈其荣等通过比较不同堆肥原料的商品有机肥提取液在不同稀释倍数下进行比色与腐熟度的定量关系研究得出，堆肥物料腐熟时，在提取液稀释 50 倍条件下，猪粪类堆肥的颜色呈黄褐色，其腐殖酸含量范围为 450~1 000 mg/kg；鸡粪堆肥的颜色为棕褐色，其腐殖酸含量为 400~1 000 mg/kg；甘蔗和木薯渣类堆肥的颜色为暗褐色，其腐殖酸含量为 500~1 500 mg/kg。

3.2.3 好氧堆肥的主要方式

3.2.3.1 开放式系统

1. 被动式通风堆肥

被动式通风堆肥是将原料简单堆积，使堆体通过“烟囱效应”进行被动通风，自然分解的过程。这种堆肥方式投资和运行费用低，但难以满足连续好氧堆肥的要求，易形成厌氧条件，堆肥温度低，时间长，臭气较大。

2. 条垛式和槽式堆肥

条垛式和槽式堆肥是将原料堆积成窄长条垛，在好氧条件下进行分解。条垛式和槽式系统定期使用机械或人工进行翻堆通风。条垛式和槽式堆肥系统所需设备简单，投资成本较低，效率高，堆肥产品腐熟度高、稳定性好，一直被普遍采用；但是条垛式和槽式堆肥系统需较大的占地面积，腐熟周期较长。

3. 强制通风静态系统

强制通风静态系统是通过风机和埋在地下的通风管道进行强制通风供氧的堆肥系统。强制通风静态系统设备投资相对较低，比条垛式和槽式系统能更好地控制温度和通气情况，产品稳定性较好，能有效地杀灭病原菌和控制臭味，堆腐时间相对较短，一般为2~3周；但是日常维护和能耗费用较高，且通气管道较易堵塞。强制通风静态系统在美国使用最普遍。

4. 昆虫生物脱水好氧堆肥系统

昆虫生物脱水好氧堆肥系统是利用昆虫能在畜禽粪便、餐厨垃圾等生物废弃物上快速生长使物料快速脱水并转化生产大量昆虫蛋白，而且昆虫转化处理后的畜禽粪便等废弃物臭味大大降低，而且呈颗粒状，通气性好，不需额外添加辅料，易升温发酵，堆肥时间短，一般2周左右。昆虫生物脱水好氧堆肥系统能获得昆虫蛋白和优质有机肥两种产品，经济效益比单一生产有机肥提高1倍以上；但是技术要求高，占地面积较大。

3.2.3.2　发酵仓系统

发酵仓系统是物料在部分或全封闭的容器内，通过控制通风和水分条件使物料进行生物降解和转化。发酵仓系统堆肥设备占地面积小，空间限制少，过程控制（水、气、温度）好，不受外界条件的影响，对废气能够进行统一收集处理，解决环境二次污染和臭味问题，而且热量可以回收再利用。但是发酵仓系统设备的投资、运行费用及维护费用都很高，而且堆肥产品不稳定，后腐熟时间相对较长。

1. 搅动固定床式系统

搅动固定床式系统通常由多层平面发酵床构成，进料口在固定床的上部，通气系统位于搅动固定床的下部，由许多支管组成，外连鼓风机，在固定床的上部设有废气口，产生的废气统一收集处理。堆肥物料由第一层进入，然后层层向下推移，物料在各层之间的停留时间可以不同。堆料经搅拌均匀，最后由最底层出料口运走。整个堆肥过程进料和出料是连续的。

2. 包裹仓式系统

包裹仓式系统的发酵仓物料从顶部入口进入，堆满整个发酵仓，通过发酵仓底部的通气系统对物料进行通气，废气由发酵仓上部的废气管道排出，废气管出口略低于物料表面，通过负压抽气方式将废气收集处理，确保废气的统一处理并降低物料的湿度。目前，包裹仓式系统在北美有许多堆肥厂使用。

3. 旋转仓式系统

旋转仓式系统又分为推流式和分隔式两种。推流式发酵仓系统的物料从仓体的进料口进入，沿仓体旋转移动到仓体末端的出料口，是目前使用最普遍的发酵仓系统。分隔式发酵仓系统的发酵仓沿物料移动方向被分为一个个小室，根据堆肥的不同阶段，物料从一个室旋转移入另一个室，不同室内的物料堆肥条件可以不同，堆肥最后进入出料口被移走。

3.2.4　影响堆肥的主要因素

影响堆肥品质的参数主要有水分、碳氮比（C/N值）、温度、氧含量、pH值、有机质含量、碳磷比（C/P值）等。

3.2.4.1　水分

堆料的初始含水率是影响好氧堆肥重要的因素，水分过低不利于微生物生长，水分过高不利于氧气扩散，导致厌氧发酵，增加有机物质的损失。堆肥的最佳含水率与堆肥工艺类型及物料本身有关，不同堆肥原料和工艺要求的最佳含水率范围存在一定差异。多数学者认为，最佳堆肥含水率应维持在50%~60%，详见表3-1。

表3-1　不同堆肥工艺的最佳堆肥含水率

堆肥方法	堆肥原料	最佳含水率/%	文献来源
条垛堆肥	牛粪和稻壳	60	Genevini 等，1997
	牛粪和木屑	≤75	朱凤香等，2012
	牛粪、作物及林业废弃物	55~65	Hong 等，1983
	家禽粪便、泥炭或破碎秸秆	73~80	Fernandes 等，1994
	畜禽粪便、城市污泥、城市固体废物	45~60	Groenhof，1998
	猪场废弃物	50~60	Tiquia 等，1998
	猪粪	66	庞金华，1999
通风静态垛堆肥	城市污泥	≤60	李艳霞等，2000
		≤80	魏源送等，2000
		45~55	Epstein，Wu，1997
	城市污泥和猪粪	50~60	罗维等，2004
	城市污泥和有机废物	50~60	陈世和，1993
	城市和涉农工业废弃物	50~65	Sharma 等，1997
好氧堆肥	庭院垃圾	52~58	Snell，1957
	城市污泥和城市固体废物	50~53	曲颂华，陈绍伟，1998
	植物枯落物、城市污泥	25~80	Jeris，Regan，1973
	鸡场废物	70	金家志等，1997
	城市污泥	60~70	田宁宁等，2001
	城市固体废物	50	Hachicha 等，1992
	蔬菜、水果及庭院废弃物	45~70	Suler，Finstein，1977
反应器堆肥	食品废物	60	Suler，Finstein，1977
	植物枯落物	60	Jeris，Regan，1973
	植物枯落物和城市污泥	55	Jeris，Regan，1973
	畜禽粪便、城市污泥、城市固体废物	45~60	Groenhof，1998
	城市固体废物	50~60	Hamoda 等，1998；Jimenez，Garcia，1991；Miller，1989
所有堆肥工艺	有机废弃物	50~55	Richard 等，2002

资料来源：罗维等，2004。

3.2.4.2　C/N值

堆肥物料的C/N值是影响好氧堆肥的重要因素，初始物料的C/N值适宜范围一般为25~30。C/N值过高，微生物不能大量繁殖，影响堆肥进程；C/N值过低，尤其是堆体pH值和温度高时，堆料中的氮易以NH_3形式挥发损失。一些常规堆肥原料的C/N值见表3-2。

表3-2　一些堆肥材料的C/N值

材料	C/N值	材料	C/N值
人粪尿	6~10	各种秸秆	65~85
猪粪	7.14~13.4	老熟禾本科茎叶	60~100
羊粪	12.30	野生草类	25~45
马粪	13.40	各种树叶	40~80
牛粪	21.50	木材废弃物	169
鲜稻草	51.80	纸	170
干稻草	67.10	青刈豆科植物	15~20
麦秸	128	紫云英	17.3
燕麦秸	48	活性污泥	6

资料来源：朱明，2007。

3.2.4.3　温度

堆肥过程中适宜的堆体温度一般为45~65 ℃，大多数病原菌和虫卵在此温度范围10 d之内都能被杀灭，特殊病原菌和病毒需采用其他特殊方式处理。堆料超过65 ℃就会抑制微生物的生长，并易导致堆料过度发酵，造成有机质损失，增加CO_2排放，降低堆肥产品品质。几种常见病菌与寄生虫的杀灭温度和时间见表3-3。

表3-3　几种常见病菌与寄生虫的杀灭温度和时间

名称	死亡情况	名称	死亡情况
沙门伤寒菌	46 ℃以上不生长；55~60 ℃时30 min内死亡	血吸虫卵	53 ℃时1 d死亡
沙门菌属	56 ℃时1 h内死亡；60 ℃时15~20 min死亡	蝇蛆	51~56 ℃时1 d死亡
志贺杆菌	55 ℃时1 h内死亡	霍乱产弧菌	65 ℃时30 d死亡
大肠杆菌	绝大部分在55 ℃时1 h死亡；60 ℃时15~20 min死亡	炭疽杆菌	50~55 ℃时60 d死亡
阿米巴原虫	68 ℃时死亡；50 ℃时3 d死亡；71 ℃时50 min内死亡	布氏杆菌	55 ℃时60 d死亡
美洲钩虫	45 ℃时50 min内死亡	猪丹毒杆菌	50 ℃时15 d死亡
流产布鲁氏菌	61 ℃时3 min内死亡	猪瘟病毒	50~60 ℃时30 d死亡

资料来源：牛俊玲，2010。

续表

名称	死亡情况	名称	死亡情况
酿脓链球菌	54 ℃时 10 min 内死亡	口蹄疫病毒	60 ℃时 30 d 死亡
化脓性细菌	50 ℃时 10 min 内死亡	小麦黑穗病毒	54 ℃时 10 d 死亡
结核分枝杆菌	66 ℃时 15~20 min 死亡	稻热病菌	51~52 ℃时 10 d 死亡
牛结核杆菌	55 ℃时 45 min 内死亡	麦蛾卵	60 ℃时 5 d 死亡
蛔虫卵	50~56 ℃时 5~10 d 死亡	二化螟卵	55 ℃时 3 d 死亡
钩虫卵	50 ℃时 3 d 死亡	小豆象虫	60 ℃时 4 d 死亡
鞭虫卵	45 ℃时 60 d 死亡	蛲虫卵	50 ℃时 1 d 死亡

3.2.4.4 氧含量

堆体中的氧气含量一般以 8%~18%比较适宜。低于 8%导致厌氧发酵产生恶臭，大量的有机质消耗；高于 18%使堆体温度降低，导致病原菌大量存活。

3.2.4.5 pH 值

堆肥物料的 pH 值也是影响好氧堆肥的重要因素，一般来讲，物料 pH 值为 4~9 可以进行堆肥。一般堆肥过程中，堆肥初期堆料 pH 值降低，可溶性碳短时增加，可能是一些大分子物质分解产生了小分子酸，发芽指数降低；随着堆肥进程，小分子酸被利用，堆料 pH 值又迅速升高，发芽指数也随着提高。

3.2.4.6 有机物质含量

有机物质是微生物赖以生存和繁殖的重要物质。在堆肥过程中，堆料的有机物质含量以 20%~80%为宜。有机物质含量过低，堆肥过程产生热量太低，不足以提高堆料的温度从而达到堆肥的无害化，同时也不利于高温分解微生物的繁殖；有机物质含量过高，在堆肥过程中对氧气需求量很大，往往氧气供应不能满足需求，堆肥也不能顺利进行。

3.2.4.7 C/P 值

磷是磷酸和细胞核的重要组成元素，也是生物能物质 ATP 的重要组成，一般要求初始物料的 C/P 值在 75~150 较合适。

3.2.5 堆肥添加剂

3.2.5.1 微生物接种剂

高温好氧堆肥是由群落结构演替非常迅速的多个微生物群体共同作用而实现的动态过程，在该过程中每一个微生物群体都有一段时间适合自身生长繁殖的环境条件，并且对某一种或某一类特定有机物质的分解起作用。微生物接种剂一般包括腐熟剂、保氮除臭剂等功能菌剂。在堆肥初期加入腐熟剂，可以促进堆肥腐熟，缩短堆制周期；加入保氮除臭剂可减少堆肥过程中氮素损失，提高养分含量。

3.2.5.2 “起爆”剂

堆肥过程是微生物活动的过程，微生物繁殖的快慢决定着堆制时间的长短，而微生物繁殖的快慢又受营养物质丰缺的影响。根据微生物的营养机制，选用微生物易利用的有机物质如糖、蛋白质等，按一定比例配制而成的营养调节剂，可以增加堆肥开始时微生物的活性，达到“起爆”效果。

3.2.5.3　C/N 值调节剂

堆肥起始的 C/N 值一般控制在 25～30，有利于堆肥微生物正常生长繁殖及有机物的快速降解。C/N 值过高微生物不能大量繁殖，影响堆肥进程。秸秆类农业固体废物堆料初始 C/N 值偏高，需添加尿素、氮肥及 C/N 值低的其他物料，改善堆料的 C/N 值，促进堆肥进程。

3.2.5.4　氮素抑制剂

堆肥过程中氨气挥发严重，常常在堆料中添加氮素和脲酶抑制剂，减少氮损失。特别是畜禽粪便，含尿素和氨态氮较多，在堆制过程中，一部分尿素在脲酶的作用下被分解为 NH_4^+ 后易导致氨的挥发损失。醌氢醌、1，4-对苯二酚、邻苯二酚、对苯醌、硫酸铜等为抑制率较高的脲酶抑制剂。另外，在堆肥中加入过磷酸钙，可形成配合物，也可减少氨挥发。沸石因其比表面积大、吸附量大，也可作为氮素挥发抑制剂。

3.2.5.5　水分调理剂

堆肥原料含水率高低直接影响好氧堆肥时间长短，影响堆肥的质量。对于低于堆肥所需的含水率时，一般直接添加水分或者添加高含水率的调理剂。对于高湿物料，添加干的调理剂如锯末或碾碎的秸秆、玉米芯等，降低物料含水率，增大堆体的孔隙度，便于空气流通，从而促进堆肥进程。

3.3　农业固体废物肥料化生产工艺与质量要求

3.3.1　商品有机肥的生产工艺与质量要求

3.3.1.1　原料要求

按照农业行业标准《有机肥料》（NY 525—2012），有机肥料是指主要来源于植物和（或）动物，经过发酵腐熟的含碳有机物料，其功能是改善土壤肥力、提供植物营养、提高作物品质。有机肥料的原料包括各种动植物残体、动物排泄物、生物质加工废弃物，如畜禽粪便、秸秆、无害化后动物残体、屠宰场废弃物、菜籽饼、酒糟、茶叶渣、醋渣、菇渣、园林废弃物等。

3.3.1.2　场地选址要求

选址要远离村庄，处于村庄和养殖场的下风口，原料运输需避过村庄，理想地址是建在养殖场附近，离养殖设施 100 m 以上。

3.3.1.3　设施设备要求

国内规模化商品有机肥生产一般以条垛式和槽式堆肥工艺为主。条垛式堆肥工艺土地利用灵活，但是单位面积相对畜禽粪处理量少，适合大中型有机肥厂。槽式堆肥工艺需建槽，翻堆机在固定轨道上行驶，单位面积畜禽粪处理量相对较大，适合用地紧张、厂房面积较小的有机肥厂。

两种堆肥工艺均需配备避雨设施（如连栋大棚、单栋大棚、彩钢瓦大棚等）、通风设施、臭气控制设施等，槽式堆肥还需建槽和轨道等。粉状有机肥生产所需的主要设备有破碎机、粉碎机、筛分机、装载机、混配机、翻抛机、输送带、喷淋设备、烘干机、自动包装机、农用车、运输车等，生产颗粒状有机肥还需配置圆盘造粒机或碾压式挤压造粒机等。

3.3.1.4 生产工艺技术要求

1. 调理剂选择

一般新鲜畜禽粪的含水率高达70%~80%，黏度大，C/N值较低，通气性差。因此，畜禽粪无法直接进行高温发酵，必须采用疏松、吸水性好、C/N值较高的有机固体废物进行调节。调理剂的选择需因地制宜。根据浙江省主要几大类有机固体废物的资源量及猪粪、鸡粪和各种有机固体废物的养分特征（表3-4），选用木屑、砻糠、中药渣、香菇渣和茶叶渣等进行比较试验。试验结果表明，对于猪粪堆肥来说，砻糠、木屑和中药渣是比较合适的调理剂（图3-1）。

表3-4 鲜猪粪、鸡粪和各种有机固体废物的基本特征

材料	水分/%	有机碳/%	N/%	P_2O_5/%	K_2O/%	pH值	容重/（t/m^3）
鲜猪粪	75.4	19.36	2.42	4.25	3.88	7.05	0.90
鸡 粪	62.0	19.05	1.76	2.21	2.05	8.65	0.60
砻 糠	11.4	32.24	0.44	0.11	1.36	—	0.45
木 屑	15.6	39.35	0.14	0.05	0.43	—	0.35
中药渣	11.5	31.83	1.55	0.39	1.16	—	0.53
茶叶渣	13.6	32.96	3.92	0.69	1.01	—	0.30
香菇渣	11.7	32.87	1.41	1.38	1.31	—	0.40

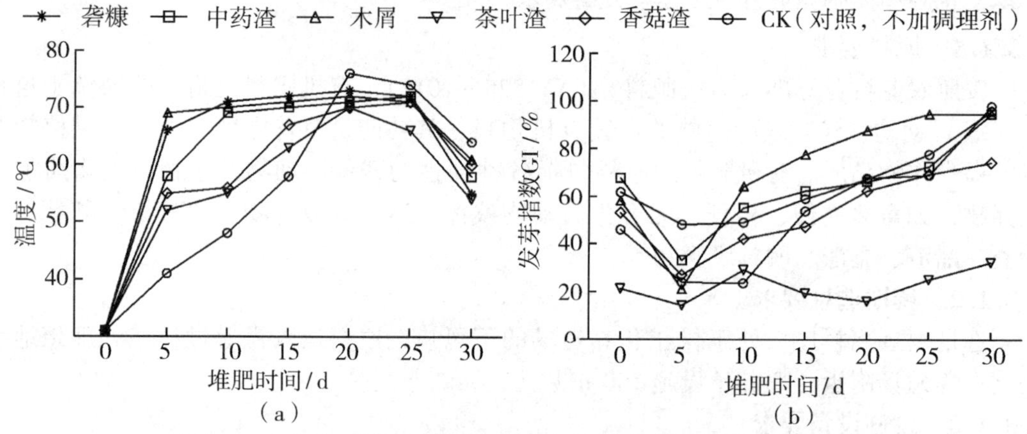

图3-1 添加不同调理剂对堆肥温度和发芽指数的影响

2. 做堆

条垛式堆肥做堆（图3-2），是指将调节成合适含水率和C/N值的物料在平地上堆成条垛形，一般条垛高1.0~1.5 m，宽2.0~4.0 m，长度根据场地而定，条垛底部之间间隔0.5 m左右，便于翻抛机行走。做堆后在每个堆体的头上插上标牌，标明做堆的起始时间。

槽式堆肥做堆（图3-3），是指将物料直接在槽内堆放，一般槽宽2.5~4.0 m，槽高1.2~1.5 m，槽的长度根据场地而定，最好在30 m以上。

图3-2　条垛式堆肥做堆

图3-3　槽式堆肥做堆

3. 堆温测定

温度与堆肥中微生物活性相关，有机质被微生物氧化分解越快，放热越多，堆肥温度就越高。因此，堆肥温度的变化是反映堆肥发酵过程的重要指标，通过测定堆料的温度即可了解堆肥的进程。同一时间堆体中不同位置温度不完全相同，合适位置测定的堆肥温度是真实反映堆肥进程的关键。添加不同调理剂堆肥发酵层温度变化试验结果表明（图3-4），添加砻糠、木屑、中药渣的堆肥，随着发酵时间不同，高温层的位置和厚度的变化趋势及高温发酵期持续时间基本相同，砻糠、中药渣和木屑作为辅料添加对猪粪高温发酵效果较理想。不同调理剂在堆肥深度 30 cm 基本上一直处于高温层，因此堆温应该在堆肥深度 30 cm 左右位置测量。

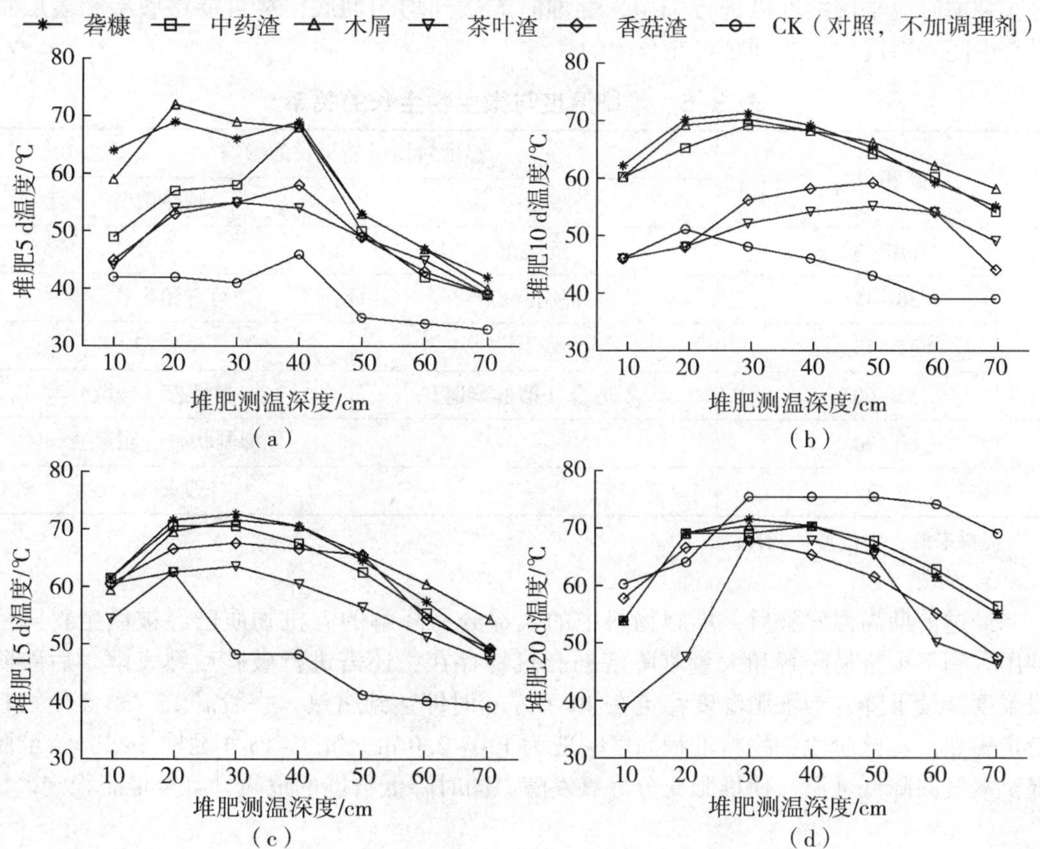

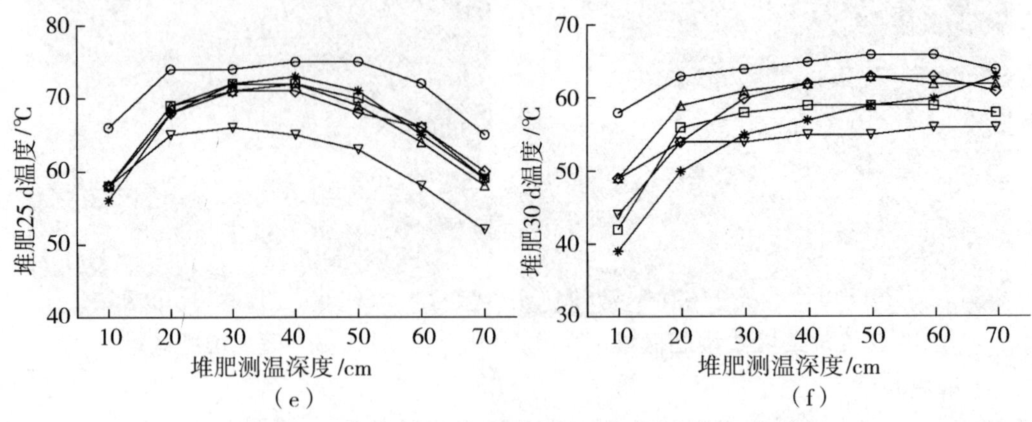

图 3-4　添加不同调理剂堆肥发酵层温度变化

4. 翻堆

堆肥过程中，微生物分解有机物而释放出热量，使堆体温度上升。而不同微生物适合一定的温度范围，一般而言，嗜温菌最适合的温度为 30~40 ℃，嗜热菌最适合的温度为 45~60 ℃，温度超过 65 ℃，微生物进入孢子形成阶段，对堆肥进程不利（表 3-5）。翻堆的作用是为堆体中的微生物提供氧气，降低堆料温度，加速水分蒸发。在堆肥初期和高温期，每隔 3 d 应翻堆一次，在堆肥后熟阶段，可每 7~15 d 翻堆一次。每次翻堆时应采用翻堆机进行翻抛，翻堆时应做到均匀彻底，尽可能将底层和表层物料与中间物料混匀，达到物料充分混匀。

表 3-5　堆肥温度与微生物生长的关系

温度/℃	温度对微生物生长的影响	
	嗜温菌	嗜热菌
常温~38	激发态	不适合
38~45	抑制状态	可开始生长
45~55	毁灭态	激发态
55~60	不适合（菌群萎退）	抑制状态（轻微）
60~70	—	抑制状态（明显）
> 70	—	毁灭态

资料来源：牛俊玲，2010。

5. 后熟

经过前期高温发酵后，堆肥物料中的大部分易降解的有机物质已经被微生物降解利用，剩下少量易降解和大量难降解的有机物存在，还需进行破碎后熟发酵。后熟阶段温度持续下降，当堆肥温度稳定在 40 ℃左右时即达到腐熟，一般需 15~30 d 使物料稳定腐熟。在此阶段，物料堆积高度一般为 1.0~2.0 m，每 7~15 d 翻堆一次，给堆肥提供氧气并降低堆温，使堆肥充分好氧发酵，同时降低自燃的危险，直至堆肥稳定。

3.3.1.5　技术工艺流程

总体而言，商品有机肥的技术工艺流程如图 3-5 所示。

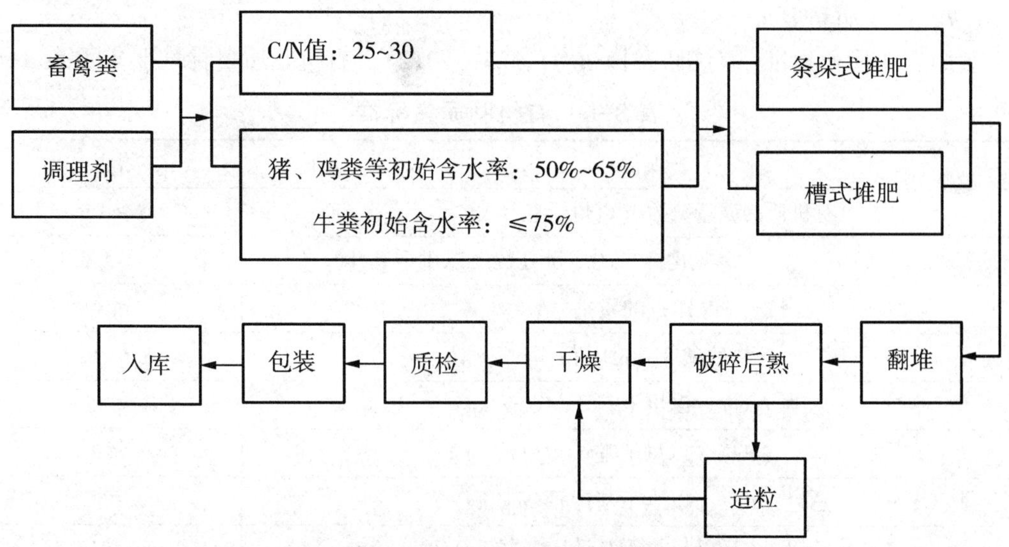

图 3-5　商品有机肥的技术工艺流程

3.3.1.6　腐熟度评价

有机肥厂较常用的腐熟度评价指标主要有温度、种子发芽指数等。温度是最直观也是比较准确的评价指标，它反映了微生物活动和有机物的降解情况，直接反映了堆肥进程。另外大量研究表明，未腐熟堆肥中的小分子有机酸和大量 NH_3、多酚等物质会抑制许多植物种子发芽，随着堆肥的进行，抑制作用不断减少，因此，种子发芽指数也是能够较准确客观地反映堆肥腐熟情况，而且设备和技术要求低。

1. 温度

堆肥温度一般经历 4 个阶段，即起温期、高温期、中温期和稳定期。有机肥厂一般在堆肥高温期结束进入中温期，即一般堆温降至 50 ℃以下，堆肥结束，直接烘干包装销售或放仓库贮存，大于 40%含水率堆料放仓库应谨防自燃。

2. 种子发芽指数

（1）种子发芽指数的测定。在培养皿（直径 9 cm）底部垫一张中性滤纸，滤纸上面均匀放置 20 粒早熟五号大白菜或者菠菜种子，然后每皿注入 5 mL 样品浸提液。浸提液的制备为 100 mL 蒸馏水中加入 10 g 样品，搅拌浸泡 30 min 后，4 200 r/min 离心 15 min，所获上清液即样品浸提液。所有种子在 25 ℃下黑暗培养 48 h 后，测定每皿种子的发芽率和根长。每样品重复测定 3 次，以蒸馏水为对照。发芽指数（GI）的计算采用 Tiquia 和 Tam（1998）的方法，具体计算公式为：

$$GI=\frac{处理平均发芽率\times处理平均根长}{对照平均发芽率\times对照平均根长}\times100\%$$

（2）种子发芽指数的影响因素。腐熟堆肥的种子发芽指数随指示种子和物料种类变化很大，而随着堆肥进行，一般呈现先降后升的现象。大量研究表明，对于蛋白含量较高的畜禽粪便堆肥，以大白菜和菠菜等较敏感的种子作为指示种子，种子发芽指数 GI≥60%时可以认为堆肥基本腐熟。而对于纤维含量高的畜粪如牛粪及秸秆类堆肥，腐熟堆料的种子发芽指数应相应提高。

3.3.1.7 产品质量要求

参照农业行业标准《有机肥料》（NY 525—2012），有机肥质量标准要求见表 3-6。

表 3-6 有机肥质量标准

项目	指标
有机质的质量分数（以烘干基计）/%	≥45
总养分（氮+五氧化二磷+氧化钾）的质量分数（以烘干基计）/%	≥5.0
水分（鲜样）的质量分数/%	≤30
酸碱度（pH 值）	5.5~8.5
总砷（As）（以烘干基计）/(mg/kg)	≤15
总汞（Hg）（以烘干基计）/(mg/kg)	≤2
总铅（Pb）（以烘干基计）/(mg/kg)	≤50
总镉（Cd）（以烘干基计）/(mg/kg)	≤3
总铬（Cr）（以烘干基计）/(mg/kg)	≤150

目前《有机肥料》（NY 525—2012）标准中对重金属铜、锌含量没有要求，而畜禽饲料中铜、锌添加量偏高，没有添加辅料的畜禽粪特别是猪粪为原料生产的有机肥铜含量在 500 mg/kg 左右，锌含量在 6 500 mg/kg 左右，高含量的铜、锌对土壤和农作物都会产生不良的影响。

3.3.2 有机-无机复混肥的生产工艺与质量要求

3.3.2.1 有机-无机复混肥的定义

有机-无机复混肥是指含有一定量有机肥料的复混肥料，该复混肥中氮、磷、钾三种养分中，至少有两种养分标明量的由化学方法和（或）掺混方法制成的肥料。它是在有机肥料配料的基础上，按照一定的配方添加不同数量、不同种类的化肥配制并按一定的制造工艺生产而成。按照作物的营养吸收特性并结合特定的土壤类型和养分含量，设计专用配方生产的有机-无机复混肥称为作物专用肥产品。有机-无机复混肥具有养分齐全，兼具有机的缓效性和无机的速效性以及操作方便等优点。有机-无机复混肥不仅可以提高土壤潜在肥力的发挥，而且在减少氮肥损失和磷肥固定等方面也具有一定调节作用，相比单施化肥，在等化肥养分量投入条件下，施用有机-无机复混肥料可以保持或提高作物产量，提高养分利用效率，并可以减少化肥的施用量、节约资源，减少面源污染。有机-无机复混肥料在我国成为新型肥料领域的研究热点，是肥料发展的方向之一。

3.3.2.2 有机-无机复混肥的配制原则

复混肥的配方主要基于对施用土壤、作物、工艺技术、效益评价等因素及国家有机-无机复混肥标准的综合考虑。作物有机-无机复混肥基本营养配方的设计以作物的营养特点为主要依据，以土壤供肥特点作主要矫正因素。在一般性土壤上，叶菜类生长所需的合理含量 N∶P_2O_5∶K_2O 基本上为 1∶0.35∶(0~0.1)，果菜类生长所需的合理含量N∶P_2O_5∶K_2O 为 1∶0.4∶1.2，西瓜作物生长所需的合理含量 N∶P_2O_5∶K_2O 为 1∶0.4∶1.1，柑橘生长所需的合理含量 N∶P_2O_5∶K_2O 为 1∶0.5∶(0.8~1)，茶叶生长所需的合理 N∶P_2O_5∶K_2O 为 1∶0.5∶0.5。考虑到近几年来耕地退化严重，主要为缺钾症状日趋严重，而土壤中磷积累又有所增加。因此，在选择肥料配方时，应结合地力贡献、化肥利用率等因素进行调整。另外，对于一些特定土壤（如土壤基本养分极不平衡等情况）和一些对某些营养元素有特殊要求的作物，在确定肥料配方时，除保持合理的三要素配比外，需再根据作物需求和特定土壤性状，添加或降低一些特殊营养元素，如十字花科的蔬菜适当添加 B，番茄添加 Ca，黄瓜添加 Si 和 Ca，竹笋有机-无机复混肥添加 Si，芦笋有机-无机复混肥配方中的钾采用 KCl，块茎作物马铃薯的肥料中提高钾元素营养，新围海涂土壤适当降低钾的添加量等。

3.3.2.3　生产设备

有机-无机复混肥生产设备主要有粉碎机、混料机、造粒设备、烘干设备、物料输送设备、筛分设备、称量设备、物料运输车，以及相应配套的化验和配电设备及控制系统等。根据造粒方式不同可分为圆盘造粒、转鼓造粒、挤压造粒和喷浆造粒等，相应的造粒设备为圆盘造粒设备、转鼓造粒设备和挤压造粒设备等。目前比较常用的造粒方式为圆盘造粒、转鼓造粒和挤压造粒，圆盘造粒、转鼓造粒方式适合较大规模的复混肥生产，而挤压造粒适合较小规模厂家选用。

3.3.2.4　生产工艺

1. 原料的要求

（1）无机物料。无机物料主要来源于普通化学肥料，一般可选用尿素、硝铵、氯化铵、碳铵、硫铵、磷铵（磷酸一铵、磷酸二铵）、重过磷酸钙、过磷酸钙、氯化钾（硫酸钾）等为原料，根据有机-无机复混肥的专门配方，选择适宜的无机物料，同时还要考虑无机物料的生产成本。

（2）有机物料。有机物料一般采取就地取材的原则，可选用以动植物残体为主，并经过发酵腐熟的有机肥、酒糟、草炭等。有机物料养分含量低，体积大，应控制其含水率、颗粒度大小和均一性，这在有机-无机复混肥造粒成型中至关重要。圆盘造粒对物料颗粒度大小、均匀性、含水率要求较高，适宜和控制的区间较窄，而挤压造粒对物料颗粒度大小、均匀性、含水率的要求稍宽。

（3）黏结剂。有机-无机复混肥生产中常用的黏结剂主要是无机黏土类矿物（包括黏土、白垩土、高岭土、煤泥、苦土、海泡石粉、凹凸棒土、膨润土、磷石膏）和钙镁磷肥等，添加量为 0.3%~0.5%。采用此类黏结剂的缺点是黏结剂添加越多，肥料的有效成分越低。现已有采用淀粉为原料或对淀粉进行变性处理所得的黏结剂用于有机-无机复混肥造粒，造出颗粒的抗压强度完全符合国家标准，淀粉类黏结剂的添加量为产品总量的 2%~4%。

2. 圆盘造粒工艺

圆盘造粒多采用直径为 2~5.5 m、深度为 0.25~0.5 m 的造粒圆盘，并安装成一定的倾斜度。根据圆盘直径设定转速，将一定数量的有机原料和化学肥料与返料送入盘中，或按配方要求加入适量的添加剂，在圆盘上安装一定角度的喷淋装置，随着圆盘旋转，物料在盘内滚动，并在喷淋介质的作用下团聚而形成颗粒，肥料颗粒达到一定粒径后卸出，干燥、筛分得到成品。圆盘造粒的肥料颗粒形状不规则，颗粒强度较差，产量受圆盘直径的限制，操作机械故障较多，且开放性生产影响操作环境，仅适合小规模生产。有机物料因具有较强的吸水性和松散性，其含水率、细度等对有机-无机复混肥的生产技术工艺应用有较大影响。

（1）有机肥物料细度要求。有机肥经分级测定，平均颗粒粒径>2 mm 的占 17.8%、1~2 mm 的占 38.4%、<1 mm 的占 43.8%。有机肥通过粉碎并过孔径 1 mm 的筛后，在有机肥用量为 30%~40%时，氮、磷、钾比例为 10 : 4 : 4；添加尿素、过磷酸钙和氯化钾的条件下，造粒有效颗粒成球率明显高于未粉碎的成球率，其中粒径 1~5 mm 有效颗粒为 65.5%，无效颗粒为 34.5%。有机肥细度对有机-无机复混肥造粒成球的影响见图 3-6。在生产实际中，畜禽粪生物发酵时应尽量减少木屑调理剂的用量，造粒时添加一定数量细度为 1 mm 以下的泥炭或腐殖酸肥，可不粉碎直接造粒，过筛后将大颗粒粉碎同细粉一起返料，省工节能，提高生产效率。

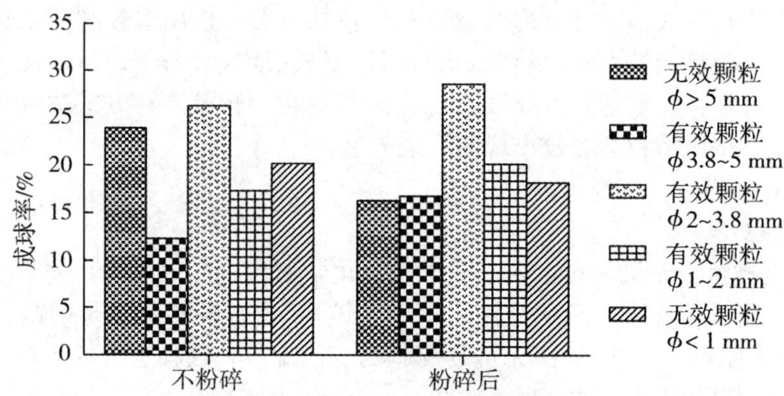

图 3-6　有机肥细度对有机-无机复混肥造粒成球的影响

（2）有机肥含水率的要求。有机肥含水率对有机-无机复混肥造粒影响很大，如图 3-7 所示。含水率为 40%~55%时，无效大颗粒高达 31.8%，有效成球率只有 50.3%；当含水率降到 25%~30%，一次性有效成球率提高到 62.1%，无效大颗粒降至 16.7%，但细粉率明显增加；当含水率进一步降至 15%~20%时，松散度增加，黏性减小，无效大颗粒明显减少，仅占 6.5%，而细粉率高达 45.0%，有效成球率反而比含水量大于 45%的还要低，只有 47.9%。因此，发酵腐熟有机肥的含水率控制在 25%~30%时，有效成球率最高。

（3）有机肥用量的要求。在保证肥料中养分总量不变的前提下，增加有机肥的用量，是提高有机-无机复混肥质量的重要途径。但有机肥分散性强，对造粒成球率影响较大。试验研究表明，有机肥用量和一次性成球率之间存在着明显的负相关（图 3-8），一般圆盘造粒有机肥用量宜控制在 30%~45%。而采用挤压式造粒生产工艺，有机肥用量可提高到 50%~60%。

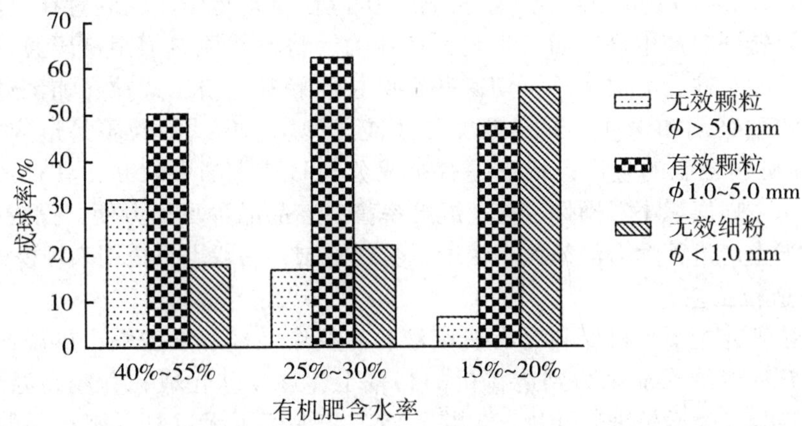

图 3-7　有机肥含水率对有机-无机复混肥造粒一次性成球率的影响

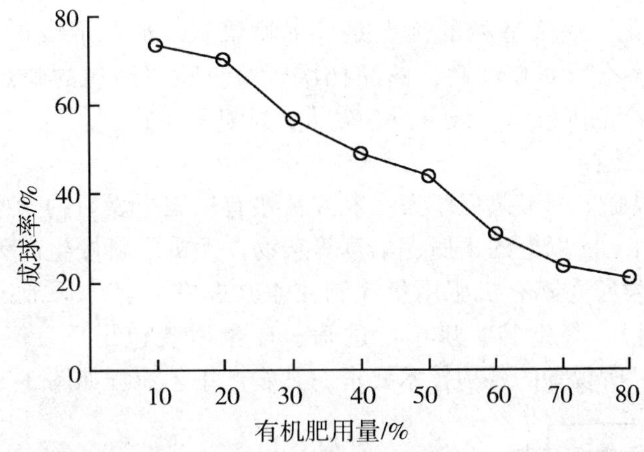

图 3-8　有机肥用量对有机-无机复混肥生产一次性成球率的影响

3. 转鼓造粒工艺

转鼓造粒工艺主要应用于磷复肥的生产，经改进用于有机-无机复混肥料的生产。转鼓造粒采用倾斜的回转圆筒，物料在造粒机内随转筒转动形成滚动的物料层，将水或水蒸气不断地喷洒在滚动的物料上，当混料达到一定粒径标准后被传送到转筒干燥机内使用热风进行干燥，冷却筛分，筛分出的细粉和不合格的大颗粒经破碎后返料使用。转鼓造粒是目前我国广泛采用的复混肥造粒方法之一，该工艺生产的颗粒肥呈圆球状，粒径比较统一，深受消费者欢迎。但该工艺对有机与无机物料的比重统一性要求较高，比重差异大易造成原料分级，使成品颗粒肥的养分分布不均匀、颗粒强度小而达不到统一的质量要求。

4. 挤压造粒工艺

挤压造粒工艺是通过对有机-无机混合原料挤压进行造粒，生产上主要有对辊式挤压造粒和盘模式挤压造粒。对辊式挤压造粒原理是在挤压机内安装两根平行且可调间距的辊轴，辊轴旋转时挤压通过其中的混料，使混料黏结成块状，再经破碎成碎块或直接压制成直径 2～10 mm 的颗粒。盘模式挤压造粒原理是压滚轮装置在主轴带动下，在盘模表面旋转同时产生自转而产生强大挤压力，将粉状原料强制挤压通过盘模上一定规格和形状的圆柱孔而成型，再切割获得圆柱状颗粒。挤压造粒在加工过程中必须添加一定量的黏结剂和水（3.5%～10%）才能成型。挤压式造粒不易造成原料分级，适合有机-无机颗粒肥的生产，特别是有机成分含量较大的颗粒肥，具有生产工艺简单、流程短、占地面积小、操作容易、成粒率高、产品品种更换方便、投资少等特点。但该工艺由于生产过程动力消耗大，产量也受到限制，一般也只适用小规模生产。

5. 喷浆造粒工艺

喷浆造粒工艺主要有机原料为有机废液，有机废液经蒸发浓缩，再添加适量矿质肥料调成浆料，经液面加压喷到造粒机的料幕上，逐步球化成粒，经高温热风干燥，然后冷却、筛分，表面处理后计量、包装。该工艺保留了无机复合肥料团粒法转筒工艺的部分装置并进行改装，可根据生产需要选择料浆浓度和比例，使产品成球率由转筒工艺的 50%～60%提高到 80%～90%，所造颗粒含水率低，抗压强度高，能够有效地防止颗粒结块和粉化。喷浆造粒的优点是：集喷浆、造粒、干燥于一体，操作方便；产品物理性状好；养分含量精度高，商品档次较高。喷浆造粒的缺点是：有机原料选择仅限于浆料，生产范围较窄；设备投入较大，能耗高。

3.3.2.5 生产工艺流程

有机-无机复混肥生产工艺程序为：发酵腐熟有机肥干燥后的含水量控制在 25%～30%，过筛后去除 1 mm 以上的木屑、稻草等杂物；无机原料按生产无机复混肥的前处理方法预混备用。发酵腐熟有机肥用量控制在 40%左右（其中添加占总量 1/4 左右的泥炭或腐殖酸肥料），经造粒、烘干、过筛、计量后装包出厂。产品符合国家标准（GB 18877—2009）所规定的各项技术要求。其生产工艺流程如图 3-9 所示。

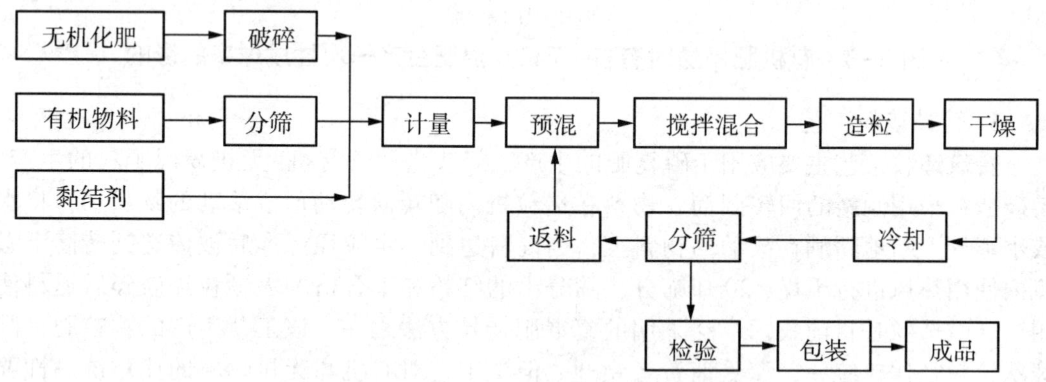

图 3-9 有机-无机复混肥生产工艺流程

3.3.2.6 产品质量要求

参照国家标准《有机-无机复混肥料》（GB 18877—2009），有机-无机复混肥料质量应符合表 3-7 要求。

表3-7　有机-无机复混肥料质量标准

项目	指标	
	Ⅰ型	Ⅱ型
总养分（$N+P_2O_5+K_2O$）的质量分数①/%	≥15	≥25
有机质的质量分数/%	≥20	≥15
水分（H_2O）的质量分数②/%	≤12	
粒度（1.0~4.75 mm或3.35~5.6 mm）③/%	≥70	
酸碱度（pH值）	5.5~8.0	
蛔虫卵死亡率/%	≥95	
粪大肠菌群数/(个/g)	≤100	
氯离子的质量分数④/%	≤3	
砷及其化合物的质量分数（以As计）/%	≤0.005 0	
镉及其化合物的质量分数（以Cd计）/%	≤0.001 0	
铅及其化合物的质量分数（以Pb计）/%	≤0.015 0	
铬及其化合物的质量分数（以Cr计）/%	≤0.050 0	
汞及其化合物的质量分数（以Hg计）/%	≤0.000 5	

注：①标明的单一养分不得低于3.0%，且单一养分测定值与标明值负偏差的绝对值不得大于1.5%。

②指出厂检验数据，当用户对粒度有特殊要求时，可由供需双方协议确定。

③水分以出厂检验数据为准。

④如产品氯离子含量大于3.0%，并在包装容器上标明“含氯”，该项目可不做要求。

3.3.2.7　生产注意事项

有机-无机复混肥生产中应把握以下几点：① 严格控制投料量。根据烘干设备的烘干能力控制投料量，使成品水分符合要求。② 控制混料器搅拌时间。一般情况下搅拌时间以足以使物料混合均匀为宜，有利于造粒。③ 造粒的物料含水率控制。④ 严格控制烘干温度在350~400 ℃。温度偏低，烘干效果差，成品水分超标；温度偏高，影响成品质量，同时浪费能源。⑤ 控制返料比。

3.3.3　生物有机肥的生产工艺与质量要求

3.3.3.1　生物有机肥的定义

生物有机肥（microbial organic fertilizers）是指特定功能微生物与主要以动植物残体（如畜禽粪便、农作物秸秆等）为来源并经无害化处理、腐熟的有机物料复合而成的一类兼具微生物肥料和有机肥效应的肥料。生物有机肥使用的微生物菌种应安全、有效，有明确来源和种名，菌株安全性应符合农业行业标准《微生物肥料生物安全通用技术准则》（NY 1109—2006）的规定。

3.3.3.2　生物有机肥的特点

生物有机肥含有大量有机质和活的有益微生物菌群及微生物代谢产物，有益微生物分泌的胞外多糖是土壤团粒结构的黏合剂，能够疏松土壤，增强土壤团粒结构，提高保水保肥能力，增加土壤有机质，活化土壤中的潜在养分。生物有机肥是天然有机物质与生物技术的有效组合，能够促进营养元素的吸收，增加植物养分的供应量或促进植物生长，有益微生物和抗病因子的增加，还可明显地降低土传病害的侵染，降低重茬作物的病情指数，连年施用可大大缓解连作障碍，提高作物产量和改善产品品质。生物有机肥同时还可对土壤进行消毒，即利用微生物分解和消除土壤中的农药（杀虫剂和杀菌剂）、除莠剂，以及石油化工等产品的污染物，并同时对土壤起到修复作用。

3.3.3.3 生产工艺流程

生物有机肥生产工艺一般是在有机肥发酵腐熟的后期接种有益或功能微生物菌剂（液态或固态），让其在有机物料中再进行繁殖、扩增，当有益或功能微生物达到一定数量且稳定时，即可按照生物有机肥标准进行检查达标后包装成成品。也可以是有益或功能菌剂按照农用微生物菌剂的生产工艺，根据菌株的特性及生产工艺条件生产出符合标准的菌剂产品。有机肥则按其堆肥发酵工艺生产。有益或功能菌液体菌剂通过吸附材料制成固体菌剂后与有机肥按一定比例混合，使菌剂在有机肥料中保证一定的有效活菌数及保质期，即可进行包装成品。其生产工艺流程如图 3-10 所示。

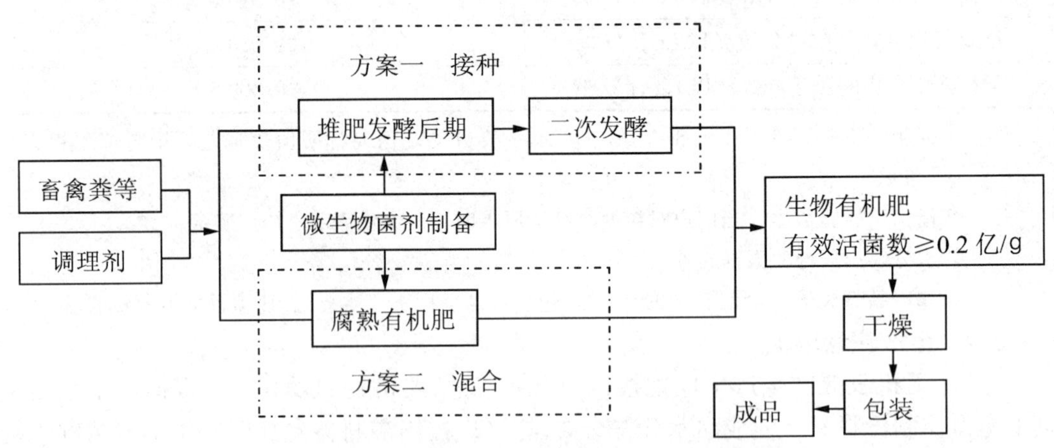

图 3-10　生物有机肥的生产工艺流程

3.3.3.4 产品质量要求

参照农业行业标准《生物有机肥》（NY 884—2012），生物有机肥产品技术指标要求见表 3-8。

表 3-8　生物有机肥产品技术指标

项目	技术指标
有效活菌数/(10^8 cfu/g)	≥0.20
有机质（以干基计）/%	≥40.0
水分/%	≤30.0
pH 值	5.5~8.5

续表

项目	技术指标
粪大肠菌群数/(个/g)	≤100
蛔虫卵死亡率/%	≥95
有效期/月	≥6
总砷（As）（以干基计）/(mg/kg)	≤15
总镉（Cd）（以干基计）/(mg/kg)	≤3
总铅（Pb）（以干基计）/(mg/kg)	≤50
总铬（Cr）（以干基计）/(mg/kg)	≤150
总汞（Hg）（以干基计）/(mg/kg)	≤2

3.4　畜禽粪便蝇蛆生物脱水堆肥工艺

通常畜禽粪便含水率普遍较高，猪粪高达 70%~80%，牛粪 80%~90%，鸡粪相对稍低。好氧堆肥适宜的物料含水率一般控制在 60%左右，目前畜禽粪便堆肥工艺主要是通过添加大量的干辅料来降低物料的含水率，以满足好氧堆肥发酵的需要，因此畜禽粪便的高含水率成了困扰堆肥快速升温发酵的瓶颈。要使畜禽粪便堆肥快速发酵升温，在降低鲜粪含水率的同时，又要保持较高的堆肥养分含量，这是堆肥生产的技术难点。浙江省农业科学院研究团队采用蝇蛆生物脱水技术，使畜禽粪便的水分快速降低至堆肥适宜的发酵含水率，无须添加干辅料即可直接堆肥。

3.4.1　畜禽粪便蝇蛆生物脱水堆肥工艺优势

畜禽粪便蝇蛆生物脱水堆肥工艺即通过养殖蝇蛆对畜禽粪便进行快速生物脱水转化，获得昆虫蛋白同时降低畜禽粪便含水率和臭味，而粪渣进一步堆肥得到高品质有机肥。蝇蛆能在畜禽粪便中快速生长，几天内蝇蛆体重能增长数十至数百倍，并把粪便中的碳、氮等养分迅速转化合成为蝇蛆蛋白等。在蝇蛆迅速生长的同时，快速吸收利用物料水分，大大减少了粪渣的含水量，通过采食粪料及蛆体蠕动使粪渣形成颗粒状，增加粪渣的孔隙度，满足堆肥发酵中好氧微生物增殖的通气性环境，同时加速水分蒸发，促进堆肥升温发酵，免去调节畜禽粪便含水率辅料的添加，缩短堆肥周期，降低了畜禽粪便处理成本，提高了有机肥质量，同时提供了大量优质饲用蛋白和进一步深加工的原料。

3.4.2　畜禽粪便蝇蛆生物脱水堆肥工艺过程

3.4.2.1　种蝇繁育

苍蝇的一生要经过卵、幼虫（蛆）、蛹、成虫四个时期，各个时期的形态完全不同。不同形态养殖条件不同，需根据每个形态具体要求进行分段条件控制。

1. 蛹化和羽化

收集 3 龄成熟蝇蛆，然后放入蛹化池蛹化。蛹的体色由淡变深，最终变为栗褐色。影响蛹生长发育的因素主要有温度和湿度。生产时期羽化温度控制在 20~35 ℃比较好，羽化时间较短，低于 12 ℃时蛹停止发育，高于 45 ℃时蛹会死亡；16 ℃时，羽化时间需要 17~19 d；20 ℃时，羽化时间需要 10~11 d；25 ℃时，羽化时间需要 6~7 d；30 ℃时，羽化时间需要 4~5 d；在 35 ℃时，羽化时间仅需 3~4 d，也是最佳发育温度。羽化最佳基质湿度为 45%~55%，高于 70%或低于 15%，均会明显影响蛹的正常羽化；如果蛹被水浸泡，时间越长，羽化率越低；高温干燥环境容易导致蛹脱水死亡；营养不良的蝇蛆勉强化蛹，羽化成蝇 95%以上都是雄性。

2. 种蝇养殖

（1）成蝇特性。刚羽化的苍蝇，需要经历“静止—爬行—伸体—展翅—体壁硬化”几个阶段才能发育成为具有飞翔、采食和繁殖能力的成蝇。在适宜的温度条件下，羽化后 2~24 h 成蝇开始活动、摄食。雄性苍蝇羽化后 18~24 h、雌性苍蝇羽化后 30 h 可性成熟而交配。绝大多数苍蝇终生只交配一次，交配时间一般在清晨的 5：00~7：00。其产卵的高峰期在每天的 17：00~19：00。1 只雌蝇终生能产卵 6~10 批，每批产卵 100 粒左右，总产卵量达 600~1 000 粒。温度等对苍蝇的活性及产卵具有较大的影响，其最适宜的环境温度为 25~33 ℃、空气湿度为 60%~80%。在 4~7 ℃时苍蝇仅能爬行，10~15 ℃时可以飞翔，20 ℃以上才能摄食、交配、产卵，30~35 ℃时活跃，35~40 ℃停止活动，45~47 ℃时致死。15 ℃时雌蝇的产卵前期（从羽化至首次产卵的时间）平均为 9 d，35 ℃时仅需 1. 8 d，在 15 ℃以下不能产卵。

（2）养殖方法。目前种蝇养殖主要有笼养、房养及蚊帐养殖三种方法。①笼养的蝇笼框架为以木条、竹条或者钢筋等制造的长方体或正方体结构，四周蒙上纱，在其中一面纱上安装一个布套开口，便于喂食、喂水和取放产卵垫。蝇笼中应配备饲料盘、饮水盘、羽化盘和产卵垫。笼养隔离效果较好、卫生，养殖条件较好控制，但是房舍利用率低，不易清洗，适合小规模蝇蛆养殖。②房养的蝇房建设最好是坐北朝南，房内设封闭式走道，并设置纱门、纱窗、排风扇、空调、除湿机等设施，房中应放置饲料盘、饮水盘（槽）、羽化盘、产卵盘等。房养可提高房舍利用率，且结构简单，省工省本，比较适合规模化养殖，但管理不便，成蝇易于逃逸。③蚊帐养殖结合了笼养和房养的优点，即在房子里挂许多蚊帐，形成较大的“笼子”。与房养相比较，蚊帐养殖增加了苍蝇停靠面积，养殖密度可大幅度提高；管理方便、卫生，房舍利用率高，养殖条件好控制，蚊帐易于清洗，成本低，成蝇关在“笼子”里不易逃逸，更适合规模化养殖。

（3）养殖技术。种蝇养殖需要往养殖设施中放入即将羽化的蛹，投放量一般在 6~9 万头/m^3，蛹堆放厚度不超过 2 cm，投放时间控制在蛹由红色变为深褐色时为宜，此时蛹即将羽化为成蝇。当成蝇部分羽化后即需放入饲料盘和饮水盘。成蝇羽化后一般 2~3 h 开始采食，饲料投放量视成蝇密度而定，以每日更换一次为宜。蝇种房温度控制在 25~33 ℃、空气湿度控制在 60%~75%。室内养殖成蝇寿命一般在 25~35 d，而产卵高峰期在 15 d 之前，为了保证产卵量的稳定性和连续性，一般采用循环生产和全进全出方式。循环生产方式为每隔 5~6 d 加入一批蝇蛹，保证处于高峰产卵期的成蝇保持一定的比例，从而达到稳定产卵量的目的。循环生产方式的优点是产卵量稳定，成蝇管理工作量小；缺点是大量不产卵成蝇消耗饲料，造成饲料浪费，也造成空间浪费，而且长时间不清洗消毒成蝇患病风险增大。全进全出方式是在养殖15~20 d后，将成蝇全部处死，然后对养殖设施进行清洗消毒，重新放入一批蝇蛹，开始新一轮养殖。全进全出方式可通过调节不同蝇笼或蚊帐中的成蝇处于不同日龄而实现稳定产卵的目的。全进全出的优点是养殖设施利用率高，饲料浪费少，节约成本；缺点是比较费工。蝇笼和蚊帐养殖根据蝇蛆养殖量和管理需要可采用循环生产方式和全进全出方式，而蝇房养殖为保证蝇卵稳定一般只适合循环生产方式。成蝇固体饲料可用红糖、奶粉、白砂糖、鱼粉、水产加工下脚料、屠宰加工下脚料等，液体饲料可用鸡蛋、鸭蛋、牛奶、蛆浆、鱼浆、动物血液等与水按1∶5左右配比而成。

（4）保种。在不适于冬季蝇蛆养殖地区，如需保藏种蝇，应在9~10月份秋末时，选择健壮的蝇蛆化蛹，保持蛹外表干燥，采用保鲜容器密封后在5~10 ℃保藏。

3. 蝇卵收集

在蛹完全羽化后第二天放入产卵盘，盘中放置产卵基质。产卵基质一般用幼虫饲料，含水率为60%~80%。产卵盘一天取换2次以上，避免卵块干化而降低孵化率。产卵盘的基质配方有：新鲜猪毛；动物蛋白20%、麦麸80%；麦麸加少量鱼粉、少量氨水；用鱼发酵液加入麦麸里；麦麸加几滴氨水或碳酸氢铵；麦麸发酵物；新鲜猪粪或鸡粪30%~60%、米糠或麦麸40%~70%；新鲜猪粪或鸡粪；50%麦麸、35%新鲜羊粪、15%鱼内脏。

4. 蝇卵孵化

产卵盘取出后直接放到孵化房孵化，蝇卵孵化时间一般为8~24 h。孵化房温度应控制在20~35 ℃。蝇卵在13 ℃以下不发育，低于8 ℃或高于42 ℃则死亡，22 ℃需20 h，25 ℃需16~18 h，28 ℃需14 h，35 ℃仅需8~10 h。蝇卵孵化基质湿度应控制在75%~80%，孵化率最高，低于65%或高于85%时，孵化率明显下降。

3.4.2.2　畜禽粪便蝇蛆脱水

1. 蝇蛆特性

苍蝇的幼虫又称蝇蛆，有三个龄期：1龄幼虫体长1~3 mm，2龄幼虫体长3~5 mm，3龄幼虫体长5~13 mm，无眼、无足。蝇蛆1~3龄体色逐渐由透明、乳白色变为乳黄色。蝇蛆喜欢钻孔和避光黑暗处，畏惧强光。幼虫发育好坏直接关系到种蝇的个体大小和繁殖效率，其受温度、湿度、食物及通气等多种因素的影响。蝇蛆最适培养基料温度34~40 ℃时，发育期为3~3.5 d。基料温度25~30 ℃时，发育期为4~6 d；基料温度20~25 ℃时，发育期为5~9 d；基料温度16 ℃时，发育期长达17~19 d；基料温度低于8 ℃不发育，高于48 ℃则死亡。1~2龄蝇蛆的适宜基料湿度为61%~80%，最佳湿度为71%~80%；3龄蝇蛆的适宜基料湿度为61%~70%，超过80%不能正常发育，低于40%蝇蛆不发育。3龄蝇蛆发育成熟后即停止摄食，钻到附近疏松、相对干燥处化蛹。空气流通有利于蝇蛆的生长发育。

2. 场地要求

畜禽粪蝇蛆生物脱水工艺需要建设避雨设施，可以采用砖墙结构的房屋、单栋大棚或者连栋大棚等。砖墙结构的房屋在江南地区冬季温度偏低，对蝇蛆养殖不利。塑料薄膜大棚具有温室效应，冬季温度比砖墙结构的房屋高，有利于蝇蛆养殖。设施内场地需要硬化或者铺设水泥板，并在其上设置处理池或者处理槽。

3. 养殖处理

适合用蝇蛆处理的畜禽粪主要为营养丰富的猪粪、鸡粪等，一般不适合纤维含量高的牛粪、羊粪。新鲜猪粪可直接用蝇蛆处理，新鲜鸡粪一般需预发酵后才能用蝇蛆处理。畜禽粪便湿度以60%~80%为宜，基料温度以20~40 ℃为宜。接种蝇蛆为1龄幼蛆，接种量为每吨畜禽粪5×10^6~1×10^7条幼蛆。蝇蛆养殖处理畜禽粪时，畜禽粪便可以一次性添加，也可以分批添加。畜禽粪一次性添加，即所有需养殖处理畜禽粪一次性添加到处理池或者处理槽，铺平，然后在表面撒入刚孵化不久的蝇蛆幼虫（孵化时间≤24 h）。一次性加粪可节省劳力，但畜禽粪添加量受天气影响较大，雨天应减少加粪量，晴天适当增加，经验性要求较高，而且往往底部粪便不能被蝇蛆处理。畜禽粪便分批添加，即先在处理池和处理槽中添加少量畜禽粪，铺平，然后在表面撒上刚孵化不久的蝇蛆幼虫（孵化时间≤24 h），每天早晚进行加粪，直到蝇蛆成熟。畜禽粪分批添加费时费工，但对经验要求相对较低，可根据当天蝇蛆取食情况决定添加量，而且新鲜基料易于蝇蛆生长。

3.4.2.3 蛆粪分离

3龄蝇蛆成熟化蛹前需进行蛆粪分离，蛆粪分离目前主要有三种方法，即自然爬出、低氧胁迫分离及人工或机械分离。自然爬出是指在养殖池埂边安装收蛆桶，桶口高出池面2~3 cm，并设置15°角的斜坡，成熟的蝇蛆会自动爬入收蛆桶中。低氧胁迫分离是指通过养殖物料表面覆盖达到隔绝氧气，迫使成熟蝇蛆从基料底部缝隙中爬出，达到分离的目的。人工或机械分离是指根据蝇蛆避光性特点，采用不断去除上层粪渣，最后蝇蛆都聚集到粪渣底层，达到蛆粪分离的目的。采用人工或机械分离的方法进行蛆粪分离时，要求粪渣疏松，否则分离效果较差，蝇蛆得率较低。

3.4.2.4 粪渣堆肥工艺

蛆粪分离后的粪渣含水率一般在65%以下，而且呈颗粒状，不需添加辅料可直接堆肥。粪渣堆肥可采用条垛式和槽式两种工艺。条垛式堆肥，是先将粪渣堆成条垛式，然后用塑料薄膜覆盖2 d，目的是将粪渣中残留的蝇蛆杀灭，避免化蝇，接着掀开薄膜进行好氧堆肥。槽式堆肥，是直接将粪渣堆入槽中进行堆肥，一般不需用薄膜覆盖，残留蝇蛆可通过堆肥直接杀灭。因此，蝇蛆养殖后粪渣堆肥推荐使用槽式堆肥工艺。蝇蛆处理后的粪渣升温迅速，一般当天就能进入高温期，堆肥时间夏季一般只需10~20 d，冬季需适当延长。

总体来说，畜禽粪便蝇蛆生物脱水堆肥工艺流程如图3-11所示。

3.5 死亡动物无害化资源化处理技术

近年来，随着畜牧业和社会经济的快速发展，规模化畜禽养殖场不断扩大，宠物和特种动物养殖也不断增加，受饲养管理、营养水平、疫病防治技术及免疫应激反应等因素影响，畜禽的死亡率较高。据中国畜牧业协会相关资料显示，2013年我国生猪存栏量约为4.7亿头，家禽类（含鸡、鸭、鹅等）存栏量约58亿羽，牛羊存栏量为4亿头，城市宠物8 000万只，特种动物（貂、狐等）3.8亿只等。一般来说，猪的死亡

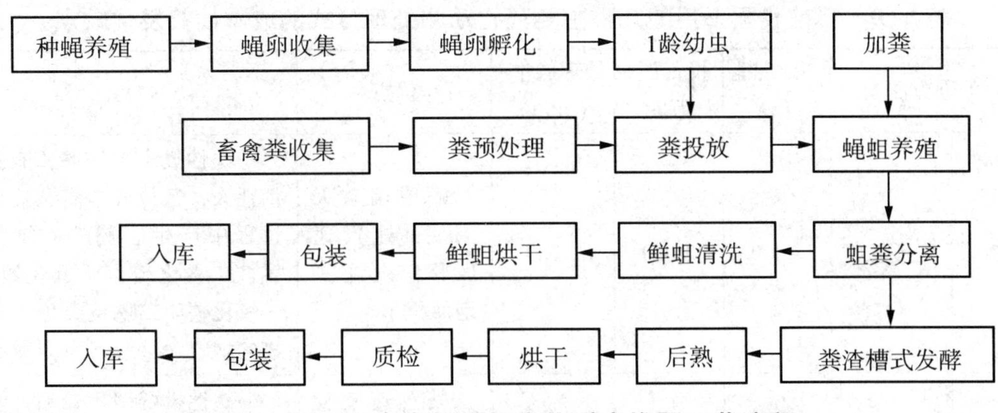

图 3-11　畜禽粪便蝇蛆生物脱水堆肥工艺流程

率为 5%~10%，禽类的死亡率为 5%~8%，牛羊死亡率为 3%，宠物死亡率为 2%，特种动物死亡率为 3%。据此估算，我国每年需要进行无害化处理的动物尸体约为 200 万 t。病死动物尸体未经处理随意丢弃，不仅污染水源和土壤，产生大量的有毒有害气体，而且易引起病菌繁殖、变异，引发新的疫病，严重危害人畜健康和社会经济建设的持续稳定发展。实施病死动物无害化处理成为保障畜牧业持续健康发展，保障城乡居民食品消费安全，保障农村生态环境安全的迫切需求。

3.5.1　死亡动物处置方式

3.5.1.1　发达国家采用的死亡动物处理技术

加拿大规定死亡动物必须送进“熔炼工厂”彻底焚毁，被销毁的畜禽都不得以任何形式再加工利用。德国规定所有动物尸体均需由专门处理机构进行处理，动物尸体切分成小块后予以高温消毒，消毒产物用以生产动物粉末和动物油脂，动物粉末可作为燃料，动物油脂可用于生产生物柴油，自家非疫情死亡宠物尸体可深埋或火葬。在日本，当家畜发生疫情时，要依据《家畜传染病预防法》来应对，家畜和家禽患了牛疫、牛肺疫、口蹄疫、猪瘟、禽流感等疾病，或者疑似患有上述疾病，都必须立即进行宰杀，其尸体必须迅速焚烧或者深埋。

3.5.1.2　国内死亡动物无害化处理方式

目前国内死亡动物无害化处理方式主要有焚烧法、化制法、掩埋法、发酵法等。焚烧法又分为直接焚烧法和炭化焚烧法，直接焚烧法根据场地形式又分为开放式焚烧、固定设施焚烧和气帘焚烧；化制法分为干化法和湿化法；掩埋法分为直接掩埋法和化尸窖，直接掩埋又分为挖坑深埋、垃圾场深埋和大规模集中深埋；发酵法根据发酵堆体结构形式主要分为条垛式和发酵池式，按照设备形式分为开放式堆肥和容器式堆肥。

3.5.1.3　目前我国采用的几种主要死亡动物处理方式的优缺点

参考《病死动物无害化处理技术规范》（农医发〔2013〕34 号），目前我国采用的几种主要死亡动物处理方式的成本估算及优缺点如表 3-9 所示。

表 3-9　目前我国采用的几种主要死亡动物处理方式的成本估算及优缺点

处理方法		年处理能力/t	投资额/万元	处理成本/(元/t)	优点	缺点
焚烧法	直接焚烧	2 400	2 000	2 200	病原菌杀灭彻底，处置速度快，设施占地面积小	一次性投资费用高，能源消耗大，运行成本高；焚烧过程中产生含粉尘、氯化氢、二氧化硫、氮氧化物、一氧化碳和二噁英类等污染物的烟气
化制法	湿化	2 400	1 500	1 700	处置速度较快，病原菌杀灭彻底，产物可利用率较高，设施占地面积小	一次性投资费用较高，能源消耗较多，运行成本较高；死亡动物经高温高压灭菌处理后产生的烘干固态物及液态油脂去向较难控制
	湿法化制生物转化	5 000	1 000	1 500	病原菌杀灭彻底，产物可高值化利用，生产昆虫蛋白和有机肥	一次性投资费用较高，能源消耗较多，运行成本较高；需配套蝇蛆生物转化和堆肥场地及设施，占地面积大
掩埋法	直接掩埋	—	—	人工工资	技术要求低	占用场地大，地点选择受局限；需耗费较多的人力，直接掩埋法处理程序较繁杂，化尸窖填满后需要重新建造；消毒灭菌效果不理想，存在暴发疫情的安全隐患；易造成地表环境、地下水资源的污染
	化尸窖	60	5	人工工资		
发酵法	堆肥发酵	2 000	40	600	产物可利用，运行成本低	适用范围小，设施占地面积大；一次性投资费用较高；处置速度慢；对病原体杀灭不彻底，对防疫要求高
	发酵仓	800	50	2 000	处置速度快，产物可利用	设施占地面积大；一次性投资费用较高；需高温处理，并需添加昂贵菌剂，运行成本高

3.5.2　死亡动物湿法化制生物转化法

3.5.2.1　湿法化制生物转化法的定义

湿法化制生物转化法是指死亡动物经《病死动物无害化处理技术规范》（农医发〔2013〕34 号）中规定的湿化法处理后，通过精细粉碎呈糊状，然后添加生物质吸附材料进行吸附得到高蛋白物料，高蛋白物料再经蝇蛆生物转化后获得蝇蛆蛋白和残渣，残渣进一步堆肥生产有机肥，从而达到死亡动物无害化和资源化的处理工艺。

3.5.2.2　湿法化制生物转化法的技术工艺

1. 设施设备

设施设备包括死亡动物收集运输专用车、提升斗、切割机、监控室、湿化法处理车间、湿化法高温高压罐、种蝇养殖房、生物转化车间等。

2. 处理工艺

将收集的死亡动物通过专用的输送设施，将其在密闭容器中切割粉碎后送入高温高压容器，并在温度≥140 ℃，绝对压力 0.38~4.2 MPa 条件下，处理 4 h 以上。无害化处理结束后，物料经精细粉碎呈糊状（颗粒直径不超过 3 mm），冷却后添加生物质吸附剂制备成为高蛋白物料。高蛋白物料送入生物转化车间，经蝇蛆生物转化处理后获得蝇蛆蛋白和残渣，残渣转入发酵槽进行槽式发酵得到有机肥料。死亡动物无害化处理车间需采用微负压设计，产生的废气采用生物滤床进行处理。

3. 工艺流程

湿法化制生物转化法处置工艺流程如图 3-12 所示。

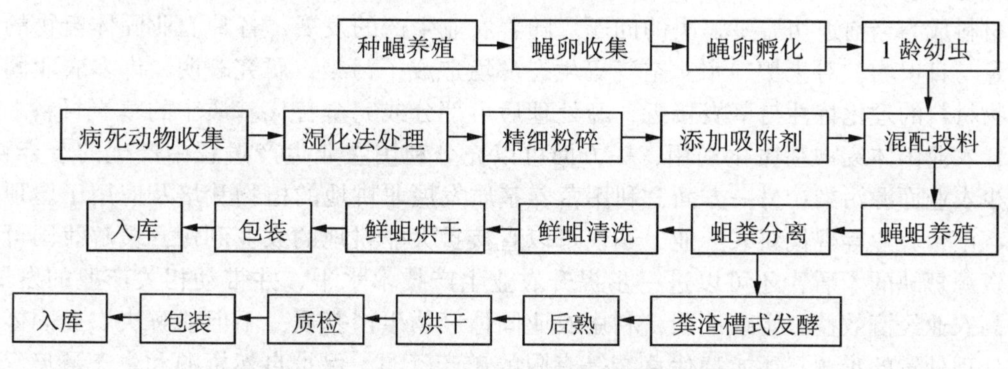

图 3-12　湿法化制生物转化法处置工艺流程

思考题

1. 堆肥过程的主要关键点控制有哪几点？
2. 生物有机肥的作用是什么？
3. 冬季如何进行苍蝇保种？
4. 畜禽粪便经蝇蛆生物脱水后的粪渣采用何种堆肥工艺比较合适？
5. 与其他死亡动物处理方式相比，湿法化制生物转化法的优势是什么？

第 4 章　农业固体废物基质化利用技术

农业固体废物的基质化利用包含植物栽培利用与食用菌栽培利用两个方向。在现代设施农业生产中，基质作为培育介质，是规模化育苗和无土栽培的基础。由于基质轻便，在作物育苗、栽培、园林的容器苗生产中已经得到快速发展。当前农用基质以草炭为主，进口草炭具有价高质优的特点，国产草炭价廉但质量不稳定。草炭作为一种矿产资源，储量有限，全球许多国家和地区已经开始限制开采此类资源，我国很多省份近年来也陆续出台了一系列针对草炭限采或禁采的政策措施。因此，寻求草炭替代材料成为当前迫切需要解决的问题。随着农业生产的发展，各种农业固体废物的产生量与日俱增，对土壤、水、空气等生态环境造成了污染；研究表明，许多农业固体废物材料的理化特性与草炭接近，经处理后可部分或完全替代基质中的草炭材料。因此，农业固体废物基质化利用，一方面可以充分利用农业生产过程中产生的废弃物，减少农业面源污染；另一方面，利用营养基质发展非耕地的植物栽培及应用于屋顶绿化、阳台农业等现代新兴产业，不仅可以直接扩大非耕地的农业利用，缓解我国可耕地资源短缺的矛盾，还可以进一步提升农业生产技术水平，并带动相关产业的发展，提高农业经济效益。实践证明，利用农业固体废物生产基质，不但能解决农业固体废物处理处置的难题，还能替代草炭等有限的矿产资源，保护自然资源和生态环境，促进农业固体废物循环利用的产业化发展，这对于当前正在大力推进的社会主义新农村及美丽乡村建设具有重要意义。

4.1　基质的概念及种类

目前，国内外对于基质的定义尚不统一，我国农业行业标准《蔬菜育苗基质》（NY/T 2118—2012）中将基质定义为能够替代土壤，为栽培作物提供适宜养分和 pH 值，具备良好的保水、保肥、通气性能和根系固着力的混合轻质材料，组分包括草炭、蛭石、珍珠岩、木屑、作物秸秆、畜禽粪便、树皮和菌渣等。

我国林业行业标准《绿化用有机基质》（LY/T 1970—2011）中将基质定义为：以城乡有机废弃物为主要原料，可少量添加自然生成或人工固体物质，具有固定植物、保水保肥、透气良好、性质稳定、无毒性、质地轻、离子交换量高、有适宜的碳氮比、pH 值易于调节等特点，适合绿化植物生长的固体物质。按绿化用有机基质在绿化上的不同用途，分为三种类型：一是作为土壤改良剂用的改良基质；二是扦插或育苗用基质；三是在盆栽、花坛、屋顶、绿地或林地栽培绿化植物所用的栽培基质。

本书中的基质定义参照董静等人的文献：基质是以有机物和无机物为原料，按照一定比例均匀混合，具有固定植物、保水保肥、透气良好、性质稳定、无毒性、质地轻、离子交换量高、能够替代土壤，为作物提供适宜养分和 pH 值，适合农林植物生长的固体物质。诸如营养土、容器混合物、容器土壤、生长介质等，现在科研和生产中通常称为基质。

4.2 基质的生产

4.2.1 基质原料的选择

4.2.1.1 选择原则

基质的优点之一是可以创造植物根系生长所需要的最佳环境条件，保水、透气、缓冲和提供营养等作用，具备最佳的气水比例，以满足植物对空气和水分两者的需要。基质既可以有效地支持并固定植物，又有利于植物根系的伸展和附着。这就要求在选用基质材料时应着重考虑容重、总孔隙度、大小孔隙比等因素。不同植物、不同栽培用途、栽培的不同阶段对基质的要求也不尽相同，总体而言，理想的基质材料应具有以下特点：

（1）来源广泛，获得容易，总量充足。

（2）容易破碎且具有一定的机械强度，处理后可保持合适的粒径，同时可经破碎减小体积以便运输。

（3）易于发酵腐熟、高温惰化处理，且处理时不会产生有毒有害挥发性物质。

（4）基质颗粒大小适中，表面粗糙但不带尖锐棱角。容重适宜、总孔隙度大、吸水性强、持水性良好。

（5）具有一定的物理稳定性，不会因施加高温、熏蒸、冷冻而发生变形变质，便于重复使用时进行灭菌。

（6）本身不携带检疫性病虫、草籽，外来病、虫害也不易在其中滋生。

（7）不会与化肥、农药发生化学作用，不会对配制的营养液及 pH 值有干扰。

（8）pH 值易于调节，可溶性盐分含量较低。

（9）可自然降解且不会造成环境污染，一定时间内可循环回收再利用。

（10）价格合理，使用简单，便于日常管理和工厂化批量生产、运输。

4.2.1.2 大宗农业固体废物的理化特性

大宗农业固体废物主要是指数量巨大、分布广泛但堆放地相对集中、便于收集运输、有利于开展基质化利用的农业固体废物。

表 4-1 是浙江省具有代表性的菇渣及其他几类农业固体废物的主要理化性状指标。由表可知，绝大部分农业固体废物材料的总孔隙度、容重等物理性状均在适宜的范围之内，其中白菇渣和平菇渣总孔隙度及通气孔隙度最高，而香菇渣的持水孔隙度最高，蘑菇渣的容重最高；从化学特性来看，不同农业固体废物材料中速效磷、速效钾的含量均远高于草炭，除了中药渣以外，所有农业固体废物的 pH 值均呈现出弱酸性或中性（表 4-2），均适宜用作各类基质的配方材料。但是，从表 4-1、表 4-2 还可以看出，除了淋洗后的白菇渣、松鳞等外，其他各农业固体废物材料的电导率（EC）明显高于草炭，过高电导率可能会对作物的发芽、出苗和根系生长产生抑制作用，甚至直接导

致作物幼苗死亡，所以高电导率是限制农业固体废物基质化利用的重要因素。

表 4-1　浙江省不同基质材料的主要理化性状指标

基质原料	容重/(g/cm^3)	总孔隙度/%	通气孔隙/%	持水孔隙/%	pH 值	电导率/(mS/cm)	有机碳/%	全氮/%	速效氮/(mg/kg)	速效磷/(mg/kg)	速效钾/(mg/kg)
香菇渣	0.278	67.9	5.15	62.8	5.68	2.58	38.7	0.541	342	491	3 138
白菇渣	0.270	72.9	27.9	45.1	7.54	0.59	58.8	0.525	536	478	4 618
平菇渣	0.182	71.2	38.8	32.5	6.29	1.89	61.8	0.577	370	184	7 283
蘑菇渣	0.304	57.3	20.1	37.2	6.50	7.56	22.3	0.275	494	362	3 083
黑木耳渣	0.256	56.7	26.7	30.0	6.63	1.13	48.3	1.23	425	189	2 432
杏鲍菇渣	0.242	64.2	34.5	29.7	6.12	1.08	54.1	1.34	641	922	7 624
草炭	0.221	43.1	14.2	28.9	4.66	0.62	40.9	0.703	441	34.4	715
珍珠岩	0.093	73.6	6.1	67.5	7.99	0.18	0.907	0.045	18.0	13.7	139
蛭石	0.316	77.7	6.3	71.4	8.38	0.88	0.297	0.072	65.4	42.1	94.0
黄酒糟	0.244	56.8	23.6	34.2	5.20	0.86	66.8	1.96	832	387	2 461
茶叶渣	0.196	53.4	27.4	26.1	5.72	0.72	67.7	3.57	582	145	462

表 4-2　不同农业固体废物的 pH 值及电导率分析

废弃物类型	pH 值	电导率/(mS/cm)
白菇渣（江山）*	5.66	0.59
白菇渣（金华）	6.76	1.86
平菇渣（金华）	6.56	5.04
黑木耳渣（龙泉）	7.94	0.27
黑木耳渣（庆元）	4.92	0.64
黑木耳渣（淳安）	5.13	1.18
香菇渣（丽水）	4.11	4.20
杏鲍菇渣（丽水）	6.12	1.08
姬菇渣（淳安）	5.06	1.98
秀珍菇渣（淳安）	5.41	1.87
秀珍菇渣（武义）	7.54	1.13
香菇渣（武义）	3.83	1.72
茶树菇渣（武义）	8.15	0.39

* 该菇渣露天堆放较久，曾受到雨水淋洗，故电导率偏低。

续表

废弃物类型	pH 值	电导率/(mS/cm)
中药渣（杭州）	14.53	6.98
茶叶渣（杭州）	5.72	0.72
黄酒糟（绍兴）	5.18	0.86
醋渣	4.13	3.07
鸭粪、木屑（安徽歙县）	7.07	5.24
山核桃蒲壳	7.22	0.48
椰糠	7.23	1.22
竹屑	5.77	1.02
木屑	5.57	2.09
棉秆	4.74	5.90
稻秆	5.66	3.91
黄瓜藤	7.09	12.88
花生壳	5.25	1.11
松鳞	5.15	0.41
蚕沙	7.52	3.38
牛粪	6.23	3.65
羊粪	8.01	1.68
猪粪	6.72	7.08

根据不同类型基质对材料的选择原则及主要农业固体废物的理化特性，椰糠、酒糟、醋渣、茶叶渣、砻糠、脱水牛粪、农林业加工废弃物（树皮、木屑、山核桃蒲壳、花生壳）、部分菇渣（黑木耳渣、杏鲍菇渣、秀珍菇渣）等适宜用作扦插或育苗基质的材料；除了畜禽粪便以外，其他大部分农业固体废物经过适当处置以后均适宜用作栽培基质；绝大部分农业固体废物可作为改良基质的原材料。

4.2.2　基质的生产工艺

4.2.2.1　基质原材料无害化稳定化处理

农业固体废物原材料往往含有一些病原菌、害虫卵，且理化性质不稳定，直接作为基质利用容易导致农作物病虫害发生，并导致作物伤苗或“烧苗”，所以农业固体废物用于基质组配前必须经过原材料的无害化处理。此外，农业固体废物均为有机原料，作为基质使用也必须经过腐熟稳定化处理，否则会因微生物活动消耗大量氮元素而导致植株缺氮；而经过腐熟后，可以使有机原料性质稳定。农业固体废物无害化稳定化处理的工艺有多种，在生产上较为广泛使用的主要是堆制发酵工艺。

堆制发酵是指有机物料在微生物作用下发生矿质化、腐殖化而变成腐熟物料达到无害化的过程。在微生物分解有机物的过程中，不但生成大量可被植物吸收利用的有效态氮、磷、钾等营养元素，而且还可合成构成土壤肥力的重要活性物质——腐殖质。堆制发酵有好氧和厌氧之分，由于好氧发酵产生的高温可以杀死废弃物中的病原菌及草籽等有害生物，同时加速有机质的降解，使物料快速达到稳定，从而适宜于植株生长。因此，目前农业固体废物无害化处理大多数采用的是好氧发酵。农业固体废物好氧堆制发酵的主要生产工艺技术要求如下。

1. 原材料要求

（1）颗粒大小。适宜的物料粒径对于堆肥的影响至关重要，因为分解都是从物料表面开始的。在相同的体积或者质量下，小颗粒比大颗粒有更大的比表面积，能与微生物、空气和水分充分接触，加速物料降解，但颗粒过小会使供氧状况变弱，影响发酵速度。一般农业固体废物的物料粒径宜控制在 0.5~2 cm。

（2）水分。水在堆制发酵中主要作用为：①溶解有机物，参与微生物的新陈代谢；②水分蒸发时带走热量，调节堆体温度。水分是微生物活动的必要条件，水分的多少直接影响好氧发酵的速度，甚至关系到好氧堆制工艺的成败。因此，水分的控制十分重要。一般堆制物料适宜含水率应保持在 45%~75%，水分过低不利于微生物的生长，水分过高则影响通风透气，导致厌氧发酵，降低发酵速度，延长堆制时间。

（3）碳氮比（C/N 值）。堆制发酵的一个重要因素是堆料的 C/N 值，一般在 20∶1~40∶1 比较适宜。C/N 值小，温度上升很快，但堆层达到的最高温度低；C/N 值大，堆层达到的最高温度高，但温度上升慢。大部分农业固体废物的 C/N 值较高，进行堆制发酵时需加入一定的含氮元素的物料对 C/N 值进行调节，以提高物料的堆制发酵效率。如木屑中的 C/N 值达 50∶1 以上，可加尿素或畜粪进行调节。

（4）酸碱度（pH 值）。一般 pH 值在 6.0~8.0 较适宜，pH 值过高或过低均抑制各种微生物的活动。一般情况下，堆体物料自身有足够的缓冲作用，没有特殊情况，堆制发酵过程中一般不用调节物料的 pH 值。但是，农业固体废物物料的酸碱度过低（pH 值<5.0）或过高（pH 值>8.5）则需要进行调节，以利于好氧堆制发酵。

（5）微生物发酵菌剂。堆体中添加微生物发酵菌剂，可以加速有机物的分解腐熟，促进有机物料中有效氮的释放，使基质的理化性质更易达到适宜范围，从而加快堆制发酵速度，缩短发酵周期。目前报道用于发酵的菌剂主要有 EM 菌剂、酵素菌、腐杆灵、BM 菌剂等。实际操作过程中应根据物料的特性选择相应的发酵菌剂。

2. 过程控制

（1）通气调控。通气是好氧堆制发酵的重要因素之一。在堆制的前期，通气主要是提供给微生物氧气以降解有机物，在堆制的后期则应加大通气量，以冷却堆体及带走水分，达到堆肥体积、质量减少的目的。一般认为堆制中的空气中氧的体积含量保持在 5%~15%比较适宜。

（2）温度调控。堆制发酵的温度在 45~60 ℃最适宜，超过 60 ℃抑制微生物生长，75 ℃以上则会过度消耗有机物料，所以堆体温度过高（≥60 ℃）应及时翻堆。

（3）水分调节。随着堆体温度的上升，物料中的水分由于高温蒸发逐渐减少，当物料含水率降至 40%以下时，应及时向物料中添加水分以保障物料中好氧微生物的正常生长，水分添加可结合物料翻堆同时进行。

3. 堆制发酵

（1）堆制方式。废弃物的堆制方式有多种，如条垛式、槽式、堆肥反应器（塔式、箱式、筒仓式等）、静态爆气等，但通常采用的是条垛式或槽式。

采用条垛式翻抛机进行翻堆和自然通风方式，物料在平地上堆成条垛形，一般条垛高 1.0 ~2.0 m，宽 2.0 ~4.0 m，长度根据场地而定，条垛底部之间间隔 0.5 m 左右，便于翻抛机行走。做堆后在每个堆体的前端插上标牌，标明做堆的起始时间和数量。

为提高场地的利用率及单位面积的处理量，采用槽式发酵方式为宜，即用槽式翻抛机进行翻堆和自然通风方式，物料直接在槽内堆放。一般槽宽 2.5 ~4.0 m，槽的墙高 1.2~1.5 m，槽的长度根据场地而定，最好在 30 m 以上。

（2）发酵菌剂使用。为促进发酵，缩短堆制周期，选择具有纤维高效分解能力、产酸保氮除臭及促进发酵等功能的耐高温菌剂。按物料质量比接种 0.1%~0.3%的固体或液体发酵菌剂。在物料做堆时均匀拌入固体菌剂或喷洒液体菌剂。

（3）翻堆。在农业固体废物物料做堆后 20 d 内，当温度上升到 55 ℃以上时，每隔 3 d 应翻堆一次。物料堆制 20~40 d，每隔 5 d 应翻堆一次。物料堆制 40~60 d，每隔 7 d应翻堆一次。物料堆制 60 d 后，每隔 10 d 应翻堆一次，直至腐熟稳定。翻抛时应做到均匀彻底，尽可能将底层和表层物料与中间物料混匀，达到充分腐熟稳定。

堆制期间，当物料含水率低于 40%时，应给堆体补充水分，采用喷洒方式，边翻堆边喷水，直至物料捏成团无水滴出现，当手松开后有点松散，但又不会完全散开为宜。通常夏、秋季每隔 7~10 d，冬、春季每隔 15~20 d，应进行补充水分。

（4）堆温测定。每天定时测定堆体温度，堆温测定时，将温度计的感应头从堆体表面插入堆体内 20~30 cm 深处，读数稳定后记录温度数值。遇翻堆时，应在翻堆前测定堆体温度。

（5）堆制周期。视物料类型不同，夏、秋季节发酵周期一般为 45~60 d，冬、春季节为 75~90 d。

4. 后熟

条垛发酵堆或发酵槽内的物料经多次翻堆发酵，堆体温度开始持续下降，堆体温度接近堆制车间室温并持续稳定一周时间后，将物料转移至后熟贮存仓库进行堆放后熟，堆放高度控制在 2 m 左右，后熟时间需持续 5~7 d。后熟期间物料应翻动一次。

5. 腐熟判定

腐熟度评价是保证农业固体废物达到无害化、稳定化处理的必要环节，用于腐熟度评价的方法有物理方法、化学方法、微生物活性、酶学分析及植物毒性分析等，其中较常用的判断指标有堆温、C/N 值、铵态氮含量及种子发芽指数等。

（1）堆温。堆体温度在发酵后期随时间推移而逐渐下降，当堆体温度略高出堆制车间室温时，经最后一次翻堆，在堆体温度接近堆制车间室温并持续稳定一周时间，即认为物料已经发酵腐熟。

（2）外观。经堆制发酵后，腐熟物料颜色变深。

（3）气味。经好氧高温发酵达到无害化、稳定化的腐熟物料，应具有轻微的霉味及特有的潮湿泥土气味，无明显氨味和其他恶臭味。

（4）C/N 值。经后熟稳定的物料，C/N 值通常在 15~25。

（5）铵态氮浓度。铵态氮（NH_4^+-N）浓度应小于 400 mg/kg。

（6）植物毒性测定（发芽指数）。种子发芽指数测定参考国家标准《城镇污水处理厂污泥处置　园林绿化用泥质》（GB/T 23486—2009）中的规定要求，腐熟物料的种子发芽指数应不小于 70%。

6. 无害化、稳定化要求

农业固体废物无害化、稳定化处理后用作基质的材料时，可参照表 4-3 中的相关指标。

表 4-3　物料无害化、稳定化控制指标

稳定化方法	控制项目	控制指标
好氧堆制发酵	含水率/%	≤45
	有机物降解率/%	≥30
	蛔虫卵死亡率/%	≥95
	粪大肠菌群菌数/(cfu/g)	≤100

7. 贮存

后熟稳定的物料应搬运至贮存仓库的指定区域进行存放，并设置标明批次、堆制时间、数量等信息的标签。堆放高度控制在 2 m 左右，堆放场所应保持避雨、通风、干燥。贮存物料作为基料供基质配制使用。

8. 管理

（1）记录。在整个发酵过程中，应每日测量记载室温、空气湿度、堆体温度，同时记载每次翻堆日期，发酵堆的出料日期、后熟时间及后熟堆体温度等。

（2）取样与留样。每一批物料堆制前及堆制结束后都要进行取样与留样，从堆体的东南西北中各方向取混合样 2 kg，经均匀混合后，分成 2 份，并加贴标签（标明样品名称、取样日期、样品批次、取样人等），一份送检，另一份备检。

9. 主要设备

农业固体废物堆制发酵所需主要设备有破碎机、粉碎机、筛分机、装载机、翻堆机、传送带、喷淋设备。

4.2.2.2　农业固体废物脱盐工艺

部分含盐量较高的农业固体废物，如果直接用作基质材料容易对作物产生盐害，因此，对这类农业固体废物在基质化利用前需要进行脱盐处置，目前针对农业固体废物盐分脱除的主要工艺有两种。

（1）自然雨淋。将农业固体废物堆放于室外，通过降雨淋洗降低盐分，这种方式适用于南方多雨地区，可结合堆制发酵处理同步进行。自然雨淋脱盐的优点是投资少、成本低，但降盐效率较低，需要较长时间才能使农业固体废物的盐分含量达到基质化利用的要求。

（2）喷淋或浸泡。通过人工喷水淋洗或将物料浸入水中泡洗，使农业固体废物中可溶性盐分迅速降低。该处置工艺效率较高，但需要配备相应的喷淋及浸泡处理设施，一次性投入相对较高，并且处理过程中用水量大，成本也会较高。另一方面还要注意废水的收集与处理。

4.2.2.3　农业固体废物的消毒

针对部分农业固体废物不容易形成高温发酵，或升温慢、高温维持时间短，最高温度低于 55 ℃，物料中的有害微生物及虫卵等杀灭不彻底，这类农业固体废物需要在堆制发酵的基础之上，结合其他一些消毒处置工艺，以达到彻底杀灭物料中的各种病菌。

（1）化学消毒。向物料中添加一定比例的化学消毒剂，如 40%甲醛，稀释 50 倍，均匀喷洒，薄膜覆盖 24 h 等，或将物料堆放 30 cm 高，每隔 20~30 cm 向基质内 15 cm 深处注射 3~5 mL 氯化苦药液，总添加量为 150 mL/m^3，薄膜密封，将注射孔堵死，15~20 ℃下处理 7~10 d。此外，其余化学消毒剂如漂白粉、高锰酸钾、威百亩也经常用于物料的化学消毒。药剂处理一般采用杀虫剂和杀菌剂混拌基质效果较为理想。化学消毒处理需注意密封，防止有毒气体泄漏；冬季要适当延长处理时间；处理地要远离居住区，处理后打开密封要经过 12 d 后才能使用。

（2）蒸汽消毒。将物料置于蒸汽上方，利用蒸汽的高温杀灭有害微生物及虫卵，达到彻底消毒的目的。根据料堆大小，控制蒸汽消毒的时间。

（3）太阳能消毒。利用夏季温室休闲季节，将物料堆成 20~25 cm 高，调节含水率为 80%左右，用塑料薄膜覆盖，暴晒 15 d 左右即可。这种方法也可以用于二次利用基质材料的消毒处理。

4.2.2.4　基质配制

经过无害化、稳定化处理达到腐熟的基质材料，与草炭、珍珠岩、蛭石、土壤或其他材料进行配方基质生产，基质生产工艺一般包含基料破碎与筛分、基质配比、基料搅拌、产品检验、成品包装、产品贮存等过程。

1. 基料破碎与筛分

根据育苗、扦插、栽培、土壤改良剂等不同基质类型对基料成分及颗粒度（粒径）的要求不同，分别为土壤改良剂≤2 cm、栽培基质≤1 cm 和育苗基质≤0.5 cm。不同颗粒度的基质材料要分开放置，并附上醒目的标签，注明基料类型、颗粒大小、日期等。

2. 基质配比

根据不同类型基质对材料性质及颗粒度的要求及确定的配方，将所需的基质材料按照体积比或质量比进行精确组配。

3. 基料混拌

将组配好的基料进行混拌，使不同组分的基质材料充分混合均匀。

4. 成品包装与标识

将混拌均匀的配方基质成品进行装袋封包。产品包装应符合国家标准《固体化学肥料包装》（GB 8569—2009）的规定；基质产品的标识除了按照国家标准《肥料标识、内容和要求》（GB 18382—2001）执行外，一般应在包装袋上标识主要基料的名称、批次和主要产品质量指标，添加特殊材料的基质产品还应标明所添加材料的名称、使用方法和作用机制。

5. 产品贮存

将包装好的基质产品贮存于干燥通风的仓库内，并防止受到有毒有害物质污染。产品在规定的贮存条件下，原包装保质期为 24 个月，开封后应尽快使用，以免发霉变质。

6. 产品运输

基质产品在运输途中应避免日晒雨淋和防止有毒有害物质污染。

7. 基质生产设备

基质生产设备包括破碎机、筛分机、称量设备、传送带、装载机、混配机、封包机等。

8. 质量管理与检测

（1）理化指标检测。在整个生产过程中，应测定记载每批次基料的 pH 值、电导率、颗粒大小组成、孔隙度等基本理化指标，并对每批的基质成品进行 pH 值、电导率、孔隙度、养分含量、铵态氮、硝态氮等基本理化指标的测定分析。每批次随机均匀取混合样品 2 kg，写好标签后，送实验室检测。

（2）有害物质检测。有害物质主要指重金属及有害生物，有下列情况时应检测：①正式生产过程中，基料、配方和工艺等发生变化；②基料或基质产品应定期对产品中有害物质含量进行检验；③其他特殊情况。

（3）生物测定。除了根据基质的理化性质进行基质产品质量控制外，对于育苗或栽培基质产品来说，基质产品的生物测定是质量控制的关键环节，它需要对每一批的基质成品进行随机抽样，然后在控温温室中针对不同功能的基质产品进行育苗或栽培效果的评价，从而最终验证基质产品的应用可靠性。基质产品育苗或栽培效果的评价方法及程序如下：

1）出苗率测定。通过穴盘育苗测定方法来评价，采用 72 孔穴盘，按《蔬菜穴盘育苗通则》（NY/T 2119—2012）及《蔬菜穴盘育苗技术规程》（DB33/T 873—2013）中所述方法进行穴盘育苗的管理及测定，种子发芽率 95%以上时，出苗率不低于 90%。

2）育苗基质效果评价方法。瓜类蔬菜以黄瓜为代表作物，茄果类蔬菜以番茄为代表作物，均选用生产上主栽品种。采用 32 孔穴盘，每批基质配方产品播种一盘，重复 4 次，随机区组排列。播种前蔬菜种子采用常规方法进行温汤浸种，于培养箱中催芽至露白，选择刚刚露白的种子，每穴播一粒。于设施内进行，穴盘下铺一层塑料薄膜，为保证水分供应充足、均一，采用下吸式灌水。设施内光、温、气按常规育苗管理，并尽可能保持均匀一致。当黄瓜幼苗长至 2 叶一心期，番茄幼苗达到 3 叶一心期，开始对幼苗的生长状况进行评价，具体评价指标及方法参照表 4-4。对各基质配方处理逐项记分，根据各项目所占的比重统计总得分，当基质产品的综合评分高于 4 分时，该批基质产品可以进行生产应用。

表 4-4　蔬菜幼苗表观性状记分方法

项目	出苗率	叶色	叶片	植株	茎秆	根系	猝倒病发病率
占比	15%	10%	10%	15%	10%	25%	15%
5 分	≥95%	绿	大而厚	健壮	粗	白，长且多	≤3%
4 分	≥90%	浅绿	大或厚	略徒长	较粗	白，长且较少	3%~5%
3 分	≥80%	偏黄	较大	较徒长	略粗	略褐，较长且少	5%~8%
2 分	≥70%	黄或深绿	小或薄	徒长或矮缩	细	略褐，短且少	8%~10%
1 分	≤70%	枯黄或深绿边缘焦	小又薄	极徒长或极矮缩	极细	褐色，短、少	≥10%
记分方法	以数值最高的为 5 分，最低的为 1 分，分别记分						

3）基质栽培效果评价。瓜类蔬菜以黄瓜为代表作物，茄果类蔬菜以番茄为代表作物，均选用生产上主栽品种。每个基质配方处理种植 30 株，重复 4 次，随机区组排列，以土壤栽培为对照。大棚设施内进行，株行距、肥水管理等与常规栽培相同。植株定植后定期记载幼苗成活率、缓苗时间、生长势；根据相关的考查记载结果，综合评价各基质产品的栽培效果。与对照相比，基质栽培的作物未见异常，则该基质产品可以进行生产应用。

农业固体废物基质化利用产品生产工艺流程如图 4-1 所示。

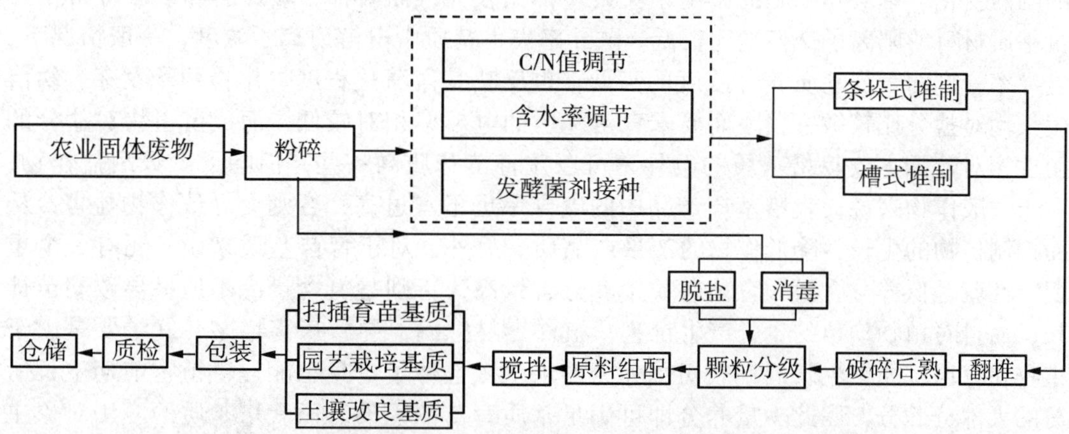

图 4-1　农业固体废物基质化利用产品生产工艺流程

4.3　基质产品的理化特性与配制原则

育苗基质、栽培基质和改良基质等三大类型基质产品由于使用对象的不同对基质理化特性的需求存在差异，从而也使不同类型的基质产品的质量特性及配方基质产品的配制原则存在很大的不同。

4.3.1　不同类型基质产品的理化特性要求

4.3.1.1　基质的物理特性要求

对作物生长影响较大的基质物理特性主要有容重、总孔隙度、通气孔隙度、持水孔隙度、大小孔隙比等。同等材料如果容重太大，说明基质过于紧实，通气透水性比较差；如果基质容重太小，虽然基质通气透水性好，但是不利于根系的固定，植株易倒伏。相对来说，扦插育苗基质主要用于作物幼苗的培育，要求基质的容重应较小，材料的颗粒度应较细小，以利于增加基质与种子接触的表面积；而栽培基质主要用于成苗的栽培，由于植株体较大，要求基质具有较大的容重，以利于保持植株根系的固定，防止倒伏。基质的孔隙度反映基质的通气与持水特性，通气孔隙和持水孔隙比过大，说明通气强而持水不足，基质过于疏松，种植作物时要增加浇水次数；而如果通气孔隙和持水孔隙的比过小，说明持水过多而通气不足，易造成基质内蓄水，易对作物根系造成不良影响。相对于扦插育苗基质来说，栽培基质作物的根系发达，对水分的需求量更大，通气孔隙和持水孔隙度的比值应相应较高。

4.3.1.2 基质的化学特性要求

基质的化学特性主要包括酸碱度（pH 值）、阳离子交换量（CEC）和电导率（EC）、养分浓度等。基质 pH 值与材料的 pH 值及混合比例有关，也与使用过程中水肥管理有关。pH 值主要影响基质养分的有效性，特别是微量元素的有效性，也影响基质中微生物类群及其活性，pH 值太高，会使基质中的中、微量元素的有效性降低，导致植物缺元素，pH 值太低则容易对植物的根系产生毒害作用，因此，基质产品中的 pH 值应维持在弱酸性到中性的范围较合适。阳离子交换量大可以防止养分被淋溶和 pH 值的剧烈变化。草炭和堆肥的阳离子交换量都比较大，而岩棉、珍珠岩和沙子等常用无机基质材料的阳离子交换量比较低。电导率表示基质中电解质离子浓度，一般情况下，电导率一方面表征基质养分浓度的高低，也反映其盐渍化程度。作物种子发芽、幼苗生长均对盐分比较敏感，因而要求育苗基质的电导率相对较低。而成苗植物对盐分的耐性相对较强，故栽培基质的电导率可以比育苗基质高一些，但除了少数耐盐作物，对于一般作物来说，栽培基质产品中的电导率也不宜过高，否则会导致作物盐害，从而抑制植物的生长，降低作物的产量或品质。另外，对于育苗基质来说，还有一个重要特性就是低养分含量，育苗基质中养分含量高，特别是氮含量高不但易导致幼苗徒长，而且对植物幼苗的生长产生毒害，植株容易感病，导致病害增多。这主要是由于植物在育苗基质中生长周期较短，养分需求少，且种子自身也能提供植物前期生长所需的大部分养分，因此少量养分即可满足基质育苗的需要。而栽培基质的应用对象主要是成苗，对氮、磷、钾等养分的需求量较大，因此基质产品中应含有较高量的营养元素或添加缓释肥，以满足作物生长的需要。

4.3.2 基质配制的一般原则

参照不同类型基质产品的理化特性需求及不同基质材料的理化性质，根据当地的实际情况，选用价廉易得的农业固体废物，如菇渣、作物秸秆、酒糟、茶叶渣、沼渣、木屑、树皮、果壳等为主要原料，辅之以草炭、珍珠岩、蛭石、岩棉、沙子、土壤及有机肥、化肥等材料，将各种材料按照一定比例进行组合配比，以满足植物育苗、栽培等生产需要。

（1）育苗基质的配制。目前，育苗的商品基质主要以草炭、珍珠岩、蛭石等作为基质材料。从材料的理化特性来讲，很多农业固体废物与草炭类似，所以农业固体废物主要通过替代草炭用作育苗基质材料；从育苗基质的理化特性需求来说，宜选择颗粒小、总孔隙度大、pH 值呈现弱酸性或中性且电导率较低的农业固体废物材料来替代草炭，但细颗粒的农业固体废物往往持水性较好但通气性较差，所以农业固体废物用作育苗基质时应搭配较粗颗粒的珍珠岩、蛭石等材料以增强基质的通透性。其次，作为育苗基质的一些特殊需求如通过添加适量黏土等基质材料，使基质与植物根系更容易成团，从而增强幼苗移栽的成活率与缓苗速度，这些需求在育苗基质配制中也应加以考虑。此外，育苗基质对养分的需求较少，在基质配制时只要添加适当比例的商品有机肥或缓释肥就可以满足一般植物苗期生长的需要。

（2）栽培基质的配制。相对于育苗基质来说，栽培基质的应用对象一般为成苗或大苗，栽培基质的配制宜选用容重较大、颗粒相对较大的农业固体废物，并配以适量的较细小材料，以增强基质的持水保肥能力。其次，栽培植物对养分的需求多并相对较耐盐。因此，栽培基质配制可适当选用可溶性盐分与养分含量较高的农业固体废物，并通过添加有机肥、化肥等形式补充基质产品中的养分。

（3）改良基质的配制。改良基质主要用作障碍土壤改良，改良基质所需求的理化性质范围较宽泛，因此改良基质的配方可以相对粗放。很多农业固体废物可以直接用作改良基质材料，或者利用农业固体废物与生活污泥、土壤及其他材料组配后作为改良基质在非耕地、边坡覆绿等应用。

4.3.3　基质产品质量标准

由于基质材料的复杂性和作物种类的多样性，制定全国统一的标准难度大，至今仍没有基质产品质量的国家标准，目前仅有林业行业标准《绿化用有机基质》（LY/T 1970—2011），农业行业标准《蔬菜育苗基质》（NY/T 2118—2012），浙江省地方标准《蔬菜穴盘育苗技术规程》（DB 33/T 873—2012）等，对基质的物理化学特性、重金属含量等质量安全指标做了相应的限定，但由于各类标准制定时参考的依据不一致及基质不同理化指标测定方法的差异，导致同一理化指标在不同基质标准中限定值存在较大的差异。为此，参照已有的基质标准及其他文献资料，对不同类型基质产品的理化及有害物质指标进行归纳，见表 4-5。

表 4-5　不同类型基质产品质量要求

项目	改良基质	扦插/育苗基质	园艺栽培基质	测定方法
不同粒径产品的质量分数/%	≥80(≤30 mm)	≥98(≤5 mm)	≥90(≤15 mm)	LY/T 1970—2011 附录 A 筛分法
杂物(粒径<2 mm)/%	≤5	≤1	≤1	LY/T 1970—2011 附录 B 质量法
容重/(g/cm^3)	0.1~0.8	0.2~0.6	0.1~0.8	LY/T 1970—2011 附录 C 环刀法
总孔隙度/%	—	≥60	—	LY/T 1970—2011 附录 C 环刀法

续表

项目	改良基质	扦插/育苗基质	园艺栽培基质	测定方法
通气孔隙度/%	≥15	≥20	≥20	LY/T 1970—2011 附录 C 环刀法
气水比	—	1∶(2~4)	—	LY/T 1970—2011 附录 C 环刀法
pH 值	4.5~9.5	5.0~7.8	5.0~8.0	LY/T 1239
电导率/(mS/cm)	0.5~3.0	≤0.65	0.35~1.5	LY/T 1251
含水率/%	≤35	≤35	≤35	NY/T 302
有机质/%	≥20	—	≥15	NY 525—2012
总养分	≥2.5	—	≥1.5	NY 525—2012
阳离子交换量（以 NH_4^+ 计)/(cmol/kg)	—	≥15.0	—	LY/T 1243
水解性氮/(mg/kg)	—	50~500	—	LY/T 1229
有效磷/(mg/kg)	—	10~100	—	LY/T 1233
有效钾/(mg/kg)	—	50~600	—	LY/T 1236
硝态氮/铵态氮	—	(4∶1)~(6∶1)	—	
交换性钙/(mg/kg)	—	50~200	—	LY/T 1245
交换性镁/(mg/kg)	—	25~100	—	LY/T 1245
总镉（干基)/(mg/kg)	≤5.0	≤1.5	≤3.0	GB/T 17141
总汞（干基)/(mg/kg)	≤5.0	≤1.0	≤3.0	GB/T 17136
总铅（干基)/(mg/kg)	≤400	≤120	≤300	GB/T 17141
总铬（干基)/(mg/kg)	≤300	≤70	≤200	GB/T 17137
总砷（干基)/(mg/kg)	≤35	≤10	≤20	GB/T 22105.2
总镍（干基)/(mg/kg)	≤250	≤60	≤200	GB/T 17139
总锌（干基)/(mg/kg)	≤1 800	≤300	≤1 000	GB/T 17138
总铜（干基)/(mg/kg)	≤500	≤150	≤300	GB/T 17138

4.4 基质产品的应用

我国设施农业生产规模不断发展，而多数生产者仍在沿用一些传统的做法，如采用营养土育苗，容易感染土传病菌，导致作物连作障碍不断加重，这严重制约了设施农业生产的发展。为了解决设施栽培中存在的一些问题，生产中提出增施有机肥料、进行土壤消毒、采用嫁接苗等措施，但这些措施并不能完全解决带病菌苗移栽和设施土壤障碍等问题。实践证明，基质育苗和无土（基质）栽培是克服带病苗移栽和设施栽培连作障碍等问题的有效办法，也是生产高效、优质、安全农产品的重要途径。因此，大力推广应用基质育苗，发展设施基质栽培，对缓解和有效控制设施生产连作障碍，减少化学农药和化肥用量，减轻农业面源污染，保护耕地土壤生态环境，促进现代设施农业可持续发展都是很有必要的。

4.4.1　育苗基质的应用现状及发展前景

育苗基质的应用范围主要包括蔬菜育苗、粮食作物育苗、园艺中的花卉育苗及绿化扦插育苗等。育苗技术源于美国，历经 30 余年发展，现已趋于成熟完善，并普及推广到世界五大洲。目前，新型的现代化蔬菜、花卉育苗体系-工厂化穴盘育苗技术发展迅速，正逐步替代传统的育苗方式。育苗基质使用的主要优点是省工、省力、成本低、效率高，便于优良品种推广和规范育苗管理，成苗便于远距离运输和机械化移栽，定植后根系活力好，缓苗快。

4.4.1.1　蔬菜育苗基质的应用现状及发展前景

目前，蔬菜现代化育苗方式已成为欧美一些国家专业化商品苗生产的主要方式，在美国等发达国家已形成一个新的行业。但在我国育苗基质应用的时间还较短，仍然处于摸索和积累经验的阶段。我国的设施农业生产仍以农民分散种植为主，虽然大棚设施栽培发展很快，但与其相配套的先进生产技术研究和应用却远远滞后，大部分菜农仍在沿用带病土壤育苗，加上长期设施栽培后土壤环境恶化、蔬菜病虫害严重、产量降低、品质差的现象越来越严重，一些设施内甚至无法继续进行高效种植利用，造成了极大的资源浪费和经济损失。据浙江省统计年鉴显示，全省自 2007 年以来，蔬菜产业一直处于高速发展期，2013 年全省蔬菜产值已达到 427. 75 亿元，全省现有蔬菜种植面积约 1 000 万亩，其中设施蔬菜种植面积为 150 万亩。目前应用育苗基质较多的蔬菜主要有茄果类（番茄、茄子、辣椒）、十字花科（西蓝花、花菜）及瓜类等，但目前应用基质育苗的蔬菜种植面积不到总种植面积的 10%。据估计，浙江省需经过营养钵育苗的茄果类蔬菜（番茄、茄子、辣椒）有 90 多万亩、瓜类蔬菜（长瓜、黄瓜、南瓜、丝瓜、冬瓜等）有 87 万亩、西甜瓜有 135 万亩，加上西蓝花、甘蓝等占总播种面积的1/3 以上，如果 50%通过基质化育苗，则蔬菜育苗基质的需求量相当可观。而目前浙江省蔬菜育苗基质来源主要有本省以及省外等少数几家育苗基质生产企业，育苗基质生产量远不能满足蔬菜生产发展对育苗基质的需求量。而且当前育苗基质以草炭为主，因草炭资源有限，导致育苗基质生产成本不断增加。利用农业固体废物开发新型育苗基质，一方面能够减少草炭等不可再生资源的使用，保护自然生态环境；另一方面可以充分利用农业生产过程中产生的废弃物，减少农业面源污染，降低基质生产成本。因此，寻找一种来源广泛、价格低廉、对环境无污染、理化性质稳定和便于工厂化规模生产的农业固体废物材料，已经成为未来基质产业化发展的趋势。大量的研究表明，锯末、树皮、芦苇末、木屑、稻壳等在作为育苗基质中表现出较理想的效果。浙江省农业科学院废弃物资源化利用研究室通过多年研究，利用黑木耳渣、杏鲍菇渣、黄酒糟、茶叶渣等农业固体废物为主要材料，成功开发出了茄果类及瓜类蔬菜育苗基质多个，农业固体废物草炭替代率达到 50%以上，取得了良好的社会、经济与生态效益。因此，利用农业固体废物替代草炭资源进行育苗基质开发利用，具有很强的技术实用性与经济可行性，发展前景被一致看好。

4.4.1.2 水稻育秧基质的应用现状及发展前景

水稻是我国重要的粮食作物，水稻栽培主要是育苗移栽，该技术以作业集中、节省用种、有利于增加复种指数并充分利用光能，一直以来被广泛采用并得以不断完善和发展。而水稻生长周期较短，因此秧苗质量是水稻高产的基础。随着水稻种植面积的增加，育秧取土越来越困难，育苗过程出现的秧苗病害问题也日趋严重，开发水稻育秧基质不仅可以很好地解决取土问题，并且可以培育出质量更好的秧苗，为水稻的增产提供支持。近年来，随着水稻机插秧面积扩大及旱育秧技术的普及，水稻育秧基质需求不断增加。李蕊等利用牛粪堆肥、腐熟菌菇和中药渣与无机矿物配制育秧基质对水稻秧苗的生长及防治秧苗立枯病的发生起到了良好的应用效果。仲海洲利用菇渣、酒糟及生活污泥配成的育秧基质在浙江省内不同水稻育秧基地均表现出了很好的效果，并建立了一套水稻秧盘苗质量评价体系。随着我国水稻种植集约化、规模化、机械化水平的不断提高，利用农业固体废物开发水稻育秧基质进行工厂化育秧逐渐成为一种趋势。浙江省对水稻育秧基质的需求近年来也迅猛发展，2013 年水稻旱育秧、直播和抛秧栽培面积 771. 73 万亩，其中水稻旱育秧栽培面积 231. 51 万亩、水稻抛秧栽培面积 61. 51 万亩、水稻直播栽培面积 478. 90 万亩。具基质育秧潜力的旱育秧和抛秧栽培总面积 293. 02 万亩。据农业厅推广部门统计，2013 年浙江省基质育秧面积已达 60 万亩，且以每年 30%以上的速度在飞速上升，因此水稻育秧基质的发展潜力还很大。

4.4.2 栽培基质的应用现状及发展前景

栽培基质的应用范围包括设施蔬菜栽培、花卉苗木栽培、阳台农业栽培、屋顶绿化栽培及非耕地栽培等。栽培基质早期主要应用于花卉苗木的容器栽培，随后逐渐在设施蔬菜栽培上开始应用，近年来，随着阳台农业与居家农业的迅速发展，栽培基质的使用范围开始逐步扩展至屋顶、露台、阳台等植物栽培的新方向，并逐步在非耕地栽培上获得了一定面积的应用。栽培基质的广泛应用在克服土壤障碍、防控作物土传病害、促进作物生长、提高作物产量、改善作物品质等方面发挥了重要作用。

国内园艺生产最初使用的栽培基质多为进口基质，往往价格高、配方单一，为此国产化基质生产逐步发展起来，但国内栽培基质专业化生产尚在起步阶段，品种少、规模不大，远不能满足园艺生产规模化发展的需要。近几年来，国内在栽培基质开发上已进入了一个新的发展阶段，随着容器花卉苗木的快速发展，国内外利用农业固体废物替代土壤、草炭、岩棉等不可再生资源开发生产栽培基质日益增多。青岛市农业科学研究院用当地蘑菇渣、棉籽壳、猪粪、炉灰渣配制的复合基质在茄果类、瓜类、叶菜类等蔬菜作物栽培上取得了明显的效果；上海市农业科学院与浙江大学、南京农业大学合作研究利用稻草为原料进行蔬菜栽培试验也取得了理想的效果；锦大农业科技有限公司用稻壳及牛粪大量生产球场草坪用基质；还有研究者以菇渣、园林绿化废弃物、小麦秸秆三种堆腐产物为主要原料研发成功百合栽培基质。大量研究表明，很多农业固体废物经过一定的加工处理后均可用作栽培基质的原料，如椰子壳、酒糟、松树皮、核桃壳、秸秆、畜禽养殖固体废物等，因此利用农业固体废物生产多样化、无害化、经济型的栽培基质，将是今后国内外园艺基质开发的主要方向。在西方国家尤其是北美、北欧，根据不同用途和目的利用农业固体废物进行混合配方来加工基质的方法，已为广大种植业主接受。我国由于受传统栽培观念的影响，加工技术刚刚起步，设施简陋，技术尚未成型，以农业固体废物为主要材料开发的栽培基质品种和数量有限，产业化进程落后，远未能满足园艺栽培的需要。

基质无土栽培作为现代农业的一项新技术，用于栽培花卉、蔬菜，具有土壤栽培无法比拟的优势，显示出强大的生命力。在发达国家基质无土栽培是园艺栽培的主要形式之一，荷兰等国基质无土栽培面积占温室面积的90%以上。我国是居世界第一位的设施园艺大国，但基质无土栽培面积所占的比例不足10%。随着我国种植业结构的调整，花卉、蔬菜产业由传统的个体形式向规模化、市场化的方式转变，基质无土栽培越来越受到人们的重视。基质栽培在设施园艺中的地位日渐突出，近年来基质栽培的面积大幅度增加。因此，通过农业固体废物进行园艺栽培基质的产业化利用研究，开发出适合我国国情的专用栽培基质，实现农业固体废物的循环利用，具有广阔的发展前景。

4.5　农业固体废物食用菌栽培基质化利用

食用菌是21世纪人类继植物性食物、动物性食物之后的第三大食物来源。食用菌种类繁多，世界上已被描述的真菌达到12万余种，能形成大型子实体或菌核组织的达6 000多种，可供食用的有2 000余种，能大面积人工栽培的有50多种。我国的食用菌资源十分丰富，已知的食用菌约1 000种，它们分属41科、132属。其中担子菌占90%以上，适宜人工栽培的主要有香菇、黑木耳、草菇、蘑菇、金针菇、秀珍菇、杏鲍菇、鸡腿菇、银耳、竹荪、口蘑、红菇、灵芝、松露、百灵和牛肝菌等；子囊菌属仅占约6%，适宜人工栽培的主要有羊肚菌、马鞍菌、块菌等。

我国食用菌产量占世界总产量的80%以上。食用菌生产具有“不与农争时，不与人争粮、不与粮争地、不与地争肥，占地少、用水少、投资小、见效快”等优点，能把农业固体废物中营养成分转化成可供人类食用的优质高蛋白健康食品，是延长农业产业链和生态农业的重要组成部分。因此，在发展都市农业、效益农业的今天，食用菌产业越来越受到人们的青睐，成为近年来农民增收的一大新亮点。大力发展食用菌产业是贯彻落实科学发展观、促进农业生态良性循环、建设资源节约型生态高效农业、实现农业可持续发展的重要选择，也是解决“三农”问题、增加农民收入、建设社会主义新农村的重要举措。这项技术的应用推广，使农业资源多级增值，既可以大量利用农业固体废物，减少环境污染，又可增加农民收益。同时，利用农业固体废物栽培食用菌实现资源化，可以有效促进食用菌产业与种植业、养殖业等有机结合，实现物质与能量的循环转化，对于提高农业固体废物利用的价值和效率，改善农业生态环境，降低农业生产成本等具有重要意义。

4.5.1　农业固体废物基料的特性及选用

栽培基料为食用菌菌丝体提供水分和营养的有机、无机混合物。传统的食用菌栽培大多选用木材、木屑等作为基料主材，但这种栽培方式对森林资源的消耗太大已经逐渐被禁止使用，因此，寻求食用菌栽培基质的替代材料显得尤为迫切。研究表明，很多农业固体废物中含有丰富的纤维素、半纤维素、木质素及食用菌生长所必需的各种营养元素，是替代传统基质材料进行食用菌栽培的良好介质。但不同种类的农业固体废物基料成分各异，如秸秆含有较高量的纤维素；核桃壳含有较高量的木质素及抑菌成分单宁，纤维素含量相对较低；畜禽粪便、沼渣中除了含有较高量的纤维素外，还含有丰富的氮、磷、钾、钙、镁、铜、锌等营养元素；茶枝、桑枝、棉籽壳等则以纤维素和木质素为主要成分。食用菌栽培基料常用农业固体废物的理化性质见表 4-6。

表 4-6　食用菌栽培基料常用农业固体废物的理化性质

品种	主要成分	粗纤维素/%	木质素/%	pH 值	营养元素	灰分/%
秸秆	纤维素、半纤维素、木质素	66.70	20.00	—	N、P、K、Ca、S	11.70~16.94
核桃壳	纤维素、木质素、单宁	26.06	53.81	5.04	Ca、Fe、Mg、P、S	1.46~2.53
黄姜渣	纤维素、蛋白质	43.00	45.00	5.50~6.00	Fe、Zn、Ca、P	8.92
沼渣	纤维素、半纤维素、木质素	66.70	15.60	7.0~7.5	N、P、K、Ca	17.70
茶枝	纤维素、半纤维素、木质素	96.5	—	—	—	4.79~4.93
桑枝	纤维素、半纤维素、木质素、蛋白质	74.82	18.80	—	K、Ca、P、Fe、Zn	1.57
棉籽壳	纤维素、半纤维素、木质素	48.00	32.00	—	P、K、Ca	2.36
阔叶木	纤维素、半纤维素、木质素	76.18	23.04	—	N、P、K、Na、Ca	4.10
牛粪	纤维素、半纤维素、木质素、蛋白质	43.60	22.56	7.50	N、P、Ca	23.20

资料来源：熊兀等，2014。

目前生产中主要选用农业固体废物中的棉籽壳、秸秆、木屑、树枝、树皮、稻草、药渣、牛粪等作为栽培用基料。除此之外，沼渣、茶枝和桑枝等新型基料也得到了广泛的应用。由于不同农业固体废物成分及含量存在差异，其适宜栽培食用菌的品种和基料配比不尽相同，如表 4-7 所示，秸秆适宜栽培的食用菌种类较多，其次为核桃壳、桑枝条、黄姜渣等。但现在的食用菌栽培中往往是几种农业固体废物材料的组合，其栽培效果比单一材料更好，这也成了农业固体废物食用菌基质化利用的主要发展方向。

表 4–7　不同农业固体废物适宜栽培的食用菌及栽培配比

农业固体废物	适宜栽培的食用菌	所占比例	常用配方及配比
秸秆	平菇	50%	玉米秸秆 50%、木屑 23%、麦麸 25%
	香菇	60%	高粱秆 60%、麦麸 10%
	鸡腿菇	75%	玉米秸秆 75%、棉籽壳 10%、麦麸 5%、豆秆 3%
	白灵菇	75%	豆秆 75%、棉籽壳 25%、麦麸 5%
	杏鲍菇	85%	玉米秸秆 85%、麦麸 10%
	姬松茸	75%	烟秆 75%、牛粪 19%
核桃壳	平菇、香菇、鸡腿菇	50%~70%	核桃壳 50%~70%、木屑 10%~38%、麦麸 18%
黄姜渣	平菇、香菇、杏鲍菇	50%	黄姜渣 50%、杂木屑 38%、麦麸 10%
沼渣	双孢蘑菇	60%	沼渣 60%、药渣 35%、秸秆 5%
茶枝	灵芝	70%	茶枝 70%、杂木屑 20%、麦麸 8%
桑树	杏鲍菇、秀珍菇、黑木耳	60%	桑枝 60%、棉籽壳 25%、麦麸 12%
药渣	鸡腿菇	60%	药渣 60%、棉籽壳 20%、麦麸 18%
牛粪	平菇	52%	牛粪 52%、秸秆 35%、麦麸 10%

资料来源：熊兀等，2014。

4.5.2　食用菌栽培工艺

农业固体废物食用菌栽培利用的标准化工艺流程一般包括以下几个方面。

4.5.2.1　配料

栽培基料是食用菌生长的营养物质基础，基料配方直接影响食用菌产量、质量，影响栽培效益甚至栽培的成败。栽培基料配制的基本原则是：首先根据所栽培菇种的生物学特性选择栽培原料、配制 C/N 值适宜的配方，其次根据栽培学和经济利用率确定适宜用量。

4.5.2.2　拌料

拌料的目的是使配方各组分混合均匀一致，并调节合适的含水量。拌料的关键点主要有两个：一是搅拌促使原材料混合均匀，保持湿度的均一性；二是确保在搅拌的过程中不致使原料酸败。因此，拌料时应注意做好以下几方面：①针对不同原材料采取不同的调湿方法，木屑可以通过室外日晒雨淋，以提高自身含水量；棉籽壳可在搅拌前浸入水池中，使其充分吸水，从而减少搅拌的时间。②由于玉米芯含有丰富的糖质，搅拌需要的时间长，不马上装料灭菌容易引起酸败，因此应采用浸水短期预湿的方法使其增加含水量，以减少搅拌时间。③营养辅料如麸皮、米糠、玉米粉等极易酸败的物质，应先将主料搅拌调湿，在装料前 0.5 h 将营养辅料倒入搅拌，1.5 h 内完成装瓶（袋），并立即灭菌。④高温季节，在搅拌机上方安装风扇，及时排除搅拌过程中产生的热量，以避免和减轻发热、酸败。

4.5.2.3 装瓶（袋）

装瓶（袋）是指将基料均匀地装入栽培用的容器（瓶或袋）中。装料要求：①每锅料在装瓶（袋）时，基料的含水量必须均匀一致，根据不同菇种和栽培原料确定含水率，一般为63%~65%。②上紧下松，使基料通气良好，发菌速度快。③瓶与瓶之间，或袋与袋之间装料松紧一致，使每瓶（袋）的装料量一致，每瓶质量误差在±20 g之内；瓶肩、袋壁无空隙，栽培基料之间的空隙度一致，确保菌丝发菌的均一性，从而保证出菇的均一性。

4.5.2.4 消毒灭菌

消毒灭菌是工厂化生产中的重要环节，消毒的目的是利用高温、高压将基料中的微生物（含孢子）全部杀死，达到无菌状态。工厂化生产中消毒灭菌不彻底，是成品率低甚至失败的主要原因之一。消毒灭菌应注意以下几点：①灭菌锅内的数量和密度按规定放置，如果放置数量过大、密度过高，蒸汽穿透力受到影响，灭菌时间要相对延长。②在消毒灭菌前期，尤其是高温季节，应用大流量蒸汽或猛火升温，尽快使料温达到100 ℃以上，如果长时间消毒锅内温度达不到100 ℃，基料仍然在酸败，消毒后基料会变黑，pH值下降，影响发菌和出菇。③高压灭菌在保温灭菌前必须排空冷气，使消毒锅内温度均匀一致，基料在121 ℃保温1.5~2 h。④如果基料的配方变化，基质之间的空隙可能会变小或变大，消毒程序也要做相应的调整，否则可能会导致污染或能源的浪费。⑤采用全自动灭菌锅在灭菌结束后都有脱气过程，使锅内外压力平衡，便于锅门打开，应安装空气过滤装置使外界空气通过过滤装置回流到灭菌锅内，以免影响灭菌的效果。

4.5.2.5 冷却

由于在冷却的过程中存在冷热空气的交换，这样栽培瓶（袋）就可能在冷却室中造成冷空气回流带来的污染，因此对冷却室有以下要求：①冷却室必须进行清洁消毒，最好安装空气净化机，至少保持10 000级的净化度。②冷却室中的制冷机应设置为内循环，要求功率大，降温快，在最短的时间内将栽培瓶（袋）降至合适的温度（如金针菇16~18 ℃），可减少空气的交换率，降低污染的风险。

4.5.2.6 接种

接种是最容易引起污染的环节，因此是食用菌工厂化生产中控制污染，确保成品率的环节。接种要求包括硬件与软件，应注意以下几方面：①接种室必须有空调设备，使室内温度保持18~20 ℃。②接种室的地面必须易于清理，最好用环氧树脂等无尘材料。③接种时由于有栽培种传输至外操作区域，所以室内必须保持一定的正压状态，且新风的引入必须经过高效过滤，室内保持10 000级，接种机区域保持100级。④接种室必须安装紫外灯或臭氧发生器，对室内定期进行消毒、杀菌，紫外灯安装时注意角度和安装位置，使接种室消毒均匀全面。⑤接种操作前后相关器皿、工具必须用75%的酒精擦洗、浸泡或火焰灼烧。⑥接种操作的过程中人员必须按无菌操作要求进行。⑦菌棒接种时，在中间打直径1.5~2.0 cm的接种孔，边打孔边接种。

4.5.2.7　发菌培养

培养必须置于清洁干净、黑暗、恒温、恒湿，并且能定时通风的环境中。发菌培养过程中导致污染的主要杂菌有青霉、木霉、根霉、链孢霉等。杂菌污染症状与原因包括：①同一灭菌批次的栽培瓶（袋）全部污染杂菌。原因是灭菌不彻底，或高温烧菌。②同一灭菌批次的栽培瓶（袋）部分集中发生杂菌污染。原因是灭菌锅内有死角，温度分布不均匀，部分灭菌不彻底。③以每瓶原种为单位，所接瓶子发生连续污染。原因是原种带杂菌。④随机零星污染杂菌。原因是栽培瓶在冷却过程中吸入了冷空气，或接种、培养时感染杂菌。正常情况下（室温 18～20 ℃，料温 23～25 ℃），接种后发菌时间：金针菇 20～23 d，杏鲍菇 20～35 d，姬菇 30～35 d（配方不同天数有所改变），然后再经过 30～60 d 的后熟培养，即可搔菌或催蕾出菇。

4.5.2.8　出菇管理（以金针菇为例）

（1）搔菌。菌丝发满后就可搔菌，深度一般为瓶肩起始位置。搔菌有两个作用：一是进行机械刺激，有利出菇；二是搔平基料表面，使将来出菇整齐。搔菌注意事项：①及时挑出感染杂菌的栽培瓶（袋）。②搔菌必须均匀一致，如用搔菌机搔得不彻底的区域必须手工搔平，因为这些区域在催蕾时最易出菇，导致出菇不整齐，给后期管理带来不便。③搔菌后瓶（袋）口必须擦干净，不留基料，以免后期采菇时沾上菇柄而影响品质。④如瓶（袋）中间或底部有 1～2 cm 未发满，但其余部分菌丝浓白、均匀，可正常搔菌。

（2）催蕾。催蕾时温度保持在 15～16 ℃，相对湿度 90%左右，CO_2 浓度控制在 0.15%以下，并且每天给予 1 h 的 50～100 lx 的散射光，经过 8～10 d 后即可现蕾。较好的现蕾方式有两种：一种是料面仅出现密密麻麻的针头大小的淡黄绿色水滴，原基随后形成；另一种是料面起初形成一层白色的棉状物（菌膜），一般不超过 3 mm 厚，然后白色的菇蕾破膜而出。整个料面布满白色的、整齐的菇蕾，数量可达 800～1 000 个。如果瓶口黄水出现较多，或者连成一片呈眼泪状，或者色深如酱油色，则很可能是湿度过高的原因。催蕾室的制冷机，除了制冷效果好，降温迅速外，应对湿度的影响小，只有这样才能保证催蕾室具有均匀的湿度。

（3）缓冲。当菇蕾长至 13～15 mm 长时，需转移到缓冲室进行缓冲处理。缓冲室的温、湿度条件介于催蕾室与抑制室之间，温度为 8～10 ℃，湿度为 85%～90%。缓冲的目的是不让抵抗力弱的子实体枯死，增强其抵抗力。缓冲 2～3 d 后即可转移至抑制室进行抑制处理。

（4）抑制。抑制室的温度为 3～5 ℃，湿度为 70%～80%，抑制的目的是抑大促小，生长快的子实体受抑制较为明显，从而达到子实体生长整齐的目的。抑制的方法主要为光照抑制和吹风抑制两种。光照抑制是每天在 10 h 内分几次用 500～1 000 lx 的光照射；吹风抑制步骤是头两天吹 15～20 cm/s 的弱风，后两天吹 40～50 cm/s 的较强的风，最后两天吹 80～100 cm/s 的强风，这样经一周后就能达到子实体高度整齐的目的。

（5）生育。幼菇经抑制后即可转移至生育室，生育室的温度为 7～9 ℃，湿度为 75%～80%，CO_2 浓度控制在 0.15%以下。待幼菇长出瓶口 2～3 cm 时，及时套上纸筒，以使小气候 CO_2 浓度增加，从而起到促柄抑盖的效果，经一周的时间菇可长到筒口的高度，为 13~14 cm。关键点：①生育室的栽培瓶（袋）不要改变位置，以防引起菌柄的扭曲。②室内保持良好的通风，以防柄变粗或柄中间形成凹线，影响菇的品质。③简易菇房可采用的抑盖方法：等菇长至 8 cm 高时，在纸筒上方覆盖报纸，减少空气流通，可以使菇盖很小。④长势好的栽培瓶应该有 250~400 个子实体。

（6）采收及包装。当子实体长至瓶口，菇高 13~14 cm 时，即可采收。采用玉米芯为主要原料的每瓶产量可达 160~180 g，木屑为主要原料的每瓶产量 140~160 g。一般出口产品标准为：柄长 13~14 cm，菇盖直径小于 1 cm，没有畸形，菇柄粗细均匀，直径普遍小于 25 mm 或更细，挺直无弯曲现象，菇体色泽洁白，含水量低。

利用农业固体废物栽培食用菌的工艺流程如图 4-2 所示。

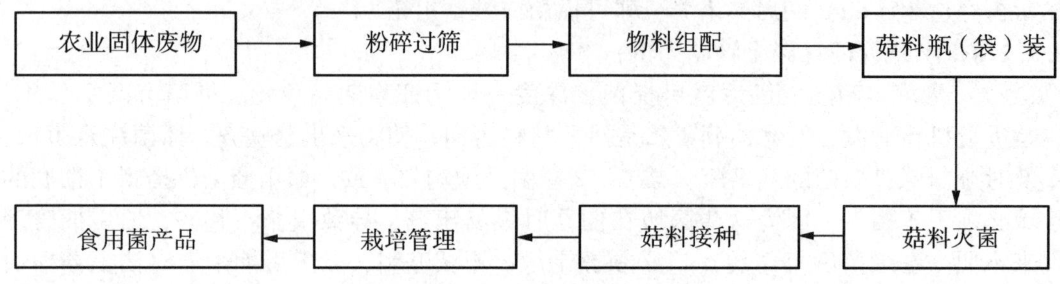

图 4-2　利用农业固体废物栽培食用菌的工艺流程

思考题

1. 农业固体废物基质化利用的意义是什么？
2. 为什么农业固体废物作为基质化利用前必须进行无害化处置？
3. 农业固体废物作为食用菌栽培利用的物质基础有哪些？
4. 农业固体废物作为蔬菜育苗基质利用的现状及发展趋势如何？

第 5 章　农业固体废物饲料化利用技术

农业固体废物的饲料化主要包括植物纤维性固体废物的饲料化和动物性固体废物的饲料化。农业固体废物中含有大量的蛋白质和纤维类物质，经过适当的技术处理便可作为畜禽和水产饲料应用。农业固体废物饲料化利用的方法包括粉碎等物理方法、酸碱处理等化学方法和微生物发酵等生物转化方法。植物纤维性废物主要指秸秆。当前我国各类秸秆的年产生量近 9 亿 t，能用作饲料的数量约为 1.6 亿 t，相当于 3.67 亿 hm^2 天然草地的产草量，其相应的养殖量约为 4.67 亿只羊单位，占我国草食畜养殖总量的 3/4。秸秆大多可以直接饲喂，经过一定的加工处理，可以提高其营养利用率和经济效益。

动物性固体废物的饲料化主要指畜禽粪便和加工下脚料的饲料化。畜禽粪便中含有许多未被利用的营养物质，如干燥鸡粪有效能值为 7 524 kJ/kg，含粗蛋白 23%～31.3%，粗脂肪 8%～10%，无氮浸出物 20%以上，含有丰富的钙、磷和微量元素，还有各种生命体必需的氨基酸和大量维生素，过去在饲料资源紧缺时期，通过特定的物理、化学和生物方法处理后作为饲料用于喂猪、养鱼。但由于动物性固体废物的直接饲料化存在一定的安全隐患，目前人们对动物性固体废物的直接饲料化利用观点不一致，主要由于该产业的食物链太短，如果处理过程控制和管理不当，可能带来灾难性的风险。从保障食品安全的角度，不提倡将畜禽粪便作为动物饲料使用。近几年利用昆虫处理动物性固体废物转化成蛋白后再饲料化利用的相关产业正在兴起，联合国粮食及农业组织（FAO）2013 年 7 月出版的《可食用昆虫：食物和饲料保障的未来前景》报告指出，到 2050 年全球人口将达到 90 亿，现有土地、水域和海洋资源将被利用到极限，多种农业固体废物通过昆虫与微生物转化生产新的蛋白质、油脂等新资源，具有广阔的发展前景。

5.1　植物纤维类农业固体废物的饲料化利用

5.1.1　概述

可用作饲料的植物纤维性农业固体废物主要是指农作物秸秆。农作物秸秆可以直接用作动物饲料，但因营养价值低或可消化性低导致直接饲喂不易被动物高效吸收利用，需要对其进一步加工处理以改进其营养价值，提高适口性和利用率。农作物秸秆经过适当处理，可大大改善其营养价值和可消化性，给畜牧养殖带来巨大的经济效益。秸秆饲料的加工调制方法一般可分为物理处理、化学处理和生物处理三种。物理处理主要通过机械加工、辐射、挤压膨化、气爆膨化等措施，使其结构松散，降低秸秆粗纤维素结晶度，使秸秆类饲料适口性变好，采食率和消化率得以提高。化学处理主要通过 NaOH 碱化 、氨化、氧化等方式。NaOH 等碱化处理的作用是打破粗纤维中醚键和酯键，溶去大部分木质素和硅酸盐，从而提高秸秆饲料的营养价值；氧化剂如 SO_2、O_3、H_2O_2 等的作用主要是破坏木质素，溶解半纤维素，从而增加纤维素和细胞壁的接触面积，提高饲料消化率。生物处理包括微生物处理和黄粉虫、蚯蚓等低等动物转化。微生物处理主要采用青贮、发酵、酶解、微贮等手段，通过有益微生物的代谢生命活动，改变秸秆类饲料的消化率、营养价值和适口性。低等动物（黄粉虫、蚯蚓等）生物转化是近年来正在兴起的一种新的秸秆类农业固体废物蛋白转化方式，它通过饲喂黄粉虫、蚯蚓等获得饲料蛋白。秸秆类农业固体废物经处理后作为饲料是一种具有很高综合效益的利用模式，应用前景广阔。

5.1.2 直接利用

直接用作饲料的植物纤维类农业固体废物主要有麦秆、玉米秆、稻草、豆秆、番薯藤、花生藤、瓜藤、瓜叶、菜叶等。植物纤维类农业固体废物含有动物所需的蛋白、纤维、脂肪及矿质元素等营养物质（表 5-1），如玉米秸秆含有 30%以上的碳水化合物，2 kg 的玉米秸秆增重净能相当于 1 kg 的玉米籽粒。有研究者估算，目前我国约有 30%的植物纤维类农业固体废物直接用作饲料。秸秆直接加工成颗粒、压缩饲料现在已进入商品化规模生产阶段，用于生产秸秆饲料的专用机械设备也有很多。

表 5-1 各种秸秆营养成分含量 单位:%

组分	玉米秸秆	豆秸秆	麦秸秆
粗蛋白质	≥6	≥6.7	≥4
粗纤维	≥34	≥23.1	≥43
粗脂肪	≥1.6	≥1.2	≥1.3
无氮浸出物	≥45	≥56	≥29
钙	≥0.59	≥0.6	≥0.18
磷	≥0.11	≥0.02	≥0.05
水分	≤14	≤14	≤14
灰分	≤10	≤4.2	≤7

5.1.3 物理处理

植物纤维性固体废物进行适当物理处理，可提高其营养价值和消化率。物理处理技术工艺相对简单，主要有：①粉碎揉搓加工软化技术，使秸秆变碎变软，利于家禽采食和咀嚼，增加可消化吸收的总营养成分，减少采食过程中的能量损耗。②压块、制粒技术，农作物秸秆经铡切、烘干、压制成块后，便于运输与贮存，适口性和饲喂价值也明显提高。③热喷技术，是 20 世纪 90 年代兴起的一项新技术。秸秆类农业固体废物经粉碎、挤压膨化或气爆膨化处理后，原料受到热效应和喷放机械效应作用后，结构改变，提高了消化率。

5.1.4 化学处理（秸秆氨化）

秸秆氨化饲料技术是在密闭条件下，在玉米、稻、麦等农作物秸秆中加入一定比例的液氨、氨水或尿素等进行处理的方法。通过氨化处理，使秸秆饲料质地柔软蓬松，脆性增强，气味煳香，使原来反刍家畜难以利用的营养成分被充分利用，提高粗纤维饲料消化率，改善适口性。

5.1.4.1 氨化原理

氨化处理破坏了连接秸秆木质素与多糖之间的酯键，促使木质素与纤维素、半纤维素分离，纤维素及半纤维素部分分解。氨是一种碱性物质，它可使秸秆的木质化纤维膨胀，结构疏松，提高渗透性，使消化酶更易与之接触，改善原料的适口性，秸秆的营养价值及消化率得到提高。但秸秆氨化处理对于纤维素、半纤维素和木质素的酵解作用比较小，消化能及总能均不太高，一般适用于喂养牛、羊等反刍动物。

5.1.4.2 氨化工艺

1. 氨化原料、氨源质量要求

（1）氨化原料。主要以麦秸、稻秸、玉米秸、谷草等农作物秸秆为主。用于氨化的秸秆原料必须不发霉、不腐烂、不变质，不含泥土等杂质，水分含量达到 30%～40%，水分不够，需要补足水分。农作物秸秆可以铡碎，也可以脱粒后整株堆垛氨化。铡碎的目的在于易于压实，同时增加氨化原料与氨源的接触面。

（2）氨源及用量。用于氨化饲料的氨源主要有液氨（含氮量约 82%），尿素（含氮量约 46%），碳铵（含氮量约 17%），氨水（含氮量不等，多数含氮 20% 左右）。氨源的用量按照秸秆的质量比进行添加，通常液氨用量为风干秸秆的 3%，尿素用量为风干秸秆的 4%～5%，碳铵用量为风干秸秆的 8%～12%。

（3）氨化条件控制。秸秆氨化处理周期长短随气温高低而不同。气温低于 5 ℃，需 2 个月以上；气温 5～10 ℃，需 1～2 月；气温 10～20 ℃，需半个月至 1 个月；气温 20～30 ℃，需 1～2 周；气温高于 30 ℃，只需 5～7 d。秸秆氨化结束后，就可开窖取料。开窖取料依据喂多少取多少的原则，用后即封严窖口，取出的氨化饲料要晾晒 1～2 d 后方可饲喂家畜。

2. 氨化方法

目前，生产上主要采用的氨化方法有三种，即堆垛法、窖（池）氨化法和塑料袋氨化法。氨化秸秆可以平地堆垛氨化，也可以用池（窖），氨化池（窖）最好为砖混水泥池，氨化贮池（窖）深度不超过 2 m。秸秆氨化处理后用厚的塑料薄膜覆盖密封氨化秸秆垛或氨化池（窖），氨化条垛（池或窖）大小依氨化秸秆垛数量及家畜饲养量而定。氨化池，多数是一池两用，夏季搞氨化，秋季搞青贮。氨化场地要求地势高，易于排水，距饲养场要近，便于运输，饲喂方便，远离火源。

（1）堆垛氨化法。选择背风、向阳、地势高、平整的地方（水泥场地更佳），铺上一块无毒的聚乙烯薄膜，将秸秆堆成垛，打捆草垛较散草垛更好。堆垛前，可将部分粗硬的秸秆切碎，以避免秸秆刺破塑料薄膜，也便于饲喂。在打捆或堆垛前将秸秆含水量调整到 20%以上，再将氨源水溶液逐层均匀地喷洒在秸秆上，边喷洒边翻搅，使溶液与秸秆充分接触后进行打捆或直接堆垛。堆垛高度一般为 1.5～2 m，堆垛后用无毒聚乙烯塑料薄膜盖严，四周边缘要与底部垫底的塑料薄膜闭合密封，然后用沙袋或泥土压紧踏实。若用液氨氨化处理，在距地面 0.5 m 处插入液氨枪至堆垛中心，缓慢地拧开氨瓶的阀门，注入相当于风干秸秆质量 3%的液氨，然后关闭氨瓶阀门，待 4~5 min 拔出氨枪，用胶带把塑料罩膜的注氨孔封闭。

（2）氨化池（窖）氨化法。先将秸秆切成长 1.2~2 cm 的小段，按照每层 30 cm 的厚度进行均匀铺设，然后按风干秸秆质量比用温水配制好的氨溶液均匀地喷洒在每层的秸秆上，喷完后压实。当秸秆装满池（窖）后，经充分压实再用塑料薄膜盖好池口封顶，四周（上面）用土覆盖密封并踩实，原料要高出地面 30~50 cm，以防雨水渗入，并经常检查，如发现裂缝要及时补好。

（3）塑料袋氨化法。切断的秸秆用氨源水溶液（氨水、尿素等）均匀喷洒后，装满塑料袋，排出空气，封严袋口，放在向阳干燥处。

秸秆氨化的技术路线如图 5-1 所示。

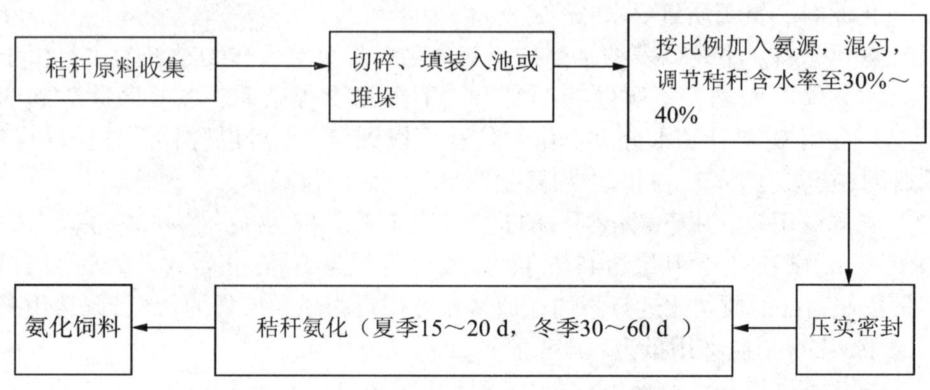

图 5-1　秸秆氨化技术路线

5.1.4.3　氨化饲料的质量控制

氨化秸秆饲料品质的评定主要采用三种方法，即感官评定、化学评定和生物评定。

1. 感官评定

氨化秸秆饲料可通过色、香、味等感官品质进行鉴定，一般来说，经氨化的秸秆在色泽上呈褐色或深褐色，无光泽，原有光泽消失。在气味上，麦秸余氨释放后，呈煳香味。氨化的玉米秸秆气味略有不同，既有青贮的酸香味，又有刺鼻的氨味。优良的氨化秸秆质地松散，手感柔软，容易揉成团，放开手，团又散开，秸秆容易被拉断。若发现氨化秸秆大部分已发霉时，则不能用于饲喂家畜。氨化秸秆饲料质量感官法评定标准见表 5-2。

表 5-2　氨化秸秆饲料质量感官法评定标准

评定内容	氨化秸秆饲料质量			
	氨化好	未氨化好	霉变	腐烂
色泽	新鲜秸秆呈深黄色或黄褐色，发亮，颜色越深质量越好；陈年秸秆呈褐色或灰色	颜色与氨化前相同	呈白色，或发黑，有霉点	呈深红色或酱色
气味	开封时有强烈氨味，放氨后呈煳香或酸面包味	无氨味，仍为普通秸秆味	强烈的霉味	有霉烂味
质地	柔软、松散放氨后干燥	无变化，仍较坚硬	变糟，有时发黏	发黏，出现酱块状
温度	手插入感觉温度不高	手插入感觉温度不高	手插入有发热感	手插入有发热感

资料来源：刘向阳，2002。

2. 化学评定

化学评定主要是通过分析秸秆氨化前后各项主要指标（如干物质消化率、粗蛋白等），来判定秸秆氨化的质量。根据氨化后秸秆粗蛋白质量分数提高率（A），可分为 3 个等级：优等（$A \geqslant 140\%$）、良好（$100 \leqslant A < 140$）和合格（$60 \leqslant A < 100$）。

3. 生物评定

生物评定是利用反刍动物瘤胃瘘管尼龙袋新技术测定秸秆消化率的方法。根据秸秆氨化后 48 h 的降解率增加值，可分为 3 个等级：优等（10%～12%）、良好（7%～9%）和合格（5%～6%）。

5.1.5　青贮利用

青贮秸秆的含水率一般在 60% 以上，茎叶为绿色或大部分为绿色时进行贮制，称为青贮。秸秆含水率较低，茎叶大部分已变成黄色时进行贮制，习惯上称为青黄贮或黄贮，实际生产中将青贮和青黄贮统称为青贮。玉米适时收割，全株青贮，是最理想的青贮饲料。收获玉米籽实后，将秸秆贮制，称为秸秆青贮饲料，秸秆青贮饲料的营养价值低于全株青贮。秸秆收割越晚，青贮效果越差。因此，秸秆青贮是粮饲兼用的一项有效措施。

5.1.5.1　青贮原理

秸秆青贮处理法又称自然发酵法，其原理是在自然条件下，将新鲜秸秆切碎填入密闭的青贮窖或青贮塔后密封，通过乳酸菌等有益微生物的作用，对青绿秸秆进行厌氧发酵，使原来粗硬的秸秆变软熟化，改善适口性，增加原料的营养价值和可消化率，提高秸秆的利用率；同时使秸秆酸化，抑制各种有害微生物的繁殖，从而使新鲜秸秆长期保存其营养成分。青贮是秸秆处理诸多方法中最适用的方法之一，具有操作简单、容易推广、规模可大可小、制作成本低等优点。通过青贮技术处理的秸秆饲料在口味、营养及生物化学功能上独具特色。但是青贮对纤维素消化率提高甚微，一般用于喂饲牛、羊等反刍动物，很少喂饲猪、鸡等非反刍畜禽。该技术适用的秸秆类型主要有玉米秸秆、高粱秸秆、鲜豆秆、鲜笋壳、茭白茎叶、番薯藤等。

5.1.5.2 青贮工艺

目前常用的青贮方法有窖贮、塔贮和袋贮（青贮包）三种。青贮的操作步骤为：将秸秆切成 2~3 cm 长的碎段，在青贮池内逐层铺放，并按各种家畜对能量饲料的需求，加入适量的玉米粉、麦麸、米糠等精料，每层均反复踩实，用塑料薄膜密封 30 d 后即可饲用。青贮秸秆可保存半年之久。秸秆青贮的技术路线如图 5-2 所示。

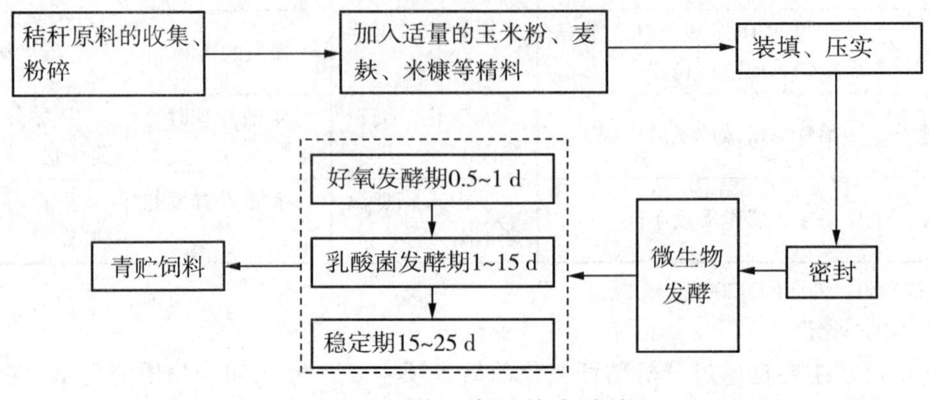

图 5-2 秸秆青贮技术路线

5.1.5.3 青贮饲料的质量控制

青贮饲料的优劣一般经感官、经验即可初步判定，其感官要求见表 5-3。

表 5-3 青贮饲料感官要求

质量等级	颜色	气味	酸味	结构	可饲喂的家畜
优良	青绿或黄绿色，有光泽，近于原色	有芳香酒酸味，给人以好感	浓	湿润、紧密，茎、叶、花保持原状，容易分离	可饲喂各种家畜
中等	黄褐或暗褐色	有刺鼻酸味，香味淡	中等	茎、叶、花部分保持原状。柔软、水分稍多	可饲喂除妊娠家畜和幼畜以外的各种家畜
低劣	黑色、褐色或暗墨绿色	具特殊刺鼻腐臭味或霉味	淡	腐烂、污泥状，黏滑、干燥或黏结成块，无结构	不宜饲喂任何家畜，洗涤后也不能使用

资料来源：安徽省地方标准（DB 34/T 650—2006）。

还可通过检测分析等手段进一步判定其优劣，最简单的检测即青贮饲料的 pH 值测定，质量优质的青贮饲料 pH 值为 3.8~4.5，一般质量的青贮饲料 pH 值为 4.6~5.3，质量低劣的青贮饲料 pH 值为 5.4~6.0。

5.1.5.4 青贮改进法

青贮饲料的改进法有秸秆微贮，它是利用人工接种微生物菌剂对农作物秸秆（青、黄秸秆均可）进行厌氧发酵处理的一种方法，通过加入微生物高效活性菌种，将秸秆放入密封的容器中（如水泥青贮窖池或青贮包）贮藏，经过微生物发酵，使农作物秸秆变成具有酸香味、草食家畜喜食的饲料。秸秆经微生物发酵可使粗纤维得到有效降解并经生物转化，合成氨基酸、脂肪酸、菌体蛋白及维生素等，产生酵酸等特殊风味，改善了秸秆的适口性，提高了其营养价值。秸秆微贮菌剂目前已有商业生产。利用农作物秸秆经机械加工、打捆打包和微生物菌剂发酵处理生产青贮饲料发展迅速，可实现标准化、商品化及产业化，是今后秸秆青贮饲料的发展趋势。

秸秆青贮的研究现在还有多种复合处理的方法，如酶解法加青贮发酵等。秸秆先通过酶解处理，发酵过程中利用纤维素酶降解秸秆中粗纤维的大分子碳链，从而提高秸秆的消化率。

5.1.6　低等动物转化利用

利用低等动物取食菜叶、秸秆等农业固体废物，在分解、消纳大量农业固体废物的同时，转化生产出畜禽、水产等养殖所需的动物蛋白饲料。用于农业固体废物处理的低等动物主要有黄粉虫、蚯蚓等，以下以黄粉虫为例说明。

黄粉虫饲养是继家蚕和蜜蜂之后的第三大经济昆虫产业。黄粉虫又名面包虫，蛋白质含量高达 56%，脂肪含量达 30%，此外还含有磷、钾、铁、钠、铝等常量元素和多种微量元素，被称为“蛋白饲料宝库”。黄粉虫是养殖鸡、鸟、蛙、鱼类的优质饲料，其虫粪既可作为饲料也可作为肥料。传统养殖黄粉虫主要以麦麸为主要饲料，导致其养殖成本居高不下，限制了其应用。现有的研究表明，多数秸秆类农业固体废物可作为黄粉虫的饲料，从而开辟了黄粉虫养殖的新饲料来源，成为秸秆类农业固体废物饲料化利用的新途径。

5.1.6.1　黄粉虫的特性

黄粉虫在昆虫分类学上隶属于鞘翅目，拟步行虫科，粉虫甲属。黄粉虫生长过程分成虫、卵、幼虫、蛹四个形态期。黄粉虫蛹长 15~19 mm，乳白色或黄褐色，无毛，有光泽，鞘翅伸达第三腹节，腹部向腹面弯曲明显，蛹期 8~15 d，蛹羽化变为成虫。黄粉虫蛹在 25 ℃以上、相对湿度为 65%~75%时能正常羽化。羽化后成虫逐渐变黄变褐，最后变成黑色。成虫体长 12~20 mm，椭圆形，有翅膀但不会飞，主要靠爬行。成虫最适生长温度为 25~30 ℃，在 20 ℃以上方能越冬。成虫在羽化约 6 d 后开始交配产卵，每只成虫产卵 26 枚左右，产卵期长达 5 个月，一只雌成虫一生产卵 2 000 枚以上。虫卵长 1~1.5 mm，长圆形，乳白色，卵壳较脆软，易破裂。虫卵外有黏液，可黏附一层虫粪和饲料，能起到保护作用。黄粉虫卵一般堆积成团状或散产于饲料中。卵在室温 28 ℃经 7 d 左右孵出幼虫。黄粉虫幼虫一般体长 29~35 mm，体壁较硬，无大毛，有光泽，虫体为黄褐色。幼虫喜欢群居。幼虫的生长期一般为 85~130 d，平均为 120 d。幼虫在室温下，5~7 d 蜕一次皮，一般经过 10~15 龄期（蜕皮 1 次为 1 个龄期），在长约 1.8 cm 时开始化蛹。黄粉虫从卵发育至成虫的整个生长周期需 110~133 d。

5.1.6.2　黄粉虫的养殖工艺

黄粉虫养殖技术及工艺已非常成熟，已可实现规模化生产。

（1）养虫设备。幼虫较理想饲养设施是采用四方木盒立架饲养，木盒内壁光滑，深 15 cm 以上，防止虫子外爬。成虫产卵养殖管理，可采用上、下两层的木盒（80 cm×

210 cm，深 10 cm)，上层养殖成虫，下层为产卵箱。上层木盒底部用 0.3 mm 铁丝网钉紧，撒入麸皮、蔬菜叶、瓜果皮等，任其自由采食，在撒饲料时，厚度不能超过 1 cm。成虫产卵时把尾部伸出铁丝网将卵产到下层产卵箱，产卵箱里可铺上一层麸皮以免被损坏。当成虫产卵 7 d 左右即换产卵箱。当卵孵出幼虫，随着虫子的逐渐长大，及时添加饲料，用 0.25 mm 筛网定期筛除虫粪。黄粉虫饲养场所应采取防鼠、防鸟、防壁虎、防蚂蚁等措施，并防止阳光直接照射和空气污染与噪声。

(2) 饲料。黄粉虫的食料来源广泛，可采用麦麸、玉米面、豆粕、胡萝卜、蔬菜残体、瓜果皮及农作物秸秆等。各种食料搭配适当，对黄粉虫的生长发育有利，而且节省饲料。

(3) 温度。黄粉虫最适生长温度为 25~30 ℃，2 ℃是它的生存界限，10 ℃是发育起点，8 ℃以下进入冬眠。4 龄以上幼虫，当气温在 26 ℃时，饲料含水率在 15%~18%时，群体温度会高出周围环境 10 ℃，达到 35 ℃以上，应及时降温，防止温度超过 38 ℃。

(4) 湿度。黄粉虫养殖适宜的相对湿度为 60%~70%，如养殖室内过于干燥，可洒清水，湿度过大要及时通风。

(5) 光照。黄粉虫生性怕光，雌性成虫在光线较暗的地方产卵多，养殖过程中应避免强光照射。

黄粉虫养殖工艺技术路线如图 5-3 所示。

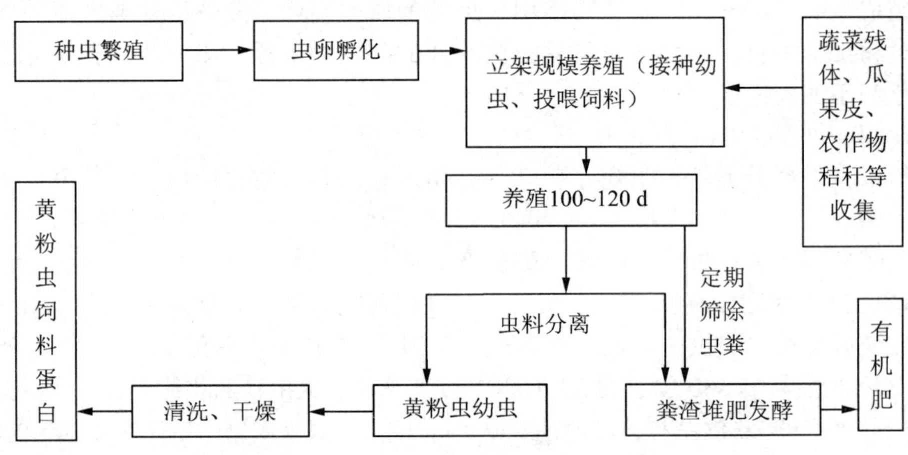

图 5-3 黄粉虫养殖工艺技术路线

5.1.7 微生物转化利用

利用可生产单细胞蛋白（single cell protein，SCP）的微生物将秸秆类农业固体废物转化为高活性单细胞蛋白，已经成为当今全球研究的热点。

微生物通过分泌酶降解秸秆类农业固体废物中的多糖和木质素，在合成菌体自身蛋白的同时，破坏了木质素、纤维素等相互连接的共价键，一方面使与木质素交联在一起的纤维素和半纤维素游离出来，另一方面使秸秆细胞壁内可利用的碳水化合物和其他营养物质暴露出来，增加了秸秆与动物消化液接触的机会，从而提高了秸秆的消化率。

5.1.7.1　单细胞蛋白的概念

单细胞蛋白，又称生物菌体蛋白或微生物蛋白，是指酵母菌、霉菌、非致病性细菌等单细胞微生物体。单细胞蛋白营养物质极为丰富，菌体所含蛋白质含量一般为 40%~80%，还含有多种维生素、碳水化合物、脂类及动物必需的 8 种氨基酸等。目前单细胞蛋白是公认的最具前景的蛋白质新资源之一，对解决饲料蛋白不足具有重要意义。

5.1.7.2　单细胞蛋白生产工艺

在利用植物性废弃物生产单细胞蛋白中，以稻草为原料的研究较多，目前研究的焦点主要集中在原料的预处理工艺与高效、高产混合菌株的筛选与制备等方面。

（1）原料预处理。农作物秸秆的预处理一般应先进行机械粉碎等物理处理或稀酸、稀碱等化学处理及物理化学联合处理，并调节固态发酵物料含水率至 30%~70%，C/N 值为 25 左右，同时根据菌种的特性调节物料的 pH 值，然后对原料进行消毒灭菌等。

（2）菌种选择。以秸秆为主要原料生产饲料菌体蛋白，往往采用多菌种混合发酵。混合发酵要求菌种既可以快速分解纤维素，又能够利用有机氮转化为菌体蛋白，能够产生多种分解酶，合成和分泌更多的营养物质，能够改变原料的适口性，并不产生有毒物质；如果用固体好氧发酵，还需选用耐高温的菌株。菌种在组合上通常应包括纤维素分解菌、氮素转化菌。产纤维素酶的优良菌株多为木霉属，如木霉、康宁木霉、绿色木霉、长柄木霉，也有用曲霉、白曲霉、黑曲霉、宇佐美曲霉；产蛋白菌一般为酵母菌，且主要采用近平滑假丝酵母、产阮假丝酵母、热带假丝酵母、啤酒酵母、酿酒酵母等。

（3）单细胞蛋白制备方式。利用农业固体废物制备单细胞蛋白的方式主要有三种：①将原料经纤维素酶、半纤维素酶等酶解糖化后，再用酵母等微生物发酵扩繁生产单细胞蛋白。②直接利用纤维素和半纤维素分解菌和酵母菌同步糖化发酵菌体转化单细胞蛋白，包括液态发酵和固态发酵。③利用纤维素、半纤维素水解液为原料，通过微生物发酵生产单细胞蛋白。

微生物单细胞蛋白生产就其发酵方式而言，主要有液体发酵和固体发酵两种方式。单细胞蛋白液体发酵、固体发酵的一般工艺流程分别如图 5-4、图 5-5 所示。

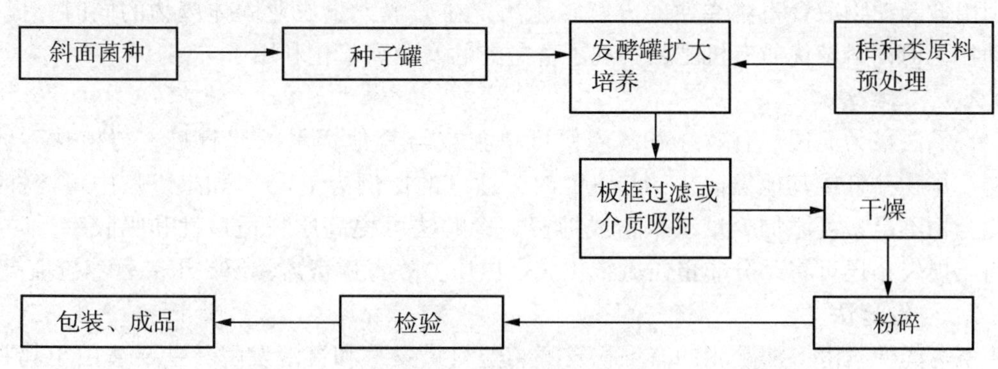

图 5-4　单细胞蛋白液体发酵的一般工艺流程

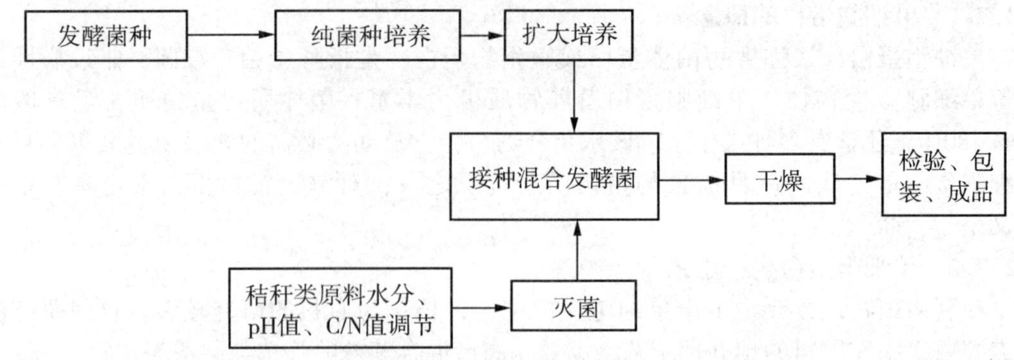

图 5-5　单细胞蛋白固体发酵的一般工艺流程

5.2　畜禽养殖固体废物的饲料化利用

5.2.1　概述

畜禽粪便中含有大量未消化的粗蛋白、粗纤维、粗脂肪及一定矿物质元素、B 族维生素等营养元素，部分畜禽粪便可经热喷、发酵、干燥等方法加工处理作为饲料原料掺入饲料中利用。但由于动物性废物直接饲料化存在一定的安全隐患，可能带来灾难性的风险，因此并不提倡。国家农业行业标准《绿色食品畜禽饲料及饲料添加剂使用准则》（NY/T 471—2010）中则明确规定饲料原料遵循不使用同源动物性饲料的原则，不应使用畜禽粪便。近几年来利用昆虫处理畜禽养殖固体废物转化蛋白饲料成为各国研究和关注的热点，通过昆虫转化生产新的蛋白质、油脂等资源，具有广阔的发展前景。

5.2.2　主要利用方法

畜禽粪便直接饲料化利用的处理方法主要有青贮法、发酵法、热喷干燥法等，但这些方法生产的饲料产品均存在潜在的安全风险，随着社会对食品安全的日益关注和管理的日渐严苛，畜禽粪便直接饲料化利用方式将逐步趋于淘汰。近几年来发展起来的利用低等动物取食畜禽粪便的分解转化法，在分解大量农业固体废物的同时，提供了动物蛋白饲料及优质有机肥，实现了畜禽粪的安全高值化利用。

5.2.2.1　青贮法

青贮法最为简便、有效，畜禽粪便可单独或与其他饲料一起青贮。与植株残体、草料、作物秸秆或其他粗饲料一起青贮时，适宜的比例为 1∶1。如果青贮中可溶性碳水化合物不足，可添加少量玉米粉或糖蜜。青贮法可提高原料适口性和吸收率，防止蛋白质损失，还可将部分非蛋白氮转化成蛋白质，故青贮畜禽粪便比干粪营养价值高。

5.2.2.2　发酵法

畜禽粪便发酵方法常用的有堆积发酵、塑料袋发酵和窖池发酵，主要适用于鸡粪。可先将鲜鸡粪与麸皮等混合制备成复合培养基料，再接种酵母、米曲霉与白地霉等适宜菌株进行固态发酵。发酵物料经高温杀菌去除病菌后，可替代部分配合饲料。

5.2.2.3　热喷干燥法

该方法是利用高温、高压条件下物料快速减压后膨胀的原理，类似制作“爆米花”。畜禽粪便先经日晒干燥，使水分含量降到30%以下，然后装入热喷机中，在压力为0.8 MPa、温度为212 ℃左右的蒸汽中蒸3~4 min，当压力增加至1.2 MPa时，突然喷放，即成热喷畜禽粪便。热喷畜禽粪便似鱼粉样，具有无菌、无臭、膨松、味香、适口性好等特点。

5.2.2.4　低等动物处理转化法

该方法利用部分低等动物（如苍蝇、水虻、蚯蚓和蜗牛等）喜好食用畜禽粪便等废弃物的特性，在人为控制条件下，采用畜禽养殖固体废物养殖低等动物进行生物转化，达到既能处理畜禽粪便又能生产动物蛋白的目的。这种方法比较经济，生态效益显著。

5.2.3　低等动物转化利用

利用低等动物转化畜禽养殖固体废物时，适宜畜禽养殖固体废物转化的低等动物主要有蝇蛆、水虻、蚯蚓和蜗牛等。

5.2.3.1　鲜猪（鸡）粪蝇蛆转化利用

1. 养殖蝇蛆优势

利用鲜猪（鸡）粪养殖蝇蛆，投入少，成本低，周期短。家蝇繁殖能力强，一对苍蝇一年繁殖10~20代，四个月可产2 660亿个蝇蛆。蝇蛆（干蛆）中蛋白质含量高达56%，和鱼粉相近，其必需氨基酸含量占氨基酸总量的47.72%，超过FAO/WHO建议的优良蛋白质必需氨基酸应占氨基酸总量40%的标准。除了富含蛋白质、脂肪、糖类等基础营养成分外，蝇蛆还富含多种生理活性物质。蝇蛆既可用作禽畜和鱼类的鲜活饵料，也可作为替代鱼粉的动物蛋白饲料，开发蝇蛆作为新型饲料蛋白源成为缓解我国当前饲料蛋白原料缺乏的途径之一。

2. 养殖工艺流程

苍蝇属于“完全变态昆虫”，一生经历卵、幼虫（蝇蛆）、蛹（蝇种）和成虫（苍蝇）4个阶段。卵历期1 d，蝇蛆历期5~7 d，蛹历期3~4 d，苍蝇羽化4 d后性成熟，并开始交配产卵。蝇卵孵化发育时间为12~24 h，孵化温度以20~25 ℃较适宜，孵化时间随着温度的升高而缩短，最适宜卵孵化的湿度为75%~80%；用鲜猪（鸡）粪养殖蝇蛆，其物料的厚度一般为5~10 cm，物料的干湿度应掌握在45%~65%为宜，物料温度5~35 ℃均可，适宜饲养温度为15~30 ℃，温度偏高蛆料适当薄些；反之，冬季温度偏低蛆料可适当增厚。利用鲜猪（鸡）粪养殖蝇蛆，一般养殖5~7 d后即可通过蛆粪分离，获得鲜蝇蛆和粪渣。鲜蝇蛆既可作为鲜活饲料，又可烘干作为饲料昆虫蛋白作为水产养殖饲料中鱼粉的替代品。利用畜禽粪养殖蝇蛆等生产昆虫饲料蛋白的技术及工艺已日趋完善，并已实现规模化生产。其养殖技术工艺流程如图5-6所示。

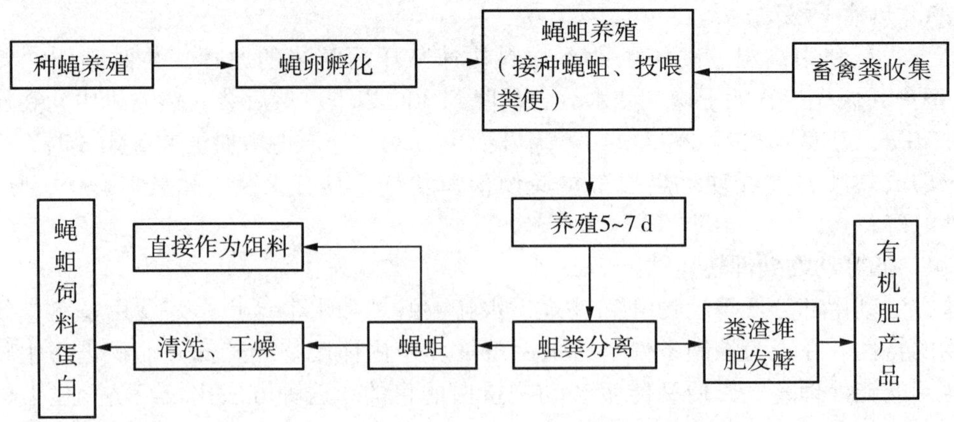

图 5-6　畜禽粪蝇蛆养殖技术工艺流程

5.2.3.2　牛粪蚯蚓转化利用

1. 养殖蚯蚓优势

蚯蚓是无脊椎环节动物门寡毛纲类动物的通称，体长60~120 mm，体重0.7~4.0 g，身体呈圆柱形，两侧对称。蚯蚓具有分节现象，由100多个体节组成，在第11节以后，每节的背部中央有背孔，除了身体前两节之外，其余各节均具有刚毛。蚯蚓为雌雄同体，异体交配受精繁育，幼蚯蚓4个月发育成熟，生殖时借由环带产生卵茧，繁殖下一代。蚯蚓富含蛋白质、脂肪和碳水化合物，粗蛋白含量高达72%，并含有人体所需的氨基酸、维生素和微量元素。蚯蚓食物习性繁杂，植物的残渣碎片、腐殖质、畜禽粪便及其他生物质废物均是蚯蚓的良好食物。人工养殖蚯蚓就是模拟蚯蚓在土壤里的生活习性，以畜禽粪便等农业固体废物为原料，为蚯蚓创造良好的生长和繁殖条件。利用蚯蚓处理农业固体废物的效率很高，1亿条蚯蚓1 d就可吞食40 t有机废物。以畜禽粪便作为饲料养殖蚯蚓，获得的蚯蚓不仅能作为动物优良的蛋白质饲料、垂钓饵料及生产药品（蚓激酶）和化妆品，而且可以供人食用；同时经蚯蚓消化处理的蚯蚓粪，呈团粒结构，无臭味和异味，是十分理想的优质有机肥料，可取得一举两得的效果。另据测算，每亩土地养殖蚯蚓1年可消化150多t畜禽粪，相当于2 000多头出栏生猪的干粪总量，同时还可获得3 000~5 000元的经济收入。因此，养殖蚯蚓处理畜禽养殖固体废物具有显著的社会、经济及生态效益。

2. 养殖工艺流程

现今人工养殖的蚯蚓品种主要有北星二号、大平二号等，具有生长发育快、繁殖力强、适应性广、寿命长、易驯化管理等特点。养殖蚯蚓的物料，通常选用牛粪等畜禽粪，再加入切成小段的植物秸秆、树叶、锯末等，经堆腐充分发酵腐熟而成。一般畜禽粪占70%，秸秆类物料占30%，堆制后1周翻堆1次，发酵期间，保持发酵粪料湿度为50%~60%。发酵好的粪料在蚯蚓养殖场地晾晒2~3 d，去除残余的氨气等有害气体后用于蚯蚓养殖。

蚯蚓是变温动物，体温随着外界环境温度的变化而变化。温度是影响蚯蚓生存的最重要条件之一。蚯蚓的活动温度为5~30 ℃，0~5 ℃进入休眠状态，最适宜的养殖温度为 20～27 ℃。蚯蚓属夜行性动物，喜阴暗、潮湿、安静和温暖的环境，它采食和交配都是在暗色情况下进行。蚯蚓养殖物料应潮湿透气，最佳湿度为 70%～80%，可覆盖苇帘、稻草、塑料薄膜等，干燥时应及时喷水加湿；环境要安静，阴暗，避免光线直射。蚯蚓养殖场地一般选择在室外向阳、潮湿、能灌排水的地方，设置宽 1.2 m 的养殖箱。箱与箱之间开宽、深均为 0.4 m 的沟。先在箱中央填上 1 m 宽、20 cm 厚的发酵物料，再投放 3 cm 厚并放有幼蚯蚓的饵料。蚯蚓的养殖密度为：种蚯蚓每平方米 5 000 条左右，1 月龄幼蚯蚓每平方米 3 万条左右。气温高于 15 ℃时开始养殖，气温降至 10 ℃时将养殖箱移至室内。冬季注意保温，夏季经常用喷雾器喷洒凉水降温。养殖物料每月投喂 2 次，投料前先翻床，每次投料厚度为 10 cm，始终保持饵料新鲜透气。根据蚯蚓的避光特性将其与物料分离并适时采收，夏季每月采收一次，春、秋季节每 1.5 月采收一次，采收后及时补料。种蚓应每年更新一次，养殖床每年换一次，以保证蚓群的旺盛，防止蚯蚓因自然发展而造成种群衰退。

利用农业固体废物养殖蚯蚓的工艺流程如图 5-7 所示。

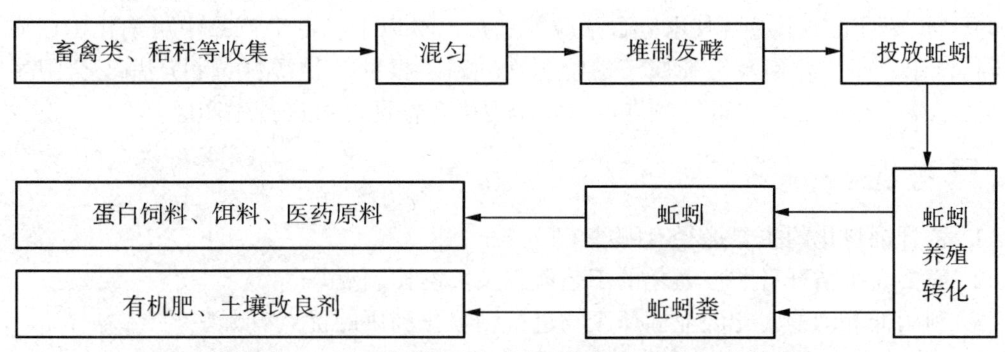

图 5-7　利用农业固体废物养殖蚯蚓的工艺流程

5.2.4　其他利用方式

畜禽养殖固体废物除了粪便以外，诸如羽毛粉、血粉、动物屠宰下脚料等废物经过一定的处理加工后也可以用作饲料。

5.2.4.1　血粉

（1）营养价值。血粉的粗蛋白含量可达 80%～90%，高于鱼粉和肉粉。血粉中赖氨酸和亮氨酸等氨基酸含量丰富，其中赖氨酸的含量居所有天然饲料之首，达 7%～8%，比常用鱼粉中的含量还高。血粉中还含有多种矿质营养元素，如钠、锰、铜、磷、铁、钙、锌、硒等，其中含铁量是所有饲料中最丰富的，可达 30 mg/kg。血粉另含有可帮助消化的多种酶类和维生素等。但因加工方法的不同，血粉的营养成分、适口性和可消化性存在较大的差异。血粉因营养丰富易被微生物污染，不易长期保存。

（2）处置方法。血粉是由畜禽屠宰后的血液凝块经高温蒸煮、压滤、晾晒、烘干后粉碎而成，它是一种非常规动物源性饲料。血粉也可采用发酵法，经微生物发酵加工后，其干物质含量达 87.3%，可消化粗蛋白、可消化养分总量都显著提高。

（3）质量控制。国家商业行业标准《饲料用血粉》（SB/T 10212—1994）对其感观指标与理化指标均有明确的规定。理化指标主要以粗蛋白质、粗纤维、粗灰分为质量控制指标，但该标准的适用范围是用兽医检验合格的畜禽新鲜血为原料加工制成的供饲料和工业用血粉，分蒸煮血粉与喷雾血粉两类（不包括发酵血粉）。

5. 2. 4. 2　羽毛粉

（1）营养价值。禽类羽毛是较为丰富的蛋白质原料，由于羽毛本身的消化率较差，所以必须经特殊处理后方可作为饲料利用。羽毛粉含粗蛋白质 80%～85%，高于鱼粉；缬氨酸、亮氨酸、异亮氨酸的含量分别为 7. 23%、6. 78%、4. 21%，胱氨酸含量居所有天然饲料之首，还含有较高的维生素 B_{12} 及钾、氯等各种营养元素。

（2）处置方法。羽毛粉处置加工过程主要有羽毛收集、除尘清洗、入罐水解。水解是在高温高压的条件下，经过一定处理时间，彻底破坏羽毛角蛋白质稳定的空间结构，打破羽毛粉结构中的双硫键（—S—S—）和硫氢键，使其变成畜禽可消化吸收的可溶性蛋白，同时杀灭病原菌的过程。水解羽毛粉可消化率达 75%以上。

（3）质量控制。羽毛粉饲料产品可用于鸡、鸭、鹅及猪饲料中，但国家明令禁止用于反刍动物，其质量应符合国家农业行业标准《饲料用水解羽毛粉》（NY/T 915—2004），水解羽毛粉干燥后其水分含量应控制在 10%以下，羽毛产品中可消化蛋白质含量不得低于 70%。水解羽毛粉属于动物源性饲料，根据动物源性饲料产品安全卫生管理办法，生产企业必须获得行政许可及安全卫生合格证方可进行生产经营。

思考题

1. 秸秆饲料化的主要途径有哪些？
2. 简要介绍秸秆青贮、氨化的工艺流程及关键控制点。
3. 利用低等动物转化农业固体废物进行饲料化利用的优点有哪些？

第 6 章　农业固体废物能源化利用技术

能源安全是关系国家经济社会发展的全局性、战略性问题。能源问题是当今世界各国发展所面临的一大突出问题。总体上人类可利用的能源可分为两大类，即不可再生能源（石油、煤炭、天然气等）和可再生能源（太阳能、生物能、风能、水能等）。在这些能源中，目前消耗量最大的是不可再生能源。但不可再生能源的储量有限，经过多年开发利用已呈逐渐枯竭之势。我国常规石油地质资源量为 1 085 亿 t，可采资源量 268 亿 t；天然气地质资源量 68 万亿 m^3，可采资源量 40 万亿 m^3。截至 2014 年年底，全国石油和天然气剩余可采资源量分别为 206 亿 t、38. 5 万亿 m^3。虽然总储量位居世界第 14 位，但人均石油资源占有量仅为世界平均水平的 1/16。“八五”以来，我国石油产量年均增长率为 1. 7%，消费量的年均增长率却为 4. 99%，供求矛盾日益突出。从 1993 年起，我国已成为石油的净进口国；2014 年我国原油净进口量高达 3. 1 亿 t，我国原油对外依存度达到 59. 6%。随着经济的发展，能源问题已经成为国民经济的头等大事，开发和利用新型能源已成当务之急。

生物质能源是以农业固体废物及利用边际土地种植的能源植物为主要原料进行能源生产的一种新兴能源，是一种重要的可再生能源，按照生物质的特点及转化方式可分为固体、液体、气体三种利用形式。在目前世界能源消耗中，生物质能源占世界总能耗的 14%，仅次于石油、天然气和煤炭，居第 4 位。根据生物学家估算，地球陆地每年生产 1 000 亿~1 250 亿 t 生物质；海洋每年生产 500 亿 t 生物质。生物质能源的年生产量远远超过全世界总能源需求量，相当于目前世界总能耗的 10 倍。

我国生物质能储量丰富，年可获得量达到 3. 14 亿 t 标准煤，同时我国又是一个人口大国，面临着经济快速增长和环境保护的双重压力，改变能源生产和消费方式，通过生物质能源转换技术高效地利用生物质能源，生产各种清洁燃料，替代煤炭、石油和天然气等燃料，建立可持续的能源系统，减少对矿物能源的依赖，对促进国民经济发展和环境保护具有重大意义。

6. 1　秸秆类农业固体废物燃烧发电利用

6.1.1　概述

电能是由一次能源（煤炭、石油、水力、风力、地热能、潮汐能、天然气、太阳能和核能等）转化而来的优质二次能源，是最清洁、最方便、效率最高的能源，已成为当今社会环境中人类生存的基本要素之一，是科学技术发展、国民经济飞跃的主要动力。随着经济发展，我国电力资源需求量越来越大，2014 年全年发电量达到 5. 52 万亿 kW·h，超过美国的 3.88 万亿 kW·h，成为全球第一能源消费大国。我国的能源资源短缺问题日益突出。以可再生的农业固体废物代替煤炭等不可再生资源作为发电新能源，是电能领域的重要突破，是利用可再生资源、大力发展循环经济的重要尝试，有利于经济增长方式的转变和农村经济的发展，将成为构筑稳定、经济、清洁、安全能源供应体系的重要组成。

生物质燃料发电技术最初在 20 世纪 70 年代爆发第一次世界石油危机后，受到发达国家的广泛重视，得到快速发展。目前北欧等发达国家已拥有较为成熟的生物质燃料发电技术，生物质燃料发电量在电力总量中所占比重逐年上升，其中瑞典的生物质能源利用率已占其能源消费总量的 16%左右。美国在利用生物质发电方面处于领先地位，2010 年生物质发电已达到 13 GW 装机容量。美国能源部计划到 2020 年实现生物质发电装机容量 45 GW，年发电量 2 250 亿~3 000 亿 kW·h。

改革开放以来，我国经济发展迅速，能源消耗需求增长极其明显。同时，由于能源结构的变化，农村秸秆资源没有得到充分利用，不仅浪费了资源，也造成严重的空气污染。为此，我国将大力发展生物质能发电作为我国能源发展的方向之一。国家"十一五"规划纲要提出建设生物质发电 550 万 kW 装机容量的发展目标。2007 年发布的《可再生能源中长期发展规划》，确定了 2020 年生物质发电装机 3 000 万 kW 的发展目标。2006 年通过引进丹麦生物质发电技术，我国第一个生物质直燃发电项目在山东单县建成投产，装机容量为 2.5 万 kW，以棉花秸秆等农业固体废物为燃料，年发电量约 1.4 亿 kW·h，年燃烧秸秆约 16 万 t，每年可减少二氧化碳排放 10 万 t，为当地农民增加约 3 000 万元的收入。2006—2013 年，我国生物质发电装机容量逐年增加，由 1 400 MW 增加至 12 226 MW，年均复合增长率达 43.50%。

与常规火力发电相比较，生物质燃烧发电利用的秸秆、稻壳、柴枝等农业固体废物，具有可再生性；燃烧后氮氧化物、SO_2、CO_2 以及烟尘颗粒的排放只有火电排放标准的 1/5、1/10 和 1/28，环境污染小；剩余的灰分中含有植物生长所需的钾、镁、磷和钙等营养元素，可作为肥料施用。另外，生物质燃烧发电避免了农民大量焚烧秸秆带来的环境污染，同时利用农村丰富的农业固体废物资源用于电能转化，可以缓解农村及边远地区的能源紧张问题；对农业固体废物的采集、加工、运输、贮存，能增加农民就业机会，促进农民增收，是一种具有广泛前景的农业固体废物利用方式。

6.1.2 生物质燃烧发电方式

目前，利用秸秆类农业固体废物的生物质燃烧发电主要方式有直接燃烧发电、混合燃烧发电和气化发电等三类。

6.1.2.1 直接燃烧发电

直接燃烧发电是指把秸秆类农业固体废物原料送入适合生物质燃烧的特定锅炉中直接燃烧，产生蒸汽，带动蒸汽轮机及发电机发电。原理上与燃煤火力发电相似，主要区别体现在原料上，火力发电的原料是煤，而生物质直接燃烧发电的原料目前主要是秸秆类农业固体废物。按照生物质燃烧方式，直接燃烧发电又可分为固定床燃烧、流化床燃烧等方式。固定床燃烧的优点在于对生物质原料的预处理要求较低，秸秆类农业固体废物原料经过简单处理甚至无须处理就可投入炉内燃烧。流化床燃烧则要求将大块的秸秆类农业固体废物原料预先粉碎至易于流化的粒度，但其燃烧效率和强度比固定床高。

与燃煤锅炉对燃料单一性的要求不同，我国的生物质燃料种类多，成分复杂，而且主要的农业固体废物受农业生产和季节性的影响不能保证全年供应，生物质直燃发电要求锅炉能适应多种秸秆类农业固体废物原料，以保证燃料供应的稳定性。在有条件的情况下，秸秆类农业固体废物可先制备成型燃料，在固化后将其用于直燃发电。同时与常规火电相比，生物质直燃发电对生物质锅炉防腐、蒸汽锅炉的高效燃烧、蒸汽轮机的效率等方面都有较高要求。目前国内直接燃烧发电技术已日臻成熟。

6.1.2.2　混合燃烧发电

混合燃烧发电即为秸秆类农业固体废物与煤混合作为燃料发电。混合燃烧的方式主要有两种：一种是将秸秆类农业固体废物原料直接或者与煤混合后送入燃煤锅炉，与煤共同燃烧；另一种是先将秸秆类农业固体废物原料在气化炉中气化生成可燃气体，再通入燃煤锅炉与煤混合燃烧，最后用于发电。混合燃烧发电可以利用现有的燃煤电厂，在此基础上，在厂内增加秸秆类农业固体废物贮存和加工的设备和系统，同时对原有燃煤锅炉燃烧系统进行适当改造，就能实现。混合燃烧可提高生物质发电的效率至35%以上，且当生物质比重不高于20%时，一般无须对现有设备进行改动，是未来生物质发电的发展方向。

6.1.2.3　气化发电

气化发电是指生物质在气化炉中转化为气体燃料，经净化后进入燃气机中燃烧发电或者直接进入燃料电池发电的过程。气化发电可分为内燃机发电、燃气轮机发电、燃气—蒸汽联合循环发电和燃料电池发电等方式，目前应用最为广泛的是内燃发电技术。生物质气化发电是生物质能最有效、最洁净的利用方式之一，它能解决生物质难于燃用、分布分散等问题，具有燃气化发电设备紧凑和污染小的优点，但现有燃气内燃机的效率较低、装机容量较小，普遍存在转化效率低（一般只有12%~18%）等问题，不能满足工业大规模应用的需求。同时生物质气化产生的燃气热值低，焦油含量高，容易造成二次污染严重，因此需要进一步研究开发合适的规模化设备和技术。

6.1.3　生物质燃烧发电发展的制约因素及对策

尽管我国拥有丰富的生物质资源，生物质直燃发电已经能大规模、实用化推广，但在秸秆类农业固体废物利用上仍面临以下问题和障碍。

（1）缺乏成熟的核心技术和设备。到目前为止，用于生物质燃烧发电的锅炉及燃料输送系统的技术和设备绝大部分依靠进口，国内尚无成熟的产品制造厂家。

（2）秸秆类农业固体废物原料购、贮、运组织困难。秸秆类农业固体废物的收购、运输过程组织面广、贮运量大，涉及面广，农村收集秸秆的力量不足，秸秆收购困难。秸秆密度小，自然堆积密度一般为50~200 kg/m^3，远小于燃煤的800 kg/m^3，运输成本高，原料贮存要求场地大，还需进行防雨、防潮、防火和防雷设施建设。

（3）发电运营成本偏高。目前生物质燃烧发电成本仍高于燃煤发电，主要原因在于初期投资高、燃料成本高、机组热效率低等，高成本运行成为制约农业固体废物原料生物质发电技术推广的重要因素。

针对当前生物质燃烧发电中存在的问题，我国在加快对国外先进生物质燃烧发电技术、装置吸收转化的基础上，应积极进行技术改进，研发具有自主知识产权的核心技术和设备，提高生物质能转换效率，降低生产成本，同时实现设备制造本地化、国产化，逐渐摆脱对国外技术和设备的依赖，以适应我国国情。我国政府可通过保护电价、减免税费、财政补贴、贴息贷款等政策扶持，组织建立起收购、贮存和运输网络，推动生物质燃烧发电的发展。

6.2　农业固体废物的生物质成型燃料利用

6.2.1　概述

生物质成型燃料是以锯末、秸秆和稻壳等农业固体废物为主要原料，通过加压、加热作用将原来松散的原料压缩成具有一定形状和密度的热值高、燃烧充分的成型环保燃料，是一种洁净低碳的可再生能源。农业行业标准《生物质固体成型燃料技术条件》（NY/T 1878—2010）中将生物质固体成型燃料（densified biofuel）定义为以生物质为主要原料，经过机械加工致密成型生产的具有规则形状的固体燃料产品。相比散碎状农业固体废物，生物质成型燃料燃烧特性明显改善，作为锅炉燃料，挥发少、黑烟少，火力持久、炉膛温度高，耐贮存，运输、使用方便，同时对环境污染少，是替代常规化石能源的优质环保燃料。

美国于20世纪30年代就开始研究生物质压缩成型技术，研制出了螺旋压缩机。日本于20世纪50年代从国外引进技术后进行了改进，研制出棒状燃料成型机及相关的燃烧设备，并建立了日本压缩成型燃料工业体系。20世纪70年代后期，由于出现世界能源危机，西欧许多国家如芬兰、比利时、法国、德国、意大利等也开始重视燃料技术的研究，研发出了冲压式成型机、颗粒成型机及配套的燃烧设备。20世纪80年代，泰国、菲律宾和马来西亚等国家也相继进行棒状成型燃料的开发。目前，美国、荷兰和瑞典的生物质成型燃料的生产都实现了工厂化或产业化。随着世界各国对生物质能源的重视和生物质压缩技术的不断改进，2010年全世界生物质固体成型燃料产量已超过1 500万 t。

我国在生物质成型燃料上的研究和应用起步较晚。20世纪80年代初，秸秆能源利用引起各级政府和有关部门的重视，生物质成型燃料技术和炭化技术在“七五”和“八五”期间有了较大的发展，尤其在“八五”期间，我国对生物质压缩成型技术进行了重点科技攻关，同时引进了国外先进机型，开发了螺旋推进式秸秆成型机，并经消化、吸收，研制出适合我国国情的各种类型生物质压缩成型机，用于生产棒状、块状或颗粒生物质成型。2014年，国内生物质成型燃料产量已达1 000万 t以上。

6.2.2　生物质成型燃料生产工艺

秸秆等农业固体废物中主要含有纤维素、半纤维素、木质素、树脂和蜡等物质，其中的木质素属于非晶体，常温下不溶于有机溶剂，没有熔点但有软化点。当温度为70~110 ℃时木质素开始软化并具有黏性，当温度达到200~300 ℃时呈熔融状，黏性高，此时通过施加一定的压力就可使各部分黏结在模具内成型。因此，生物质固体成型燃料就是利用生物质的这种特性，用压缩成型机械，将生物质原料挤压成型后得到的具有一定形状和规格的新型燃料。

6.2.2.1　原料选择

生物质成型燃料的原料比较广泛，包括各类有机物，按其来源大致可分成两大类：①种植业农业固体废物，包括作物枯秆、稻壳、甘蔗渣、玉米芯等及伐木后的树根、杈、叶等。②加工业固体废物，如农产品粗加工产生的各种果壳、果皮及干果皮等；木材类加工后的树皮、刨花、木屑等；纤维类加工中剩余的棉、毛、麻及废布等。部分农业固体废物原料的热值特性见表 6-1。

表 6-1　部分农业固体废物原料热值特性

原料	灰分/%	低位热值/kJ
锯末	8	16 720~17 556
树皮	5	16 302~16 720
棉秆	10	15 466~16 302
花生壳	12	15 884
稻谷壳	15	13 376
松针	5	18 810

资料来源：左军平，2014。

6.2.2.2　生物质成型燃料加工工艺

生物质成型燃料根据成型主要工艺特征的差别，大致可划分为冷压（湿压）成型、热压成型、炭化成型等三种。

1. 冷压（湿压）成型工艺

冷压（湿压）成型工艺，也称常温成型，是将生物质颗粒在高压下挤压，利用挤压过程中颗粒与颗粒之间摩擦产生的热量使木质素软化并具有一定的黏结性，从而达到固定成型的效果。与其他工艺相比，冷压成型工艺减少了原料烘干、成型时加热和降温等三道工序，可节约能耗 44%~67%。该成型方式允许的原料含水率最大可达 22%左右。但是由于原料没有加热软化，成型时所需压力较加热成型大，为了降低压力，可在成型过程中加入一定的黏结剂。

冷压成型工艺中常用的设备包括辊模挤压式成型机和平模挤压成型机，均不需要加热。辊模挤压式成型机，对原料含水率要求较宽，一般为 10%~40%，其中最佳成型条件为 18%左右；原料粒度要求小于 10 mm；成型压力相对较大，为 20~50 MPa。平模挤压成型机在压制纤维性物料时，原料水分为 15%~25%（最佳 18%左右）。

2. 热压成型工艺

热压成型工艺是目前普遍采用的秸秆类农业固体废物成型燃料加工方法，采用压缩成型设备将经过干燥和粉碎的松散生物质原料在加压（50~100 MPa）、加温（110~300 ℃）的条件下，使木质素软化并经挤压得到具有一定形状和规格的成型燃料。其工艺过程一般为：原料粉碎→干燥混合→挤压成型→冷却包装。该工艺的主要特点是物料在模具内被挤压的同时，对模具进行外部加热，使物料受热，木质素软化变黏产生黏结力，并使成型块燃料的外表层炭化，使其通过模具时能顺利滑出不会粘连，减少挤压动力消耗。由于不同种类的生物质中木质素和纤维素含量及物料的形状等都不相同，因此成型时对温度和压力参数值的要求也不一样。即使同一种生物质，形态相似而含水率和颗粒度不同，成型时所需温度和压力等也不相同。温度和压力过高和过低都会导致成型失败。温度过低生物质中的木质素未能塑化变黏，物料不能黏结成型；反之，如温度过高，则成型燃料的表面出现裂纹，严重时成型块一出口就变成了“散花”。此外，若施加压力过小，则会使成型燃料无法黏结，而且也无法克服摩擦阻力，造成无法成型；若施加压力过大，则会使成型燃料在模具内滞留时间缩短，使生物质物料加温不足而无法成型。

热压成型工艺采用的成型机主要有螺旋挤压式成型机、活塞式成型机等。活塞式成型机允许物料含水率为20%左右，其中液压驱动活塞式成型机要求水分在12%以内，成型温度为160～200 ℃，原料粒度小于40 mm。螺旋挤压式成型机成型温度通常在150～300 ℃，其中最佳温度在220～280 ℃，含水率一般控制在8%～12%，原料粒度要求小于40 mm，成型压力的大小随原料和所要求成型块的质量不同而不同，一般为4. 9～12. 74 kPa。

3. 炭化成型工艺

炭化是在隔绝或限制空气的条件下，将木材、秸秆等农业固体废物在400～600 ℃温度下加热，得到固体炭、气体、液体等产物的技术。以生产炭为主要目的的技术称为制炭，以气体或液体的回收利用为重点的技术称为干馏，两者合称为炭化。炭化成型工艺将碎料经过炭化，去除其中的挥发分，减少了烟和气味，提高了燃烧的清洁性。但纤维素类生物质经炭化后，成型时表面黏结性能下降，直接压缩成型的生物质固体燃料易松散，不易贮存和运输，因此要加入适当的黏结剂来增加其致密成型的强度。常用黏结剂有脲醛树脂、水玻璃、糠醛废渣，以及氢氧化钠、硼砂、水和淀粉混合黏结剂等。

炭化成型工艺根据炭化工序的先后可分为先成型后炭化工艺和先炭化后成型工艺。

先成型后炭化工艺为：原料→粉碎干燥→成型→炭化→冷却包装。

先炭化后成型工艺为：原料→粉碎除杂→炭化→添加黏结剂→成型→成品干燥→包装。

6. 2. 2. 3　生物质成型燃料设备

目前，国内外在生物质成型燃料制造领域技术较为成熟、应用较多的生产设备主要有螺旋挤压成型机、活塞冲压成型机、辊模挤压成型机。辊模挤压成型设备又包括环模挤压成型机和平模挤压成型机。

1. 螺旋挤压成型机

螺旋挤压成型机是目前生产生物质成型燃料最常用的设备，也是最早研制生产的热压成型机（图6-1）。其原理是利用螺杆输送推进和挤压生物质。一般用电热元件加热成型套筒，加热器加温时由温控器自动控制设定的温度值。这类成型机具有运行平稳、生产连续、所产成型棒易燃（由于其空心结构及表面的炭化层）等特性。该成型机生产的棒状成型燃料横截面为圆形或六角形，直径50 mm左右、长度450 mm左右，每根重约 1 kg，用于蒸发量≤1 000 kg/h 的工业锅炉或民用炉灶。

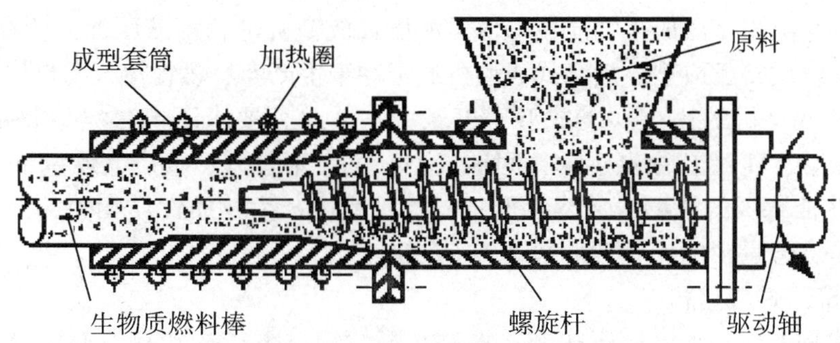

图 6-1　螺旋挤压成型机示意图

（资料来源：陈彦宏等，2010。）

螺旋挤压成型的优点是：①成品密度高，达到 1 100～1 400 kg/m^3。②品质好、热值高，适合再加工成为炭化燃料。缺点是：①产能低。距离规模化生产的产量要求相差较大。②能耗高。原料成型前先要经过电加温预热，挤压成型过程电耗在 90 kW · h/t 以上。③成型部件寿命短。螺杆的端部摩擦使温度升高，磨损速度加快，国产设备主要工作部件螺杆的最高寿命不超过 500 h，距离国际先进水平 1 000 h 以上还有一定的差距。④原料要求苛刻。螺旋挤压成型机采用连续挤压，成型温度通常在 220～280 ℃，为了避免成型过程中原料水分的快速汽化造成燃料的开裂和“放炮”现象发生，一般要将原料含水率控制在 8%～12%，对部分物料要进行预干燥处理，需要配套的烘干机，增加了加工成本。

2. 活塞冲压成型机

活塞冲压成型机改变了成型部件与原料的作用方式，很好地解决了螺旋挤压机中存在的问题。在大幅度提高成型部件使用寿命的同时，也显著降低了单位产品能耗。喂料斗中的生物质原料先进入冲杆套筒中，在合适的成型温度下，由双出杆油缸两端的冲杆挤压成型套筒中的生物质，外力的作用使生物质颗粒重新排列位置关系，并发生机械变形和塑性变形。随外力的增大，生物质体积大幅度减小，容积密度显著增大，生物质内部胶化和外部焦化，并具有一定的形状和强度。冲杆不断推挤，生物质从两端成型套筒中交替挤出，成为棒状。其原理如图 6-2 所示。

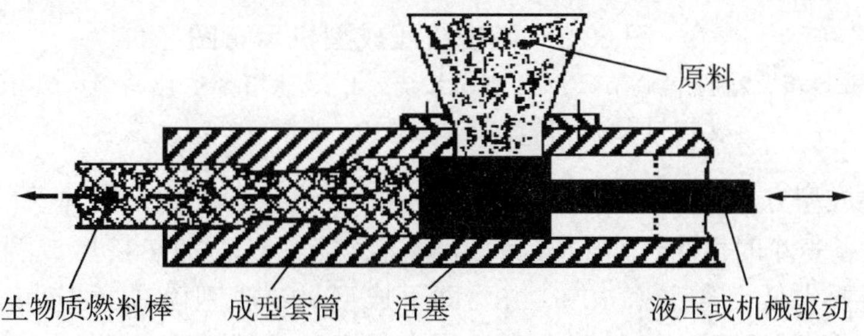

图 6-2　活塞冲压成型机示意图

（资料来源：陈彦宏等，2010。）

根据动力来源的不同，活塞冲压式成型机可分为机械驱动活塞冲压式成型和液压驱动活塞冲压式成型。机械式成型机是利用飞轮贮存的能量，通过曲柄连杆机构，带动活塞，将松散的生物质挤压成生物质成型块。液压式成型机是利用液压油缸所提供的压力，带动活塞使生物质挤压成型。活塞式成型机通常用于生产实心燃料棒或燃料块。

活塞冲压成型机的优点：①成型密度较大；②水分要求不高，允许物料水分高达20%左右。缺点：①油缸往复运动，间歇成型，生产率较低；②产品质量不太稳定，不适宜炭化；③活塞式的成型模腔容易磨损，磨损程度与生物质性质相关，一般 100 h 要维修 1 次，SiO_2含量少的生物质材料可维持 300 h。

3. 辊模挤压式成型机

生物质成型燃料的辊模挤压成型技术是在颗粒饲料生产技术基础上发展起来的，两者的主要区别在于纤维性物料含量的多少和成型密度的高低。用辊模挤压式成型机生产颗粒成型燃料一般不需要外部加热，依靠物料挤压成型时产生的摩擦热，使物料软化和黏合。对原料的含水率要求较宽，一般 10%~40%均能成型。其成型最佳含水率为 18%左右，相比于螺旋挤压和活塞冲压而言，辊模挤压成型法对物料的适应性最好。因此，国内一些生产秸秆颗粒饲料的企业在生产颗粒饲料的同时也生产颗粒燃料，以提高设备的利用率。辊模挤压式成型机又可分为环模挤压成型机和平模挤压成型机。

（1）环模挤压成型机。环模挤压成型机是目前世界上研制开发生物质成型燃料制造设备的主流，是目前使用最广泛的颗粒燃料制粒机，其成型原理如图 6-3 所示。它的压模为圆环状，压辊与压模采用内嵌式结合，原料进入环模后，在压辊与环模之间被挤压成型，并从环模上的孔径被挤出。

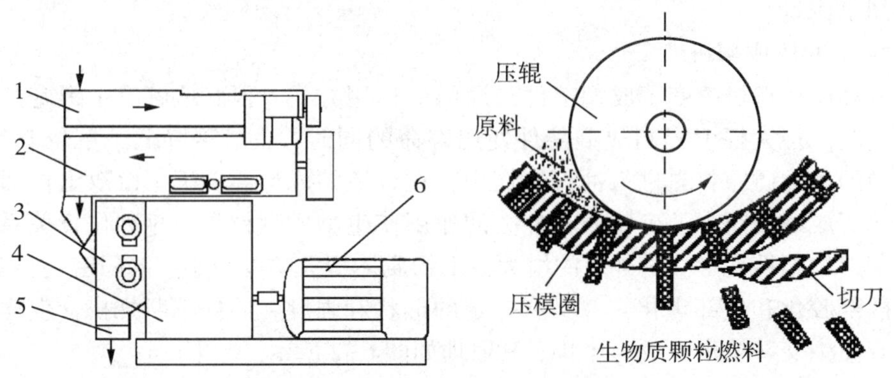

图 6-3　环模挤压成型机示意图

1. 输料箱　2. 原料调节项　3. 制粒系统　4. 减速箱　5. 出料口　6. 电动机

（资料来源：陈彦宏等，2010；张霞等，2014。）

相对其他成型方式，环模挤压成型机具有如下优点：①生产效率高，能耗低，大中型环模压缩设备每小时可生产颗粒成品 2 t 以上，能耗仅为加热挤压成型机的 1/3~1/2；②原料预处理要求低，含水率 10%~18%即可成型；③成型模具磨损小，由于是常温成型，成型模具的强度和耐磨性都不会降低，成型模具的使用寿命更长；④成型燃料热值基本不发生变化，常温成型无化学反应和加热裂解分化的作用，成型燃料几乎没有热量的损耗。环模挤压成型机缺点是结构复杂，设备价格昂贵，技术要求相对较高。

（2）平模挤压成型机。平模挤压成型机是人们最早使用的颗粒燃料成型机，其成型原理如图 6-4 所示。主要工作部件是水平放置的平模和与其配合的两个圆柱形压辊。平模成型机按照其工作时平模和压辊的运动方式可分为两种：一种是平模静止而压辊转动，称为动辊式；另一种为平模转动而压辊静止，称为动模式。工作时，原料从料斗加入，由于重力和刮板的作用，原料被均匀地铺在平模上；同时电动机转动，通过传动箱带动主轴转动，安装在主轴上的压辊由于主轴的带动和摩擦力的作用产生公转和自转，原料被压辊不断挤入平模孔内固化成型。

平模式成型机的优点：①原料适应性广。平模式成型机压制室空间较大，能将秸秆、稻壳、木屑等体积粗大、纤维较长的原料强行压碎后压制成粒，原料粉碎要求低。对原料含水率要求低，含水率为 15%～25%（最佳为 18%左右）时都能被压缩成型。②产量大。以木屑为原料，成型颗粒密度在 1 100 kg/m^3 时，产量达到 1 500 kg/h。③能耗低。一方面，平模式成型机能将大粒径的原料制成颗粒，减少了物料在粉碎中的能耗；另一方面，平模模孔面积比值比环模高，出料孔多，出料量大。④辊模寿命长。平模式成型机压辊的线速度比环模式的低，因而辊、模的磨损比较慢，而且平模在一侧面工作面磨损后可翻过来使用另一侧面，可以提高使用寿命。缺点：①由于压辊在工作过程中内侧和外侧所碾压的距离不一致，导致其磨损不均匀，维护保养难度大。②压辊和平模接触面小、压力小，颗粒成型质量较差。

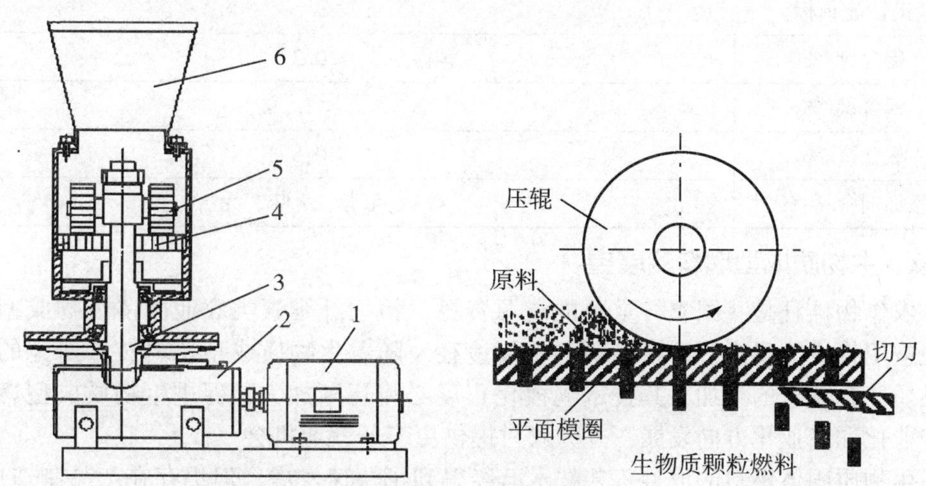

图 6-4　平模挤压成型机示意图

1. 电动机　2. 传动箱　3. 主轴　4. 平模　5. 压辊　6. 料斗

（资料来源：陈彦宏等，2010；张霞等，2014。）

6.2.2.4　生物质成型燃料质量标准

生物质成型燃料一般含 70%左右的纤维素、10%～17%的木质素、0.08%～0.3%的硫、1%左右的碱金属、0.2%～0.8%的硅，氮含量小于 0.5%。目前我国还缺乏固体生物质成型燃料国家质量标准体系，但部分省市及农业部已出台了相关地方及行业标准，如北京市的《生物质成型燃料》（DB11/T 541—2008）、深圳市标准化指导性技术文件

《生物质成型燃料及燃烧设备技术规范》（SZDB/Z 109—2014）和农业行业标准《生物质固体成型燃料技术条件》（NY/T 1878—2010）。其中农业行业标准《生物质固体成型燃料技术条件》（NY/T 1878—2010）对生物质固体成型燃料的几何外形尺寸、成型燃料密度、含水率、灰分、热值、破碎率等质量要求进行了规定，其性能指标要求如表 6-2 所示。

表 6-2　生物质固体成型燃料性能要求

项目	颗粒状燃料		棒（块）状燃料	
	主要原料为草本类	主要原料为木本类	主要原料为草本类	主要原料为木本类
直径或横截面最大尺寸 D/mm	≤25		≥25	
长度/mm	≤4D		≤4D	
成型燃料密度/(kg/m^3)	≥1 000		≥800	
含水率/%	≤13		≤16	
灰分含量/%	≤10	≤6	≤12	≤6
低位发热量/(MJ/kg)	≥13.4	≥16.9	≥13.4	≥16.9
破碎率/%	≤5			
辅助性能指标				
硫含量/%	≤0.2			
钾含量/%	≤1			
氯含量/%	≤0.8			
添加剂含量/%	≤2　无毒、无味、无害			

6.2.3　生物质成型燃料的展望

农作物秸秆是我国农村重要的能源资源，植物纤维素类农业固体废物成型燃料规模化应用将成为我国开辟新能源的重要途径。随着生物质成型燃料技术研究的深入和高品质能源需求的增加，其技术规模化程度必将逐渐加大，促进生物质成型燃料快速向产业化和商业化方向发展，并为农村提供更多的就业机会。

生物质固体燃料的成型工艺技术已经得到了快速发展，但仍存在产品制造成本高、机器磨损大、燃料燃烧性能差等问题。生物质成型燃料要作为一种清洁的可再生能源来应用，还需在改善成型燃料耐久性、减少烟气排放、提高燃烧热值和持久性等方面进行深入研究。在原料粉碎过程中，为了增大成型燃料的比表面积，改善燃烧特性，要深入研究实现原料微粉碎的方法；在炭化成型工艺中，研究原料炭化后的结构和化学组分对选择合适的黏结剂及提高成型燃料块强度有很大的帮助。此外，要进一步改进成型设备，使成型设备与成型机制和工艺相协调，实现生物质成型燃料生产自动化，提高生产效率，降低生产成本，使生物质成型燃料得到更加广泛的应用。

6.3　植物纤维类农业固体废物生产燃料乙醇技术

6.3.1　概述

燃料乙醇是以生物质为原料，通过生物发酵等途径获得可作为燃料用的乙醇。我国国家标准《变性燃料乙醇》（GB 18350—2001）中将燃料乙醇定义为未加变性剂、可作为燃料用的无水乙醇。燃料乙醇具有和矿物燃料相似的燃烧性能，是一种可再生的能源。乙醇燃烧过程产生的一氧化碳和含硫气体明显低于汽油燃烧时产生的，这对减少大气污染及控制温室效应具有重大意义。燃料乙醇也是优良的油品质量改良剂、增氧剂和抗爆剂，可替代普通汽油添加剂四乙基铅和甲基叔丁基醚（MTBE），从而避免了 MTBE 对地下水和空气的污染。因此，推广使用燃料乙醇是保障国家能源安全、发展再生清洁能源的战略性选择。

在燃料乙醇生产推广中美国和巴西走在了世界前列，它们分别以玉米和糖蜜为原料生产了世界 70%的生物质燃料乙醇，同时也是燃料乙醇生产和使用的大国。在美国，乙醇可加入汽油中替代 MTBE 和乙基叔丁基醚（ETBE）用作添加剂和增氧剂，提高汽油的辛烷值和抗爆性能；在巴西，乙醇可以完全替代汽油，在一定程度上缓解了石油资源的短缺。中国、加拿大、澳大利亚、欧盟、中南美洲等国家和地区紧随其后开始了燃料乙醇的生产和推广。在美国的国家生物质能管理办公室及其“能源农场计划”和“乙醇发展计划”、巴西的国家生物质能委员会及其“燃料乙醇和生物柴油计划”、印度的国家生物燃料发展委员会及其“绿色能源”工程，以及法国政府的“生物质发展计划”、日本政府的“新阳光计划”等一系列战略举措与激励政策下，世界生物质能源产业技术加速发展，并产生了重大的社会效益和经济效益。全球燃料乙醇年产量从 20 世纪 70 年代的数十万吨急速增长到了 2013 年的近 7 000 万 t（表 6-3），推广区域从巴西、美国发展到欧洲、亚洲、非洲、大洋洲等。

表 6-3　2013 年全球主要燃料乙醇生产国年产量

国家	美国	巴西	欧盟	中国	印度	加拿大	其他地区	合计
产量/万 t	3 972	1 872	409	208	163	156	217	6 997

我国是继美国、巴西之后的第三大燃料乙醇的生产和消费国。我国在 2002 年前后开始推广用陈粮生产燃料乙醇。2006 年以前，玉米乙醇受政策扶持率先发展，但因“与人争粮”矛盾突出，2006 年后全面限制了玉米乙醇的大规模推广，玉米乙醇产量增速大幅下滑。直到 2012 年才核准了两家分别以非粮食作物木糖渣和甜高粱为原料的共 10 万 t/a 产能企业，2013 年核准了 4 家以木薯为原料的共 65 万 t/a 产能企业。2013 年我国燃料乙醇年产量达 208 万 t，占全球产量的 2. 97%。

按照可发酵糖的获得来源，燃料乙醇生产技术可分为：以玉米、小麦等粮食作物为主要原料的第 1 代燃料乙醇技术；以木薯、甜高粱等经济作物为主要原料的第 1. 5 代燃料乙醇技术；以秸秆等含植物纤维类农业固体废物为主要原料的第 2 代燃料乙醇技术，又称为纤维素乙醇生产技术。第 1 代和第 1. 5 代主要是以糖或淀粉为原料，其生产工艺与传统的乙醇发酵相似，淀粉原料经糊化后，在淀粉酶随机切割下，使大分子变成小分子，并进一步在糖化酶作用下将淀粉链逐个水解为葡萄糖，为酵母菌提供发酵生产乙醇的底物。第2代燃料乙醇技术，以含植物纤维素的农业固体废物为主要原料，其中的纤维素和半纤维素是用于制备燃料乙醇的主要原料。纤维素和半纤维素经水解后生成的葡萄糖、木糖等单糖可进入乙醇发酵途径，用于燃料乙醇的生产。

目前，我国的燃料乙醇行业仍处于起步阶段，其作为新能源产品，未来具备广阔的市场空间。为了在发展燃料乙醇、保障能源安全的同时，保障粮食安全，2007年国家发展和改革委员会在《可再生能源中长期发展规划》中明确提出，不再增加以粮食为原料的燃料乙醇生产能力，合理利用非粮生物质原料生产燃料乙醇，并提出2020年实现生物燃料乙醇年利用量1 000万t的目标。目前国家已禁止新建粮食乙醇项目，发展重点为非粮食燃料乙醇（第1.5代），并努力实现纤维素乙醇（第2代）的产业化生产，因此利用植物纤维类农业固体废物生产燃料乙醇潜力巨大。

6.3.2 燃料乙醇生产工艺

由于第2代燃料乙醇制备技术以植物纤维类农业固体废物为原料，不仅来源丰富，分布广泛，而且不影响粮食生产，因而已成为目前国内外研究和开发的热点。该技术的主要工艺步骤包括原料预处理、纤维素水解为小分子糖、小分子糖发酵、乙醇的回收。其主要生产工艺如图6-5所示。

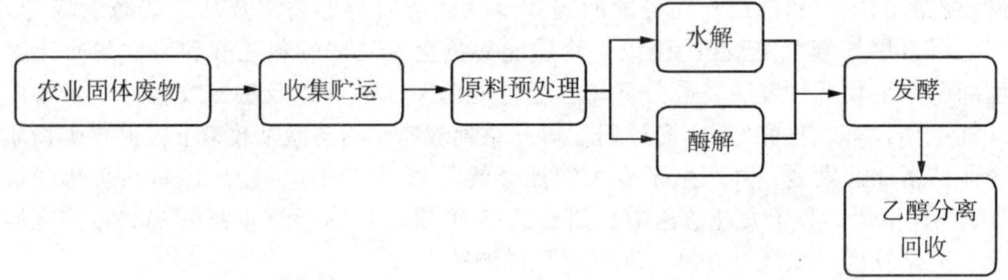

图6-5 以植物纤维类农业固体废物为原料的燃料乙醇生产工艺

6.3.2.1 原料预处理

植物纤维类农业固体废物原料主要由纤维素、半纤维素和木质素组成，其中木质素与半纤维素以共价键形式结合，并将纤维素分子包埋其中，形成一种坚固的天然屏障。由于木质纤维的复杂结构及纤维素本身所具有的结晶结构，原料直接进行水解时，纤维素酶很难接触纤维素使其降解，所得的还原糖含量很低，一般只有10%~20%。为了提高还原糖含量，必须对原料进行一定的预处理。预处理的目的是使纤维素与木质素、半纤维素等分离，并破坏纤维素内部的氢键，使之由结晶态转化为无定型态，同时打断部分β-1，4-糖苷键，降低聚合度，提高原料的孔隙率，使后续的水解和发酵工作更顺利地进行。植物纤维素原料的预处理方法主要包括机械粉碎、化学处理、生物处理、物理化学处理等。

1. 机械粉碎

机械粉碎是利用粉碎机将植物纤维类农业固体废物原料加工成一定的颗粒度，实际中粉碎往往与其他的预处理方法联合使用。粉碎使植物纤维类原料颗粒度变小，比表面积增大，以利于后续处理。粉碎是木质纤维素制乙醇工艺中较耗能的一道工序，其能耗与粉碎的最终颗粒度大小和原材料有关。

2. 化学处理

（1）酸处理。酸处理是研究最早、最成熟的预处理方法，包括稀酸或浓酸处理。常用的酸有硫酸、盐酸、磷酸等。由于浓酸的腐蚀性及对环境的污染，要求反应设备具有很高的抗腐蚀能力，同时为了不影响后续水解发酵，所用的酸必须回收，因此应用受到限制。目前多采用稀酸预处理工艺，通常在 140~190 ℃条件下，采用质量浓度为 0.1%~1%的酸处理，可溶解大部分半纤维素，改变纤维素的聚合度和结晶结构，能将部分纤维素、半纤维素降解为可发酵糖，降低后续水解和发酵工序的负担。稀酸预处理同样存在回收困难、环境污染大、对设备防腐性能要求高的缺点，同时酸水解的副产物甲酸、乙酸、糠醛等会对后续水解、发酵产生抑制作用。

（2）碱处理。碱处理是最有效的化学预处理方法。碱处理通过破坏酯链和糖苷键链，削弱纤维素与半纤维素之间的氢键，部分溶解半纤维素，改变木质素结构，使植物纤维类原料更具多孔性，同时使纤维素部分去晶体化，增加酶对纤维素的可及度，提高糖化率。目前常用的碱有 KOH、NaOH、$Ca(OH)_2$、氨水，其中 NaOH 是最常用的碱之一，另一种常用的碱是 $Ca(OH)_2$。碱预处理方法同样存在着废液回收难度大、环境负荷高、腐蚀性强、对设备的要求高等缺点。

（3）湿法氧化处理。湿法氧化处理指高温高压环境下，利用氧气作为氧化剂在水中氧化破坏木质纤维素的过程。在燃料乙醇发酵中常用 H_2O_2、$KMnO_4$ 等作为强氧化剂对植物纤维类农业固体废物原料进行预处理。该方法通过氧化降解木质素，破坏木质素对纤维素的网状包裹结构，达到使木质素、半纤维素、纤维素分离的效果，增大纤维素与纤维素酶接触的面积。湿法氧化可有效地用于预处理玉米芯、麦秸、稻草、甘蔗渣等。但与酸水解一样，湿法氧化同样会产生一些副产物，如甲酸、乙酸、乙醇酸、琥珀酸等，对下游的水解糖化和发酵工序产生抑制作用。为减少副产物的产生，在湿法氧化过程中，常加入一定量的弱碱如 Na_2CO_3。

3. 物理-化学联合处理

（1）蒸汽爆破处理。蒸汽爆破处理是最常用的纤维素预处理技术。该技术主要利用高温高压蒸汽处理原料，通过瞬间压力的突变来破坏纤维原料的结构。蒸汽爆破温度一般在 160~260 ℃，对应的压力为 0.69~4.83 MPa，并保持一定时间。当充满压力蒸汽的木质纤维素骤然减压时，孔隙中的蒸汽剧烈膨胀，部分剥离木质素的同时将原料撕裂为细小纤维。在蒸汽爆破的过程中，不但存在物理作用，还存在化学变化。在此过程中原料在高温高压条件下热降解，木质素软化，半纤维素自催化降解为可溶性糖，纤维素结晶度提高，聚合度减小。由于预处理效果好，无污染，能有效提高后续水解和发酵的效率，蒸汽爆破技术得到了很多成功的应用。但是，蒸汽爆破技术仍存在一些缺陷，首先其能耗和设备要求较高；其次，蒸汽爆破技术对木质纤维素的处理不够完全，处理后会产生糠醛和有机酸等副产物，对下游工序有抑制作用。为此，蒸汽爆破往往与其他预处理方法如稀酸或稀碱预处理方法等相结合，总糖得率可较单一蒸汽爆破处理提高 3 倍以上。总体来说，与单纯的蒸汽爆破处理和酸碱处理相比，组合蒸汽爆破处理的能耗明显降低，而且酸碱用量少，环保压力小，不产生下游工序的抑制物，尽管设备投资有所增大，但仍得到了很多燃料乙醇开发公司的青睐。

（2）微波辅助处理。微波法具有促进热效率、提高反应速度、降低反应时间等优点，广泛用于各种化学过程。一般微波法在 160 ℃以上对植物纤维类原料进行预处理，但过高的温度会使纤维素降解，并且产生发酵抑制物如有机酸、糠醛等。目前多采用微波辅助酸碱处理来降低预处理所需的高温。

（3）氨纤维爆破处理。氨纤维爆破处理与蒸汽爆破处理的原理类似，通过液氨与木质素作用改变木质纤维素的结构，使爆破效果更好，大大提高了后续的纤维素水解效率。与蒸汽爆破技术相比，氨纤维爆破处理的优势在于操作温度低，能耗小，同时避免了高温引起的糖变性，不产生水解及发酵的抑制物，产品的含水量低。劣势在于大量的液氨难以回收，增加生产成本。与其他预处理技术相比，氨纤维爆破处理不能有效地溶解半纤维素。

（4）氨回流渗漉处理。氨回流渗漉与氨纤维爆破类似，都是通过氨类化合物与木质素作用破坏木质纤维素的结构。不同之处在于氨回流渗漉通过氨水的不断回流渗漉溶解木质素，没有爆破过程。氨回流渗漉的优势在于对木质素的高度选择性，能够移出原料中的绝大多数木质素（75%～80%）和超过一半的半纤维素（50%～60%），使处理后原料的纤维素含量较高。与氨纤维爆破相比，氨回流渗漉能耗较高，溶剂用量大，同样会产生糖解和发酵过程的抑制物。

4. 生物处理

生物处理是利用酶或微生物降解植物纤维类原料中的木质素和半纤维素，达到破坏木质纤维素结构的效果。用于木质纤维素处理的常用微生物主要为真菌，包括褐腐菌、白腐菌和软腐菌，其中以白腐菌对木质素的降解能力最强。生物预处理方法的优势在于能耗低、环境负荷低，但生物法的反应时间较长、效率较低，因此目前仍处于试验研究阶段，难以大规模产业化应用。

5. 其他处理方法

除了以上常用的预处理方法外，针对现有方法存在不足，一些新的处理方法也正在被不断地开发，如离子液预处理、超临界二氧化碳预处理等。离子液是指在室温或接近室温下呈现液态的融盐，通常由特定的有机阳离子和无机阴离子构成，是一种绿色溶剂，可高效溶解原料中的纤维素，具有无味、无污染、易回收等优良性能，有效避免了使用酸碱造成的严重环境污染问题。但离子液易使纤维素酶和酿酒酵母失活，对后续的水解糖化和发酵工序造成影响。目前，离子液的相关研究刚刚起步，还未形成大规模的生产，价格仍比较昂贵。随着成本的降低以及易使酶、酵母失活等问题的解决，其优异的性能必使其替代酸碱，在木质纤维素的预处理上得到更广泛的应用。

6.3.2.2 水解

1. 酸水解

酸水解是最古老的水解工艺，至今已有 100 多年的历史。酸水解主要包括浓酸和稀酸水解。浓酸可降解纤维素为单糖，纤维素在浓酸中的反应为均相反应，水解过程为：纤维素→质子化中间体→低聚糖→葡萄糖。稀酸水解一般在温度 160 ℃、压力

1 MPa 下进行，稀酸浓度在 2.0%~5.0%，其水解效率受浓度、反应时间和温度的影响。由于稀酸水解在高温下进行，单糖会进一步水解为不利于发酵的甲酸、乙酸、糠醛、羟甲基糠醛、己糖酸等抑制物。为提高酸水解得率，目前多采用二步法水解工艺，利用不同条件分别水解半纤维素和纤维素，可减少单糖在反应器内的停留时间，避免单糖进一步降解为发酵抑制物。

2. 酶水解

酶水解主要利用纤维素酶的催化作用使得纤维素高聚物降解为葡萄糖单体，用于乙醇发酵。纤维素酶属于糖苷酶，为多酶体系，主要来源于微生物。目前，常用的产纤维素酶的微生物菌株有木霉、曲霉、青霉、根霉及漆斑霉等。其中，里氏木霉所产生的胞外纤维素酶种类多、活性高，已成为商品化产酶菌。在利用植物纤维类生物质制备燃料乙醇的生产研究中纤维素酶是不可或缺的催化剂。纤维素酶主要包括β-1，4-内切葡聚糖酶、β-1，4-外切葡聚糖酶和β-1，4-葡萄糖苷酶。其水解机制可分为三大步，首先β-1，4-内切葡聚糖酶随机内切纤维素链的β-1，4-糖苷键；其次β-1，4-外切葡聚糖酶作用于还原性和非还原性多糖链的末端，释放出葡萄糖或纤维二糖；最后β-1，4-葡萄糖苷酶水解纤维二糖为葡萄糖。与酸法水解相比，酶水解条件温和、专一性强、水解后发酵抑制物较少。其缺点在于纤维素酶成本较高，占纤维素燃料乙醇总生产成本的 30%~40%，成为最大的技术瓶颈之一，因此目前多致力于优化酶解条件和寻找产纤维素酶的高效菌株，降低酶水解的成本。

6.3.2.3　发酵

纤维素发酵生产乙醇的方法有间接发酵法、同步糖化发酵法、固定化细胞发酵法、直接发酵法等。

1. 间接发酵

间接发酵是指纤维素的水解和发酵过程分步进行。这种发酵方法可使两步反应均在各自最佳条件下达到反应最大程度，而相互不影响。不足之处在于随着酶解过程进行，水解液中葡萄糖和纤维二糖含量不断增加，当糖含量增大到一定值时会对纤维素酶活性产生反馈抑制作用。研究表明，当反应液中纤维二糖的浓度升高至 6 g/L 时，纤维素酶的催化活性将降低 60%；当葡萄糖浓度达到 3 g/L 时，β-糖苷酶的催化活性会降低 70%。

2. 同步糖化发酵

同步糖化发酵是指酶水解和发酵过程在同一容器、相同条件下同时进行，纤维素酶解产生的葡萄糖直接被酵母发酵利用，使糖含量保持较低水平，消除了糖对纤维素酶的抑制作用，提高纤维素酶解效率。同步糖化发酵工艺的最大问题是酶水解最佳条件与发酵最佳条件不一致，纤维素酶的最佳水解温度为 45~50 ℃，而酵母菌的最佳发酵温度为 20~30 ℃，进行同步糖化发酵时只能在折中条件下进行，多在 35~38 ℃下操作，导致两步反应都不能在各自最佳条件下完成，糖和乙醇产量均受到影响。通过选育耐高温酵母菌株可以在一定程度上提高转化效率和产率。

3. 固定化细胞发酵

传统乙醇发酵生产工艺均采用游离酵母细胞发酵技术，当乙醇浓缩提取时酵母菌随提取液流失导致发酵液中酵母菌数量不断降低，需要添加新的酵母细胞液，以维持发酵过程的顺利进行。而固定化细胞是采用物理或化学的手段将酵母细胞固定在一类载体上用于乙醇发酵，使发酵罐内酵母细胞浓度保持不变，发酵反应能连续进行，提高了酵母菌的利用率，同时代谢副产物的抑制作用会大大减小，乙醇更易于分离提纯。固定化常用的载体主要有海藻酸钠、卡拉胶等。目前固定化细胞发酵技术已是研究热点，由原来单一细胞固定逐步向混合固定发展，如将酵母细胞和纤维素酶一起固定在载体上，可以直接将植物纤维类生物质转化成燃料乙醇。

4. 直接发酵

直接发酵的特点是由纤维素分解细菌直接发酵纤维素生产乙醇，不需要经过酸解或酶解前处理过程。该工艺设备简单，成本低廉；缺点是乙醇产率不高，产生有机酸等副产物。近年来，随着基因、细胞工程的发展，用转基因或细胞技术对菌株进行定向改造，从而提高菌株生产乙醇的能力，成为研究和开发的热点。

6.3.2.4 变性燃料乙醇的质量指标

燃料乙醇加入特定的变性剂后成为变性燃料乙醇，可作为发动机燃料。我国国家标准《变性燃料乙醇》（GB 18350—2001）对其中的乙醇含量、含水率、酸度等指标进行了规定，见表 6-4。

表 6-4 我国变性燃料乙醇国家标准质量要求

项目	指标
外观	清澈透明，无肉眼可见悬浮物和沉淀物
乙醇（体积分数）/%	≥92.1
甲醇（体积分数）/%	≤0.5
实际胶质/(mg/100 mL)	≤5.0
水分（体积分数）/%	≤0.8
无机氯（以 Cl^- 计）/(mg/L)	≤32
酸度（以乙酸计）/(mg/L)	≤56
铜/(mg/L)	≤0.08
pH 值	6.5~9.0

6.3.3 燃料乙醇生产存在问题及展望

由于燃料乙醇的应用可以带来巨大的经济、社会和环境效应，所以世界各国对它已经有了不同程度的研究和应用。随着现代生物技术与工程技术的不断发展，高产菌株的获取将变得相对容易，发酵工艺及精馏技术也得到不断改进，这些都为燃料乙醇的大规模生产提供了技术保证，用植物纤维类原料生产燃料乙醇的技术应用已取得了重要进展。随着燃料乙醇的研究领域和应用范围不断扩展，燃料乙醇在可再生燃料市场中将占据重要地位，发展前景广阔。

目前燃料乙醇生产中存在的最大问题是成本高。虽然用植物纤维类原料生产纤维素乙醇具有可行性，但世界上尚没有成功的商业化运作案例，原料前处理投入高、纤维素酶成本高等问题制约着纤维乙醇产业化进程。目前世界各国都在纤维素燃料乙醇的生产技术上投入大量的人力物力进行攻关，相关技术有望在未来几年内获得突破。

6.4　农业固体废物生物柴油转化利用

6.4.1　概述

生物柴油通常是指以动植物油脂、微生物油脂以及餐饮废油等可再生资源为原料生产的替代传统石化柴油的新型清洁燃料。于 2007 年颁布的我国国家标准《柴油机燃料调和用生物柴油（BD100）》（GB/T 20828—2007）中将其定义为由动植物油脂与醇（例如甲醇或乙醇）经酯交换反应制得的脂肪酸单烷基酯。2014 年的修订版中将其定义修改为由动植物油脂或废弃油脂与醇（例如甲醇或乙醇）经酯交换反应制得的脂肪酸单烷基酯，进一步扩展了其原料来源。而目前生物柴油原料已经突破了油脂材料的限制，实现了非油脂植物纤维类农业固体废物制备生物柴油。

生物柴油及其生产技术的研究始于 20 世纪 50 年代末 60 年代初。美国是生物柴油研究最早的国家，1983 年美国科学家 Graham Quick 将酯交换制备的亚麻油甲酯成功用于发动机，并首次提出了生物柴油的定义。在 20 世纪 80 年代末，美国提出了以生物柴油代替石化柴油的战略，并列入国家能源政策项目。2007 年美国生物柴油年产量已达 45 万 t 左右，2014 年更是增加至 420 万 t。20 世纪 80 年代中后期，德国、法国、意大利等欧洲国家相继成立了专门的生物柴油研究机构，进行生物柴油的研究，政府也通过各种优惠政策鼓励生物柴油的研究、生产和应用，由于一系列促进市场营销的措施，欧洲生物柴油产业始终保持着较好的发展势头，逐渐成为全球最大的生物柴油生产地。2011 年世界生物柴油总产量约 2 050 万 t，其中欧盟占 51%。除盟、美国外，加拿大、巴西、日本、澳大利亚、印度等国也都在积极发展这项产业，2014 年世界生物柴油总产量达到 2 562 万 t（图 6-6）。

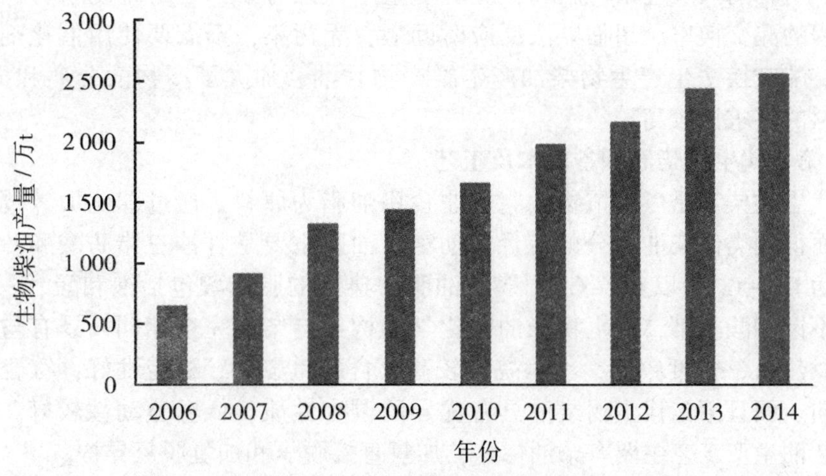

图 6-6　世界生物柴油年产量

与欧美国家相比，我国生物柴油的起步较晚但发展速度较快，生产技术并不落后于欧美等国家。尤其是进入21世纪之后我国对发展石油替代燃料非常重视，“十五”纲要将发展生物液体燃料确定为国家产业发展的方向，“十一五”国家科技攻关计划中，更将包括生物柴油在内的生物质能源开发列在首位。为规范行业发展并开拓生物柴油销路，我国也陆续出台了一些法规政策。2006年1月1日，国家颁布《中华人民共和国可再生资源法》，以法律的形式确立了生物柴油的合法地位，明确规定了石油销售企业将符合国家标准的生物柴油纳入其燃料销售体系。2007年5月1日，国家出台第一个生物柴油产品标准——《柴油机燃料调和用生物柴油（BD100）》。2010年9月26日，国家质量监督检验检疫总局、国家标准化管理委员会又联合发布《生物柴油调和燃料（B5）》标准。2014年，我国拥有生物柴油生产企业约50家，年总生产能力达到200万t，生物柴油年产量100多万t。

与燃料乙醇相似，生物柴油根据材料来源也可分成一代、二代和三代。第一代以食用油脂为原料，在我国应用较少，本书不做详细讨论。第二代生物柴油的油脂来源主要是非食用油（如棕榈油、桐油、麻疯树油、地沟油等），与第一代相比具有低黏度、低密度和高十六烷值的优点，且比以往的生物柴油更加清洁。第二代生物柴油与第一代生物柴油相比，在原料方面没有明显进步，但技术成本大大降低、污染物排放大大减少，而且不需要改装现有动力设备即可单独或混合使用。第三代生物柴油则采用非油脂类生物质作为原料，主要包括木屑、秸秆等农业固体废物和微藻、微生物油脂等原料，可避免与食物之间的竞争，是目前全世界研究的热点。

6.4.2 生物柴油制备工艺

6.4.2.1 第一代生物柴油生产工艺

第一代生物柴油主要以食用油脂为原料，包括菜籽油、豆油等，目前仍是美国、欧洲等一些发达国家生物柴油生产的主要原料。第一代生物柴油主要制备方法为酯交换法，酯交换法根据其反应特点可分为酸或碱催化法、生物酶法和超临界法等。酸或碱催化法在目前生物柴油的生产中使用较为普遍，但该方法反应时间长，工艺复杂，能耗较高。生物酶法反应条件温和，醇需求量小，无污染，但是需使用有机溶剂来提高反应过程的酯交换率。超临界法反应时间短，无污染，不需要使用催化剂，但反应条件苛刻。酯交换法生产生物柴油产生副产物甘油，加大了产物的分离和提纯难度，同时对原料的要求比较高。

6.4.2.2 第二代生物柴油制备技术及工艺

第二代生物柴油是以动植物油脂等非食用油脂为原料，通过催化加氢技术做加氢处理，从而得到类似柴油组分的烷烃。动植物油脂主要是甘油三脂肪酸酯，脂肪酸链长度一般为C_{12}~C_{24}，以C_{16}~C_{18}居多。油脂中典型的脂肪酸包括饱和酸、一元不饱和酸和多元不饱和酸。第二代生物柴油在化学结构上与柴油完全相同，具有与柴油相似的黏度和发热值，密度较低，十六烷值较高，含硫量较低，稳定性好，符合清洁燃料的发展方向。而且第二代生物柴油具有优异的调和性质，低温流动性较好。目前，第二代生物柴油生产工艺主要有柴油掺炼、加氢直接脱氧和加氢脱氧异构。

1. 原料

第二代生物柴油主要以非食用的动物油脂、植物油脂及废弃油脂为原料，其中：动物油脂包括猪油、牛油、羊油、鱼油等；植物油脂包括棕榈油、棉籽油，以及麻疯树、黄连木、文冠果、油茶、光皮树、无患子等木本非食用油料作物的油脂；废弃油脂包括废弃食用油脂、油脂生产工业副产的酸化油及粮食加工副产的低品质油脂等。

2. 生产工艺

（1）柴油掺炼。利用炼油厂原有的柴油加氢装置，通过在柴油进料中加入部分油脂进行掺炼。植物油中的三甘油酯被转化为线性烷烃，既可以改善产品的十六烷值，又可以节省油脂加氢装置的投资，是一种简单而又经济的选择。反应催化剂选择 Ni-Mo/Al_2O_3 或 Co-Mo/Al_2O_3（Co 或 Ni 与 Mo 的比值为 0.33~0.54），催化剂床温控制在 340~380 ℃，反应压力 5~8 MPa、液时空速 0.8~1.2 h^{-1}。得到的柴油产物比纯的石化柴油密度低，十六烷值更高。

（2）油脂直接加氢脱氧。在高温高压下油脂深度加氢的过程中，羧基中的氧原子与氢结合成水分子，而自身还原成烃。一般使用硫化态的负载型 Co-Mo 和 Ni-Mo 作为催化剂，反应温度 240~320 ℃、压力 4~15 MPa、空速 0.5~5.0 h^{-1}。反应产物主要是长链的正构烷烃，其十六烷值较高，反应产生少量气体和水，部分工艺生产的生物柴油浊点较高，低温流动性差。

（3）油脂加氢脱氧异构。以动植物油为原料，通过加氢脱氧和临氢异构化两步法制备生物柴油。加氢脱氧过程与油脂直接加氢脱氧条件相似，该过程脱除了油脂中的氧、氮、磷和硫等，同时将不饱和双键加氢饱和，原料中的脂肪酸等生成 C_6~C_{24}的烃类，其中大多为 C_{12}~C_{24}的正构烷烃产品；异构化是在 PT/ZSM-22/ Al_2O_3 或 Pt/SAPO-11/SiO_2 等催化剂作用下，在温度 200~500 ℃、压力 2~15 MPa 条件下，将正构烷烃进行异构化制得异构化烷烃，从而提高产品的低温流动性。

6.4.2.3　第三代生物柴油制备工艺

第三代生物柴油在原料范围上得到了拓展，从原来的油脂拓展到高纤维含量的非油脂类生物质和微生物油脂。以非油脂类生物质为原料，其原理是通过生物质气化系统把高纤维素含量的植物纤维类农业固体废物先制备成合成气，再采用气体反应系统对其进行反应，并在气体净化系统和利用系统中催化加氢使其转化为超洁净的生物柴油。以微生物油脂为原料制备生物柴油的原理是：高产脂微生物在培养发酵过程中在胞内积累了大量的脂肪酸，将脂肪酸萃取后，纯化出多种不饱和脂肪酸，余下的大量脂肪酸与甲醇或乙醇等短链醇进行酯交换反应合成生物柴油和甘油。

1. 原料

第三代生物柴油主要以微生物油脂和植物纤维类农业固体废物为原料，其中：微生物油脂是由酵母、霉菌、细菌和藻类等微生物在一定的条件下产生的，微藻是目前生物柴油原料的研究热点之一；植物纤维类农业固体废物包括木屑、各种农作物秸秆等，因其来源广泛，具有可再生性，是当前生物柴油研究和开发的热点。

2. 制备工艺

（1）植物纤维类农业固体废物气化合成生物柴油。该工艺是以木屑、农作物秸秆等植物纤维类农业固体废物为原料，经压制成型或简单的破碎加工处理后，进入气化炉，在空气、氧气或水蒸气等气化介质中发生高温裂解和氧化还原等反应，生成含有CO和H_2等物质的合成气，合成气净化处理后，通过催化、加氢等工艺以及费托合成（Fischer-Tropsch synthesis）等工序制备生物柴油。

（2）微生物油脂制备生物柴油。微生物油脂又称为单细胞油脂，是由酵母、霉菌、细菌和藻类等微生物在一定条件下，利用碳水化合物、碳氢化合物和普通油脂作为碳源，在菌体内产生油脂，油脂经萃取后，再通过酯交换或催化加氢制得生物柴油。以微生物油脂为原料的关键是微生物的筛选、菌体的处理、油脂的萃取等。常见的用于微生物油脂生产的酵母菌属有隐球酵母属、油脂酵母属、红酵母属、丝孢酵母属、耶氏酵母等；产油藻类包括小球藻、微绿球藻、舟型藻、葡萄藻、寇氏隐甲藻、杜氏盐藻、盐生单肠藻、三角褐指藻等。产油藻类分为自养和异养两种，自养微藻利用二氧化碳作为碳源，太阳光作为能量来源，在一定条件下能够积累大量油脂，因其效率高、个体小、营养丰富、生长繁殖迅速、对环境的适应能力强、容易培养，受到人们的重视。

6.4.2.4 生物柴油产品质量指标

生物柴油具有以下几个特点：①具有较高的十六烷值，氧含量高，燃烧性能优于柴油，能够保证燃烧均匀，耗油量低，热功率高，使发动机平稳工作。②具有较高的闪点，便于安全贮存和运输。③黏度大于石化柴油，具有较好的润滑性能，可降低喷油泵、发动机缸体和连杆的磨损率，延长其使用寿命。④具有优秀的环保特性。含硫量低，硫化物的排放量低，尾气中颗粒物含量及一氧化碳排放量分别约为石化柴油的20%和10%，排放指标满足欧Ⅱ和欧Ⅲ排放标准。生物柴油的生物降解率高达97%~98%，同时降解速率是普通柴油的2倍，能够减少意外泄漏事故对环境的危害。⑤生物柴油的热值较高，燃烧过程中能够释放较多能量，不同原料的生物柴油热值存在差异。生物柴油也存在一些缺点，如酸值高，对贮存装置和油箱具有一定的腐蚀性；含水率比较高，最大可以达到30%~45%，降低了油的热值。

我国国家标准《柴油机燃料调和用生物柴油（BD100）》（GB/T 20828—2015）对生物柴油的质量进行规定，其主要质量指标见表6-5。

表6-5 生物柴油的主要质量指标要求

性能	生物柴油		测定标准
	S50	S10	
密度（20 ℃）/(kg/m³)	820~900		GB/T 13377
运动黏度（40 ℃）/(mm²/s)	1.9~6.0		GB/T 265
闪点（闭口）/(℃)	≥101		GB/T 261
硫含量/(mg/kg)	≤50	≤10	SH/T 0689

续表

性能	生物柴油		测定标准
	S50	S10	
残炭（质量分数）/%	≤0.050		GB/T 17144
硫酸盐灰分（质量分数）/%	≤0.020		GB/T 2433
水含量/(mg/kg)	≤500		SH/T 0246
机械杂质	无		GB/T 511
铜片腐蚀（50 ℃，3 h）	≤1 级		GB/T 5096
十六烷值	≥49	≥51	GB/T 386
氧化安定性（110 ℃）/h	6.0		NB/SH/T 0825
酸值（以 KOH 计）/(mg/g)	≤0.50		GB/T 7304
甲醇含量（质量分数）/%	≤0.20		EN 14110
游离甘油含量（质量分数）/%	≤0.020		SH/T 0796
单甘酯含量（质量分数）/%	≤0.80		SH/T 0796
总甘油含量（质量分数）/%	≤0.240		SH/T 0796
90%回收温度/℃	≤360		GB/T 9168
一价金属（Na+K）含量/(mg/kg)	≤5		EN 14538
二价金属（Ca+Mg）含量/(mg/kg)	≤5		EN 14538
酯含量（质量分数）/%	≥96.5		NB/SH/T 0831
磷含量/(mg/kg)	≤10.0		En 14107

6.4.3　生物柴油的展望

生物柴油已成为新能源研究的热点，尤其是第三代生物柴油制备技术，因其原料来源广泛，不与食物竞争而备受关注。但第三代生物柴油还处于试验阶段，尚未形成产业化规模。生物质气化方法存在焦油转化不理想、一氧化碳选择性低等问题，而微生物法制备过程较为复杂。随着世界科技的进步，第三代生物柴油的合成技术也将逐渐形成产业化，满足人们对柴油的需求量。

6.5　农业固体废物沼气发酵利用

6.5.1　概述

沼气是秸秆、畜禽粪等有机物质在隔绝空气（还原条件）和适宜的温度、湿度下，经过微生物的发酵作用产生的一种可燃烧气体。沼气的主要成分是甲烷，它包含 50%~80%的甲烷、20%~40%的二氧化碳、0~5%的氮气、小于 1%的氢气、小于 0.4%的氧气与 0.1%~3%的硫化氢。沼气的低热值为 20~25 MJ/m^3，1 m^3 沼气完全燃烧能产生相当于 0.7 kg 无烟煤提供的热量。与其他燃气相比，沼气抗爆性能较好，是一种很好的清洁燃料。

沼气的应用在我国有着悠久的历史。我国是研究开发沼气技术最早的国家，也是当今世界沼气技术比较先进的国家之一。19 世纪末广东沿海就出现了适合农村应用的制取沼气的简易发酵池。20 世纪初，台湾省的罗国瑞在生产上采用排水贮气及水压输气原理的人工沼气池，1996—2003 年，我国农村家庭沼气产生总量约为 25 亿 m^3，相当于 180 万 t 标准煤。2000—2010 年以平均每年 17%的速度增长，截至 2013 年年底，全国沼气用户达 4 300 万户，年处理畜禽养殖废弃物 2 亿 t 左右，规模化沼气工程已发展到 10 万处，年可处理粪污 17 亿 t。目前全国每年沼气生产量达到 150 多亿 m^3，相当于年替代 2 500 多万 t 标准煤，减少二氧化碳排放 6 000 多万 t。

在当前油价居高不下，电力、煤炭等能源资源短缺及生态环境恶化的形势下，沼气作为一种可再生的优质清洁能源，能够有效地缓解农村能源紧缺的局面，保护和恢复森林植被，改善生态环境，增加农民收入，在农业和农村经济结构调整中占有举足轻重的地位。

6.5.2 沼气发酵工艺

6.5.2.1 原料选择

可用于沼气发酵的原料十分广泛，包括以秸秆类和禽畜粪便类为代表的农业固体废物、污水处理厂的厌氧活性污泥、食品加工废弃物、生活垃圾等。选择容易降解的原料（如人畜粪便等），可加快发酵的启动过程和提高产气效率。若原料选择不当，则容易造成发酵系统酸积累严重而发酵无法启动或启动后产气量不高等情况。碳是厌氧消化微生物所需能量的重要来源，也是微生物细胞结构的主要组成物质；氮是微生物蛋白质合成的必需成分。原料碳氮比是影响生物转化的重要因素之一。通常原料的 C/N 值在 25∶1 至 30∶1 之间最佳。如果 C/N 值过大，不仅会增加处理时间，还会降低有机碳的转化效率；如果 C/N 值过小，系统内可能会形成铵盐的积累，危害甲烷细菌，产生氨抑制。原料碳氮比的调节可以通过混合不同原料或加入碳源或氮源从而得到实现。

6.5.2.2 沼气发酵主要工艺

沼气发酵根据发酵料液中干物质含量分为湿式发酵和干式发酵。

湿式发酵的干物质含量为 4%~10%，干式发酵的干物质含量≥20%。通常沼气发酵是指湿式发酵，发酵物料呈流动液体状，便于通过管道输送物料，产沼气最充分，物料发酵均匀，易实现连续进出料。目前湿式发酵占主导地位，是畜禽养殖废水、屠宰废水、食品加工有机废水等处理处置的主要技术工艺。

沼气干发酵又称固体厌氧发酵，是指以秸秆、畜禽粪便等有机固体废物为原料，在干物质浓度为 20%以上的条件下，利用厌氧菌将其分解为 CH_4、CO_2、H_2S 等气体的发酵工艺。沼气干发酵存在由于其发酵原料的干物质浓度高而导致的进出料难、传热传质不均匀、酸中毒等问题，是沼气干发酵的技术难点，对此国内外都进行了深入的研究。国外对沼气干发酵技术的研究比我国早，整体技术水平较我国领先。

沼气发酵按进料方式可分为批量（批式）发酵、半连续发酵和连续发酵。连续发酵是指沼气池加满料正常产气后，每天分几次连续不断地加入预先设计的原料，同时也排走相同体积的发酵原料，使发酵过程连续进行下去；半连续发酵是指在沼气池启动时一次性加入较多原料（一般占整个发酵周期投料总量的 1/4～1/2），正常产气后，定期、不定量地添加新料；批量发酵是一种简单的沼气发酵类型，是将发酵原料和接种物一次性投入沼气池，中途不再添加新料，结束后一次性出料。在批式厌氧发酵试验中，水解、酸化、产乙酸和产甲烷过程相继进行，与外界没有物料交换，发酵过程为非稳态过程。实际运行良好的沼气工程中，多采用半连续式进料（CSTR）或连续式进料（USAB），厌氧过程处于稳定状态，水解产酸与产甲烷过程同时进行，有效地避免了产物抑制，提高了物料转化率。常规沼气发酵主要工艺如图 6-7 所示。

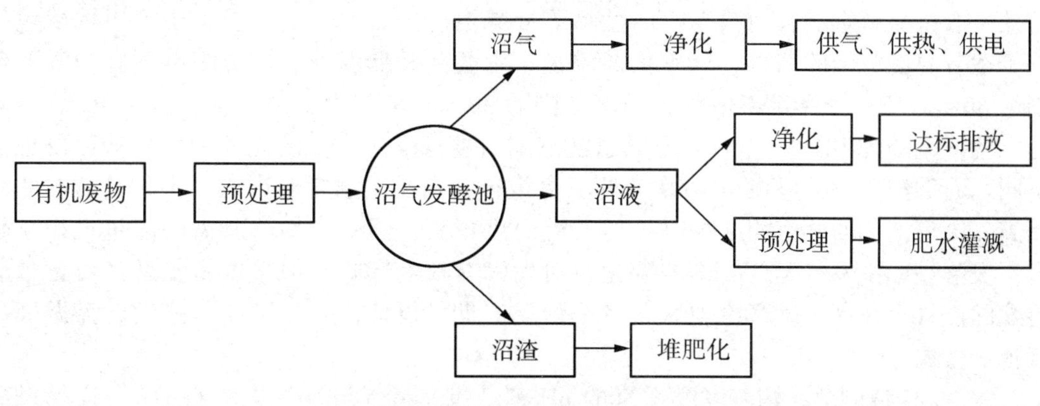

图 6-7　沼气发酵工艺

6.5.2.3　沼气发酵工艺参数选择

影响沼气发酵的工艺参数很多，其中最主要的包括原料预处理、接种物种类、进料浓度、C/N 值、发酵温度、pH 值等。

（1）原料预处理。原料预处理主要是针对秸秆等含有木质纤维素难降解的生物质原料，利用物理、化学或者生物等方法使其中不易被降解物质提前得到腐化分解，在进料后更快启动发酵。同时，预处理后的原料密度大，原料进料后很快下沉到发酵池底，有利于发酵和解决农村沼气池结壳等问题。预处理的方法包括物理法、化学法和生物法等。

物理法指通过机械加工、高压高温蒸煮或辐射处理等改变秸秆的外形或结构。化学法是使用酸、碱和有机溶剂等作用于作物秸秆，常用的有碱化处理和氨化处理两种方法，其中碱化处理常用的试剂有 NaOH、$Ca(OH)_2$、KOH、$NaHCO_3$ 等，氨化处理的常用试剂有液氨、氨水、尿素和 NH_4HCO_3 等；还有一些用氧化还原类试剂进行预处理的方法，如氯气、各种次氯酸盐、H_2O_2 和 SO_2 等。在这些方法中以 NaOH 法最为常用。生物法是利用具有强木质纤维素降解能力的微生物将秸秆降解成易于厌氧菌消化的简单物质，主要采用的微生物为白腐菌。农村户用沼气工艺最常见的原料预处理方法是对发酵原料进行堆沤，也是生物法的一种。

（2）进料浓度。进料浓度即发酵原料干物质占发酵总量的比例。一般来说，湿式发酵进料浓度为 5%～10% 比较适宜。发酵浓度过低则产气量小、发酵设备利用率低；发酵浓度过高会造成发酵系统酸化，从而影响发酵正常进行。但在干式发酵中干物质浓度大于 20%也可以很好地产气。

(3) 碳氮比 (C/N 值)。沼气发酵适宜的 C/N 值是 20∶1~30∶1。原料 C/N 值超出这个范围发酵就会受到抑制。对于 C/N 值不适宜的发酵，可以通过添加化学物质 (如尿素等) 或者利用不同 C/N 值的发酵原料混合来改变进料的 C/N 值。

(4) 接种物选择。接种物以下水道污泥、正常发酵的沼气池底泥或生活污水处理厂的厌氧活性污泥等含厌氧微生物丰富的污泥为佳。若接种物选择不当，则会造成发酵启动慢或者发酵料液酸化而无法正常产气的后果。

(5) 温度调控。沼气发酵是微生物主导的复杂代谢过程。微生物活性对沼气发酵的效率具有显著影响，而微生物活性易受外界温度的影响。沼气发酵中产甲烷菌包括三个适宜温度范围的菌群，分别为高温菌、中温菌和低温菌。高温菌群适宜的温度范围为 50~60 ℃；中温菌群适宜的温度范围为 30~40 ℃；而低温菌群也称为常温菌种，适宜温度范围为 10~20 ℃。在不同温度范围内进行反应时，消化池中的优势菌群也会不同。通常沼气发酵可在 10~60 ℃环境下进行。当反应温度升高时，厌氧菌群的活性提高，厌氧消化的效率随之提高；但发酵温度越高，沼气池加热所需的能量也相应越多。发酵过程中发酵温度的剧烈变化也对发酵有很大影响，但温度恢复后又可正常进行发酵产气。在高纬度寒冷地区及冬季低温时期，要使沼气发酵正常进行，需做好沼气池的保温工作。

(6) pH 值调节。沼气发酵适宜的 pH 值范围是 6.5~8.0。发酵料液的 pH 值过高或过低都会影响微生物的活性而抑制发酵。在发酵过程中，发酵料液的 pH 值一般是由微生物自身调节：在发酵初期，由于产酸菌的活动生成大量有机酸使发酵料液的 pH 值下降；之后产甲烷菌可以快速转化有机酸而使发酵料液的 pH 值逐渐上升；产甲烷菌的氨化作用生成 NH_4HCO_3 中和部分有机酸，也使发酵料液的 pH 值上升。

(7) 水力循环程度。微生物需要与发酵原料相接触才能够进行发酵反应，在发酵过程中，若发酵设备存在水力循环死角，原料无法通过流动与沼气发酵微生物接触，会造成发酵效率和设备利用率降低。在有条件的情况下，对发酵料液进行适当的搅拌是提高发酵效率的途径之一，同时也能解决因秸秆类物料漂浮而造成结壳的问题。

6.5.3 “三沼”应用

沼气发酵除了能够获得沼气能源外，还会产生沼液和沼渣，三者合称为“三沼”。随着沼气发酵技术的不断完善和功能的不断开发，“三沼”的用途也不断扩展，由此形成了一整套沼气、沼液和沼渣的综合利用技术。

6.5.3.1 沼气燃料

经过净化的沼气不但可以用作用户煮饭、点灯的燃料，也可作为内燃机的燃料，具有无烟、少污染、抗爆性能好、可燃范围宽等特点。

6.5.3.2 沼气发电

随着大型沼气池建设和沼气综合利用的不断发展，沼气发电成为沼气利用的重要方向。它将沼气用于发动机上，并通过发电装置产生电能和热能。沼气发电具有创效、节能、安全和环保等优点，是一种分布广泛且价廉的能源利用方式。但国内沼气发电研究和应用市场都还有待完善，特别是适用于我国广大农村地区的小型沼气发电技术研究和应用更少。

6.5.3.3 沼气二氧化碳施肥

沼气中一般含有20%~40%的二氧化碳和50%~80%的甲烷。甲烷燃烧时又产生大量的二氧化碳，同时释放出大量热能。根据光合作用原理，在种植蔬菜的塑料大棚内点燃一定时间、一定数量的沼气，棚内二氧化碳浓度和温度显著增高，可有效地促使蔬菜增产。

6.5.3.4 沼液浸种和防治农作物病虫害

沼液不仅含有极其丰富的植物所需的钾离子、铵根离子、磷酸根离子等多种营养元素和大量的微生物代谢产物，而且含有抑菌和提高植物抗逆性的激素等有益物质。利用沼液浸种，这些营养元素能不同程度地被种子吸收，从而增强种子的酶活性，加速养分运转和新陈代谢过程，提高幼苗抗病、抗虫、抗逆能力。作为液体肥施用，可防治植物病虫害和提高植物抗逆性。

6.5.3.5 沼渣利用

沼渣中含有10%~20%腐殖酸、30%~50%有机质、1.0%~2.0%全氮、0.4%~0.6%全磷、0.6%~1.2%全钾，可用作肥料、养鱼、养蚯蚓、培养食用菌等。

6.6 植物纤维类固体废物生物质气化利用

6.6.1 概述

生物质气化是指在一定热力学条件下，借助空气、水蒸气的作用，使生物质高聚物发生热解、氧化还原、重整反应，热解伴生的焦油进一步热裂化或催化裂化为小分子碳氢化合物，获得含一氧化碳、氢气和甲烷等气体的过程。

早在1798年，煤炭气化技术就已经在法国和英国出现。1840年，法国的Bischoff开发出一种小型的商业化生物质气化炉，世界上第一台生物质气化炉正式问世，但生物质热解气化技术较大规模应用则始于20世纪三四十年代。第二次世界大战后，由于中东地区大规模廉价优质石油的开发，生物质气化技术长时间处于停滞状态。直到1973年世界能源危机的爆发，生物质气化技术作为一种重要的新能源技术重新引起全世界的关注和重视。经过几十年的发展，欧美等国的生物质气化技术取得了很大的成就，其中处于世界领先水平的国家有瑞典、丹麦、奥地利、德国、美国和加拿大等。

我国对生物质气化研究起步较晚，始于20世纪80年代。20世纪80年代初期，我国研制了由固定床气化器和内燃机组成的稻壳发电机组。20世纪90年代中期，中国科学院广州能源研究所进行了流化床气化器的研制，并与内燃机结合组成了流化床气化发电系统。2002年在海南建成了我国及亚洲最大的生物质气化发电系统，整体达到国际先进水平。同时我国小型气化炉的研究开发也在逐步发展，形成了多个系列的炉型。经过近30年的努力，我国生物质气化技术取得了较大的进步，我国自行研制的集中供气、发电、户用气化炉等产品已进入实用化试验及示范阶段，形成了多个系列的气化炉，可满足多种物料的气化要求，并在生活用能、发电、供暖等多个领域得到应用。

6.6.2 生物质气化工艺及设备

6.6.2.1 植物纤维类固体废物原料的优点

植物纤维类固体废物原料主要是指秸秆类生物质材料，它作为生物质气化利用，与煤炭相比，具有以下优点：

（1）挥发组分高、固定碳低。秸秆类生物质原料在较低的温度（350 ℃）下就能迅速地释放出大约80%的挥发组分，剩余20%左右的固体残留物。而煤却要在较高的温度（600 ℃以上）下才能释放出30%~40%的挥发物。

（2）炭的活性高。在800 ℃、2 MPa及水蒸气存在的条件下，秸秆类生物质原料生成的炭气化反应迅速，经7 min后，有80%的炭被气化，而在相同条件下煤炭仅有5%被气化。

（3）硫含量低。秸秆类生物质原料含硫量一般低于0.2%，不需要脱硫装置，可大大降低气体净化成本。如果在气化过程中使用催化剂，不会造成催化剂中毒。

6.6.2.2 气化工艺

植物纤维类固体废物的气化过程主要发生在500~1 400 ℃，根据反应温度和产物不同，可分为干燥、热解、氧化还原和净化4个阶段。

（1）干燥。一般而言，新鲜的秸秆类原料含水率为30%~60%。因此，干燥即使原料中的水分蒸发除去，得到干物料和水蒸气。干燥阶段的温度为100~250 ℃。这一过程中物料化学组成几乎不变。

（2）热解。热解阶段的温度为400~600 ℃。植物纤维类固体废物初步裂解炭化，脱除挥发分或热分解，主要产物为CO_2、CO、H_2、CH_4、焦油及其他烃类物质等混合气体，得到固定碳和灰分。

（3）氧化还原。氧化阶段的温度一般可达到1 000~1 200 ℃，气化剂中的氧气和热解产生的固定碳发生氧化反应生成CO、CO_2和H_2O，释放出大量的热量，为炭的深层气化提供能量。

还原阶段指经热分解得到的炭与CO_2、水蒸气、H_2发生反应生成CO、H_2、CH_4等可燃性气体的过程，由于反应吸收一部分热量，所以该阶段温度为700~900 ℃。

（4）净化。产出的可燃气夹带少量水蒸气、焦油、碱金属及氨，须经冷却器、除尘器、水喷淋塔将它们除去后，方可输送到燃气设备。

6.6.2.3 气化设备

气化设备是生物质气化装置的核心部分，其各部位结构尺寸将极大地影响气化炉的热效率、合成气组分和合成气的质量，因此设计合理的生物质气化设备是有效利用生物质的关键。按照生物质与气化剂的接触方式不同，气化设备主要分为固定床气化炉、流化床气化炉两大类，而固定床气化炉与流化床气化炉又有多种不同的形式。

1. 固定床气化炉

固定床气化炉是一种传统的气化反应炉，指生物质原料相对于传过床层的气流而言，处于静止状态。该设备由一个容纳原料的炉腔和承载生物质原料层的炉栅组成，其运行温度一般在1 000 ℃左右。一般而言，该类气化炉适用于大颗粒物料。其优点是结构简单、坚固耐用、运动部件少、制造容易、运行稳定，对生物质原料及其粒径的要求不高，但存在着处理量少、内部气化过程难控制、生物质颗粒容易搭桥形成空腔、生产强度小等缺点。根据气化介质流动方向的不同，固定床气化炉又可细分为下吸式气化炉、上吸式气化炉、横吸式气化炉及开心式气化炉。

固定床气化技术针对的是中小规模应用，主要存在的问题有：①机械化、自动化程度较低，如开心式的稻壳气化炉容易架桥烧结，运行时需要耗费大量人力在炉顶操作，威胁操作人员安全。②焦油含量高，上吸式固定床所产燃气中含有大量的焦油，对燃气净化系统造成巨大负担，去除不净造成管路、阀门堵塞，内燃机需频繁维护。③规模小，目前固定床单台产能一般都集中在 200~500 kW，不易放大规模，规模效益不佳。④发电效率低，气化发电所用的内燃机一般都由低转速的柴油发电机改装而成，电能转化效率只有 30%，固定床气化发电效率为 10%~15%。

2. 流化床气化炉

流化床气化炉的出现比固定床晚很多。流化床气化炉的基本工作原理是气化剂通过布风板吹动流化介质和生物质原料，当气化剂达到一定量时，向上流动的强气流使流化介质和生物质原料的运行就像液体沸腾一样漂浮起来，这时炉内便处于流化状态。流化床气化炉既有采用惰性材料（如石英砂等）作为流化介质以强化传热，也有采用非惰性材料（石灰或催化剂）促进气化反应速率。流化床气化首先将砂床加热，进入流化床气化炉的物料便能在热砂床上进行气化反应，并通过反应热保持流化床的温度，尤其适合水分含量高、热值低、燃烧困难的秸秆类生物质原料。

与固定床气化炉相比，流化床气化炉具有以下优点：物料颗粒、石英砂、气化剂（空气）充分接触，传热传质均匀，气化反应速度快，产气率高，气化效果好，碳转化率高，结渣率低，易放大设计。因此流化床气化技术针对的是中等及其以上规模应用。但不足之处在于：原料粉碎要求高，需细小均一；合成气的显热损失大；可燃气中灰分含量高；设备结构复杂。流化床气化炉又分单流化床气化炉、循环流化床气化炉、双流化床气化炉和携带床气化炉。

3. 气流床气化炉

气流床气化是一种并流式气化，是流化床气化炉的一种特例。被粉碎的原料和被加压的气化剂（氧气或水蒸气）并流进入气化炉，在高于 1 000 ℃条件下进行气化。其特点是合成气出炉的温度达 1 000 ℃以上，大部分焦油可在半焦气化过程中裂化，出炉的合成气中几乎不含焦油，气化炉壁上的灰融物可当作熔渣除去。该方法具有气流速度快、气化强度和反应温度高、生产能力大、环保性能好等优点，但也存在氧耗高，需要增加磨粉、除尘辅助设备等缺点。

6.6.2.4　工艺参数选择

生物质气化过程中有很多因素影响热解速率和产出气的组成，如停留时间、气化介质、反应温度、反应物粒径等。

（1）停留时间。为获得合成气，必须保证生物质颗粒在炉中一定的停留时间。为获得适宜的停留时间，需对气化炉的通风系统进行合理的设置。对于上述几种类型的气化炉，固定床中生物质颗粒的停留时间较长，对于流动剧烈的气化炉而言，停留时间可适当减少。在气流床中，仅 1~2 s，生物质颗粒就被干燥、热解甚至气化。

（2）气化剂。目前生物质气化技术中采用的气化介质有空气、富氧气体、二氧化碳、空气-水蒸气和水蒸气。空气气化介质操作及维护都较方便，较为常用，且价廉易得，是最常用的气化剂，但由于氮气含量过高，利用空气得到的合成气热值相对较低。水蒸气作为气化剂得到的合成气热值相对较高，价格介于空气和氧气之间。空气-水蒸气气化可获得高热值的合成气，运行生产成本也相对较低。选择富氧气体（或含水蒸气）作为气化剂，避免了氮气对氧的稀释，降低了热解平衡温度，加快气化反应，提高了碳转化率和合成气产率，优化了产品组成。氧气作为气化剂，得到的合成气的热值最高，但是气化剂的成本最高。

（3）温度调控。温度是生物质气化过程中重要的工艺参数，对产出气的种类及组成分布、热解速率及反应的热量变化有很大影响。温度升高，反应速率增大，合成气产率增加，二氧化碳和焦油含量降低，但对气体组分影响则随气化条件的不同而不同。

6.6.3 生物质气化应用

6.6.3.1 供热

生物质气化供热是指生物质经过气化炉气化后，生成的生物质燃气送入下一级燃烧器中燃烧，为终端用户提供热能，或用于区域供热和木材、谷物等农副产品的烘干。目前这项技术已实现商业化，并在世界很多地区广泛应用。

6.6.3.2 发电

生物质气化发电是把生物质在气化炉中转化为可燃气，然后再利用可燃气来推动燃气发电设备进行发电。生物质气化发电可分为内燃机发电、燃气轮机发电和蒸汽轮机发电等。内燃机发电、燃气轮机发电已在小规模的范围内有较多应用。然而由于技术装备的限制，单独采用内燃机或燃气轮机的生物质气化发电系统较少。更具发展前景的是燃气-蒸汽联合循环的生物质气化发电系统。该系统在内燃机、燃气轮机发电的基础上增加余热蒸汽的联合循环，构成的系统称为生物质整体气化联合循环（BIGCC），它可以有效提高发电效率，一般系统效率可达到甚至超过 40%。BIGCC 技术还未能实现商业化，仍处于示范阶段。

6.6.3.3 制氢

氢是一种理想的二次能源，具有燃烧热值高、清洁无污染、适用范围广等特点。目前，绝大部分的氢能都来源于不可再生的能源，如化石燃料、天然气等。相比之下，通过生物质气化获取富氢气体，则是很有前景的氢能开发方式。为此，很多国家都对通过生物质气化获取氢能给予了大量政策和经济上的支持，并在生物质催化气化制氢方面进行了大量的研究。

6.6.3.4 制取合成气

生物质气化过程生成的产品气，富含一氧化碳和氢气，经过净化，可用作生产化工原料的合成气。合成气可进一步合成液体燃料，包括二甲醚（DME）、甲醇、生物柴油等。

思考题

1. 秸秆类农业固体废物燃烧发电的主要方式有哪几类？

2. 简述生物质成型燃料的主要加工工艺及其特点。
3. 植物纤维类固体废物生产燃料乙醇的主要发酵工艺类型有哪几类?
4. 三代生物柴油工艺中制备原料的主要区别有哪些?
5. 影响沼气发酵的工艺参数有哪些?

第7章 农业固体废物材料化利用技术

随着社会经济发展和科学技术的进步，农业现代化和产业化进程将势不可当。规模化、集约化的农场和养殖场日益增多，农业固体废物资源化利用也正逐步走向工厂化、规模化、商品化、多元化、标准化、高效化的产业发展道路。利用现代高新技术对农业固体废物进行新材料开发，大大提高了农业固体废物的资源化利用价值，对农业的增收效果更为明显。农业固体废物经材料化利用开发家居建材、吸附材料、包装材料、餐具材料、摩擦材料等，将农业生产与工业生产相结合，开发深度和利用效率得以提高，减轻了环境污染，实现生态、经济和社会效益相统一，也是建设资源节约型和环境友好型社会的发展需求，具有广阔的应用前景。

7.1 秸秆人造板的开发利用

7.1.1 概述

我国是一个木质人造板制造和出口大国，人造板产量呈逐年增加的趋势，2014年我国人造板总产量已经达到3.02亿 m^3，需要砍伐约4.53亿 m^3 的木材。但我国同时又是一个森林覆盖率很低的国家，人均森林蓄积量仅为世界人均蓄积量的1/8，这成为限制板材行业发展和国家经济建设的一个重要问题。相对于匮乏的森林资源，我国的农作物秸秆资源丰富，每年产生的农作物秸秆近9亿t。如果我国每年产生的农作物秸秆中10%用于生产人造板，可生产约6 000万 m^3 的秸秆板材，减少约1亿 m^3 的木材砍伐。以秸秆替代木材，已成为农业固体废物的资源化利用的重要方向。

秸秆人造板是以稻草、麦秸、棉秆、玉米秆等农作物秸秆剩余物为主要原料，模拟木质刨花板和中密度纤维板生产工艺制成的，其性能介于刨花板和中密度板之间，以不含甲醛的异氰酸酯生态胶为黏合剂，是一种可广泛应用于家具制造、室内装饰装修、地板及包装材料等的人造板材。

利用农业固体废物制造人造板的工业化生产，大约可追溯到1921年，美国建成首家蔗渣纤维板厂。20世纪40年代以后，以蔗渣、麻秆、棉秆等作物秸秆为原料的人造板厂曾先后在一些国家有过不同程度的发展，但大都未能长期存在下来。20世纪90年代，出于环境压力，北美农业发达地区在发展秸秆人造板的工业化生产中走在了前头，同时德国、英国等国也对利用异氰酸酯胶生产秸秆刨花板进行了大量研究。发展至今发达国家已形成完整的工业体系，目前全世界的秸秆人造板产量已经达到了300多万 m^3，主要集中在欧美国家。

相比欧美等发达国家，我国利用农作物秸秆生产人造板起步较晚。在20世纪70年代才开始进行稻秸秆、麦秸秆、甘蔗渣等原料制造人造板的研究。进入20世纪90年代，由于我国人造板原料供应日趋紧张和政府对焚烧秸秆问题的日益重视等原因，我国对利用麦秸、稻秆等农业固体废物生产人造板的研究开发和推广应用工作进入了一个崭新的时期，同时借鉴国外成功应用异氰酸酯作为胶黏剂生产麦秸板的经验，麦秸秆和稻秸秆人造板制造技术得到了迅速的发展。随着我国秸秆人造板技术的不断成熟，生产成本逐渐降低，我国农业固体废物人造板产业逐渐形成。目前我国的秸秆人造板产能已经达到100万 m^3，将秸秆人造板打造成家具的条件也开始成熟起来，秸秆人造板市场前景变得更加广阔。

7.1.2　人造板材用秸秆材料的特点

通常情况下，纤维素含量是决定人造板力学强度的重要因素，纤维素含量高，产品的耐水性好，机械强度大。木质素是构成植物细胞壁的成分之一，存在于胞间层与细胞壁上微纤维之间，具有热塑性，是人造板工艺条件制定的主要依据，特别是纤维板生产中纤维分离和重新组合的重要条件之一。木质素与人造板的尺寸稳定性有密切的关系，对强度也有一定的影响，木质素含量越高，人造板的尺寸稳定性越好。半纤维素（戊聚糖）聚合度低，含有多种糖基和不同的连接方式，有的可以被酸溶解，有的可以被碱破坏，易降解，强度低，为无定型物质，含有大量游离羟基，易吸湿，其含量过高，会影响人造板的尺寸稳定性；热水抽提物含量高不仅影响板材的性能，而且热压时还容易产生粘板现象；灰分含量过高，则会使板材的力学强度明显降低。

表7-1列举了部分秸秆类农业固体废物的化学成分，可以看到秸秆类农业固体废物除了灰分和各种抽提物含量较木质材料高以外，纤维素、木质素和戊聚糖的含量与木材基本接近，尤其是麦秸秆、棉秆、蔗渣等的纤维素含量非常接近于木材。

表7-1　主要农业固体废物化学成分与木质材料化学成分比较　　单位：%

原料	灰分	热水提取物	1% NaOH 提取物	木质素	纤维素	戊聚糖
麦秸秆	6.4~7.5	23.15	44.56	15~20	33~40	20~25
稻秸秆	15.50	28.05	47.70	15	40	18
玉米秆	4.66	20.40	45.62	18.38	37.68	21.58
高粱秆	4.76	13.88	25.12	22.52	39.70	44.40
蔗渣	1.5~5.0	15.88	26.26	23~32	32~48	19~24
棉秆	9.47	25.65	40.23	23.16	41.26	20.76
海蓬子	6.27	11.57	37.27	21.11	57.21	16.41
马尾杉	0.33	6.77	22.87	28.42	51.86	8.54
云杉	0.31	2.35	10.68	29.12	48.50	11.45
桦木	0.82	2.36	21.20	23.91	53.43	25.90
杨木	0.32	3.46	15.16	17.10	43.24	22.61
竹材	1.17~1.96	4.50~14.96	22.63~31.62	21.63~26.59	50.31~56.27	22.90~31.83

续表

原料	灰分	热水提取物	1% NaOH 提取物	木质素	纤维素	戊聚糖
针叶材	0. 18~0. 66	1. 94~11. 48	10. 32~21. 57	24. 69~33. 54	52. 11~61. 94	5. 99~12. 52
阔叶材	0. 10~1. 50	1. 67~13. 02	10. 24~29. 55	17. 81~33. 09	49. 96~64. 10	14. 69~30. 83

资料来源：段海燕等，2009；王欣，2009；付调坤等，2013。

秸秆类农业固体废物在组成上与木质材料存在较多相似性，但也存在一些不利因素。大部分秸秆类农业固体废物的层积密度较小，影响设备的生产能力；比表面积比木质材料大，异氰酸酯胶黏剂施胶量较小情况下，充分均匀施胶难度较高；碎料传热性能不佳，导致热压时间长，生产效率不高。大部分秸秆类农业固体废物（特别是麦秸秆和稻秸秆）表面富含蜡质层和灰分（主要成分是 SiO_2），不仅会加剧刀具磨损，增加生产线停车时间，而且会导致碎料胶合性能不佳，如要使用脲醛树脂胶黏剂，必须对其进行热磨或改性。综上所述，如果能解决一些不利的因素，秸秆类农业固体废物是替代木质材料用作人造板工业的理想原料。

7.1.3 秸秆人造板的生产

7.1.3.1 备料

农业固体废物尤其是秸秆类，往往是一年生植物原料，主要来源于农业生产，季节性强，资源分散，收集强度大，收集成本高，且收购时间集中，而原料本身质轻，糖分较多，水分含量控制困难，易霉烂变质。以上均给原料的收集和贮存带来了一定的困难，尤其是贮存和运输的过程中要加强防火、防霉和排水工作，也相应地增加了生产成本。因此，建设秸秆人造板生产线时，厂址的选择应充分考虑当地的农业种植结构和农业固体废物供应量，保证原料充足，同时尽量减少原料收购半径，节约成本，且要严把原料进厂质量关，做好原料的贮存工作。

7.1.3.2 生产工艺

秸秆人造板的生产工艺最初主要模拟木质刨花板工艺，采用脲醛树脂生产。由于秸秆碎料表面的蜡质层影响胶合，制得的秸秆碎料不经过改性处理，难以用脲醛树脂胶合，胶合成的板材性能很差。现在主要使用异氰酸酯胶黏剂，这是一种完全不含甲醛的生态胶，随着异氰酸酯被应用于秸秆人造板领域，胶合问题得到较好解决，板材性能也得到改善，而且不存在甲醛释放问题，但由于异氰酸酯生产工艺成本较高，甚至远高于同等质量水平的木质人造板。因此，近年来人们又开始把目光重新转向脲醛树脂用于生产纤维板。在具体的工业化应用上，也存在两种生产工艺方法。

（1）一种是以异氰酸酯作为胶黏剂，以机械破碎方式制备秸秆碎料生产刨花板或碎料板的工艺。该工艺是秸秆人造板得到快速发展的重要原因，也是目前大多数已经投产的秸秆人造板工厂主要采用的生产工艺。其主要工艺路线如图 7-1 所示。

工艺中采用的异氰酸酯胶黏剂含有高反应活性的异氰酸酯基（—NCO），理论上可以和醇类化合物、胺类化合物、水等所有可提供活性氢的化合物反应，产生氨基甲酸酯、脲等物质，这些物质上的氨基仍含有活泼氢，可继续与异氰酸酯反应，使得在分子长度和交联度方向上进一步延伸，有助于原料的胶合。秸秆具有一定的吸湿率，分

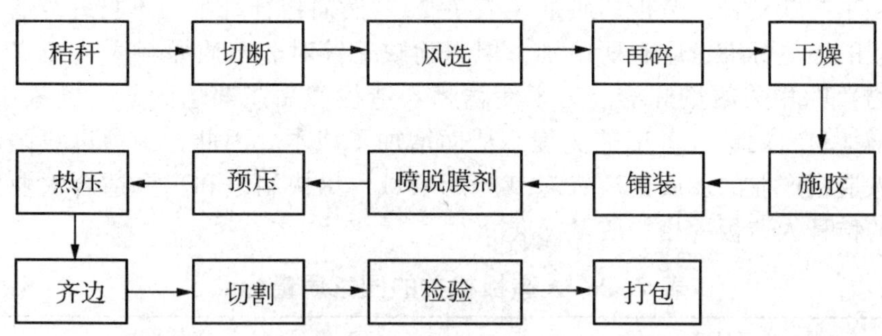

图 7–1 以异氰酸酯为胶黏剂的秸秆碎料板生产工艺

子中常含有羧基、羟基、醚键、酯键等。异氰酸酯一方面可与农业固体废物原料大分子中的羟基、羧基等化学键合；另一方面还可以与水反应，它是人们寻找的唯一既可以与人造板原料分子反应又可以与水反应的胶黏剂。

利用秸秆原料生产人造板，一般要经过切断和分离两道工序，得到足够长度、合适长细比的纤维状和半纤维状的原料，并且以筛分值180~830 μm（20~80目）的原料为主体。以异氰酸酯作为胶黏剂，对物料的水分含量要求相对较低，一般干燥后的物料含水率控制在5%~10%即可。异氰酸酯胶黏剂由于价格较高，为脲醛树脂的10倍左右，其施胶量要远小于脲醛树脂，理论上可达到3%，但由于秸秆比表面积大，拌胶均匀性难度大，工业化生产一般用量为4%~5%。同时由于秸秆导热系数、密度等均比木材低，传热速率慢，导致秸秆人造板的热压时间要比同样条件下的木质刨花板或木质中密度纤维板要长。施加异氰酸酯的秸秆人造板热压时间几乎相当于木质人造板的2倍。应用异氰酸酯胶黏剂存在的另一个主要问题是热压板表面严重的粘板现象，由此带来了生产过程中的脱模问题，因此与脲醛树脂相比，需要增加“喷脱膜剂”这一工序。

（2）另外一种是以脲醛树脂为胶黏剂，机械热磨方式制备秸秆纤维，通过铺装、热压、后处理后制得中密度纤维板。

脲醛树脂因其制造容易，价格低，具有耐光性好、较耐老化、工艺性好、使用方便等优点，因此受到人造板制造产业的青睐，也是近年来秸秆人造板工业化生产研究的一个重点方向。

采用脲醛树脂作为胶黏剂，原料预处理阶段必须增加改性工艺，对植物纤维性农业固体废物或者脲醛树脂进行处理。主要的处理方法包括：① 对秸秆纤维原料进行改性。首先用缓和的化学药剂和蒸汽对秸秆原料进行预处理，并用双螺旋挤压机或热磨机施加强大的剪力来破坏和分散其蜡质和硅化合物的表层，并使纤维束分离，以改善其缓冲能力和表面功能；②对脲醛树脂进行改性，即加入苯酚、间苯二酚、三聚氰胺或其他添加剂，以加强脲醛树脂的胶合性能；③秸秆纤维原料改性和使用改性脲醛胶相结合。原料经改性处理后，其生产工艺与木质人造板相似，通常脲醛树脂施胶量为12%~15%，热压时间也与木质人造板接近。

7.1.4 秸秆人造板的产品质量要求

目前，除少数特殊板材已制定质量标准外，一般均引用和参照木质材料人造板国家质量标准来判断秸秆人造板的质量（表 7-2）。然而秸秆纤维与木材纤维有一定的差异，人造板的质量标准也应有所区别，但目前缺乏针对非木质原料人造板（尤其是农业固体废物）的相关质量标准。为了使秸秆人造板产品能够达到某一国家质量标准，需要刻意增加材料用量或者工艺流程，从而增加了成本。因此，为促进我国农业固体废物生产人造板产业的发展，应针对其应用领域，尽快制定和出台适合农业固体废物原料特性的秸秆人造板的相关质量标准。

表 7-2　人造板相关的国家质量标准

产品类型	产品标准
胶合板	GB/T 9846—2004
刨花板	GB/T 4897—2003
中密度纤维板	GB/T 11718—1999
装饰单板贴面人造板	GB/T 15104—2006
浸渍胶膜纸饰面人造板	GB/T 15102—2006

7.1.5　秸秆人造板的应用

目前秸秆人造板已在家具制造、建筑装修、包装等多个行业中得到了应用。

家具行业是我国人造板的消耗大户，目前的板式家具基本都是用含醛类板材制造，产品在制造和使用中均存在一定的甲醛释放问题。而采用家具厂现有的工艺和设备，无醛的秸秆人造板完全可以通过贴面、开料、加工、组装等工序，生产出厨房家具、办公家具、儿童家具、卧房家具等系列产品。尽管无醛家具的售价比市场上现有的板式家具高出 20%，但因其不含甲醛的特点，广受用户的青睐。

建筑装修对人造板的需求也很大，以无醛秸秆人造板为基材，可以制成各类建筑材料，如非承重的墙体、复合地板或强化地板、门板等。此外，还可以与其他材料结合制成屋面瓦、窗扇等。

我国每年机械工业出口包装需要消耗大量的木材，秸秆人造板可以直接制造成包装托盘或者以单板层积材作结构支撑，以秸秆板作为围护材料，制成新一代出口包装箱，给秸秆人造板包装材料的发展带来了机遇。

7.2　秸秆墙体材料的开发利用

7.2.1　概述

人类从自然界获取资源的 50%用于建筑物，产生的固体废弃物的 50%也来自建筑业。尤其是其中的墙体材料，主要采用黏土烧制的实心砖。据国家建设部有关资料统计显示，我国每年烧制 6 000 亿块标砖，取土 14.3 亿 m^3，相当于毁地 8 万 hm^2，且生产能耗为 6 000 万 t 标准煤，仅烧砖每年排放二氧化碳 1.7 亿 t，与此同时我国每年排放 2 亿多 t 煤矸石和粉煤灰，历年堆积工业废渣达上百亿吨，占有土地 6.7 万多 hm^2。目前我国的所有城市都已禁止使用实心黏土砖。因此，利用秸秆类农业固体废物部分替代黏土发展节能、节地、利废的新型墙体材料，不仅是建筑产业现代化的需要，而且是国民经济、社会环境和资源协调发展的需要。

秸秆墙体材料是以秸秆为主要原料，配以加强材料和黏合材料，增加其硬度、强度、韧性，在反应池里经过物理反应和化学反应，通过挤压、平压或模压等方法制成的多种结构形式的墙体材料，具有防火阻燃、耐水耐酸碱、抗冲击防震、抗老化等特点，而且与玻璃、石膏、木材制品相比，其原料成本仅为这些原料的 1/10～1/2。同时，秸秆墙体材料是大量利用农业固体废物（稻草秸秆、麦秆、甘蔗渣、玉米秆）加工而成，符合国家保护土地、节约能源、充分利废三项基本国策。随着国家对农作物秸秆综合利用开发的重视，在玻璃纤维增强复合材料、石膏板、各种纤维增强墙板、复合墙板等新型墙体材料的制作中，农作物秸秆将逐渐成为主导型的替代原料。

在人类历史上，人们很早就已经开始利用草秆、芦苇等作为建筑材料建造房子。19 世纪末，美国西北部内布拉斯加州平原地区的农民尝试将废弃的稻草或麦秸秆等农业固体废物紧紧捆扎压制成砌块后建造了一些临时住房，这就是早期的内布拉斯加式秸秆建筑。随后人们发现这种用秸秆砌块建造的房屋不但坚固耐用，而且冬暖夏凉，隔声效果好，具有很好的室内环境，因而受到了人们的喜爱。其后到 20 世纪 30 年代是秸秆建筑发展的第一个高潮。20 世纪 40 年代由于混凝土等新型建筑材料和技术的出现，秸秆砌块建筑技术不再被人重视。直到 20 世纪 70 年代末，随着绿色和环保观念的兴起，秸秆在建筑中的应用重新受到人们的青睐。秸秆建筑又重新在美国各地开始建造，同时也流传到了加拿大、墨西哥、拉丁美洲、法国、英国、新西兰、蒙古和澳大利亚等地。1995 年，英格兰、挪威和法国共有秸秆建筑的数量仅约 40 座，到了 2001 年，则增加到了 400 座左右。建成于 2000 年 12 月的澳大利亚维多利亚州 Mill duck B&B 酒店，选择秸秆砖墙作为围护结构，隔热性能很好，冬暖夏凉，在 2002 年 7 月，室外平均最低气温为 3 ℃，室内最低温度则接近 15 ℃；12 月中旬，室外连续 7 d 平均温度达到 36 ℃，最高 40 ℃，而室内平均温度仅为 26 ℃，且没有使用任何空调或冷却系统。在 2002 年，Mill duck B&B 酒店赢得了“最佳节能建筑”奖。

利用秸秆作为建材在我国古代就有应用，如草泥墙就是古代建筑重要的墙体材料，以草拌泥筑墙增强了墙体坚固性能，可使其不开裂缝，目前在我国部分农村仍可以见到类似的建筑。近代我国秸秆建筑技术发展较慢，我国秸秆砖房建筑技术是由安泽国际救援协会于 1998 年引进中国，这种新型的节能墙体材料才逐渐引起人们的重视。目前我国秸秆建筑技术的研究仍处于起步阶段，在结构、热工、防水、防腐、施工等方面还没有进行深入系统的研究，没有形成适用于国内建造的秸秆建筑技术规范，限制了这种生态建筑技术在我国应用的推广。尽管如此，秸秆建筑是集社会、经济和环境效益于一体的新型节能建筑，在国家推进建筑节能改革及绿色可持续发展思想的背景下，利用农业固体废物生产具有轻质、高强、节能利废、保温隔热、防火等高性能和多功能的绿色墙体材料，以变废为宝，保证资源、能源和环境协调发展，对推动新农村建设，建造节能农村住宅，缓解环境与能源危机，推进社会主义新农村建设有着重大的现实意义，是我国发展绿色墙体材料的重要方向之一。上海世博会万科馆就是由秸秆作为建筑材料的展示。

7.2.2 秸秆墙体材料的特点

7.2.2.1 秸秆墙体材料的优点

（1）来源广泛，节能环保。秸秆墙体材料以来源广泛的农作物秸秆为原材料，主要包括谷壳、秸秆、棉秆、高粱秆、甘蔗渣、玉米芯、花生壳等农业固体废物。利用该类材料能减少矿产资源的过度利用，避免毁地（田）取土做原料，降低生产能耗，减少由于农业固体废物处理处置不当而引发的环境污染，是一种变废为宝、节约资源的有效措施。同时秸秆墙体材料使用后能再次回收或自然降解，对生态环境影响较小。

（2）材质轻，保温好。秸秆墙体材料密度通常只有 30 kg/m^2，仅是免烧砖重的 1/3，将可能实现建筑轻体化。秸秆墙体材料具有较好的保温性能。200 mm 规格秸秆墙体材料与 370 mm 规格的黏土砖墙相比，其保温系数高出黏土砖墙 4 倍，建筑取暖热能耗只有黏土砖建筑的 1/4，每年可节省大量的能源消耗，减少取暖支出。

（3）施工成本低，易安装。秸秆墙体材料的密度、墙体厚度、自重、扩弯荷载、防火、隔声等物理力学性能均达到了国家建筑行业标准《住宅内隔墙轻质条板》（JG/T 3029—1995）的要求，而其每平方米施工成本仅为土烧砖、免烧砖的一半。秸秆墙体材料安装便捷，砌体和保温的全部工作可一次完成，打破了我国建筑长工期的传统模式。

7.2.2.2 秸秆墙体材料存在的问题

（1）生产成本较高，价格缺乏竞争力。由于农村劳动力缺乏，秸秆原料收购价不断增加，另外秸秆原料含水率差异较大，质量把控难度高，实际利用率较低，造成秸秆墙体材料生产成本较高。

（2）产品性能不稳定，质量有待提高。与其他墙体材料相比，秸秆墙体材料由于秸秆与胶凝材料之间的黏结问题，不仅影响墙体材料的整体性能，而且表面的秸秆会影响整个板材的成型和外观，如镁水泥秸秆建材产品存在多气泡、变形、粉化等技术问题。

（3）设备专业化程度低。用于秸秆墙体材料的设备主要沿用以往传统水泥基墙体材料或者借鉴生产木材为原料的墙体材料的设备，缺乏针对秸秆加工和墙体材料制造的特殊性要求而制造的专用设备。

7.2.3 秸秆墙体材料的主要类型及生产方式

秸秆墙体材料按其采用的凝胶材料不同，可分为有机胶凝材料基秸秆建材和无机胶凝材料基秸秆建材。有机胶凝材料基秸秆建材主要用到了合成树脂类如脲醛树脂胶、酚醛树脂胶、三聚氰胺树脂胶、不饱和聚酯胶、异氰酸酯等胶凝材料。其中异氰酸酯作为黏结剂具有许多优点，如材料强度高、容重低、机械性能好、加工性能好，但价格高，且在使用过程中存在缺陷，因此限制了其大面积推广应用。无机胶凝材料基秸秆建材是指以无机胶凝材料如水泥、镁水泥、硅酸钙、石膏等为胶黏剂，以秸秆等为原材料添加辅助材料和强化材料，按一定配方生产的具有防火阻燃、耐水耐酸碱、抗冲击抗老化等特点的一类新型墙体建材。

7.2.3.1 无机胶凝材料基秸秆建材的主要类型

无机胶凝材料基秸秆建材产品具有防火、防水、防震、防冻、隔音和抗老化等优点，可取代红砖，减轻墙体负荷，与板材、砖石、水泥黏结牢固；强度高，韧性好，材质轻，降低建筑物自重，增加建筑面积10%，减少工程造价10%；装修时可锯、刨、钻、打孔不变形，可刷、喷、涂、漆；安装施工方便，整体内空，便于穿埋管线；施工速度比砖砌墙快，可以减少人工费用。许多产品的生产工艺无须煅烧、加压、水浸，生产过程中没有废水、废气、废渣排出，省电、省水、节约能源。按其胶黏剂的不同，进一步可分成秸秆纤维水泥基复合墙体材料和不含传统水泥的秸秆纤维基复合墙体材料，不含传统水泥的秸秆纤维基复合墙体材料有硅钙植物纤维轻体墙板、氯氧镁秸秆纤维基复合墙体材料、秸秆纤维切块等。

（1）秸秆纤维水泥基复合墙体材料，又称植物纤维水泥复合墙体材料（简称PRC），它是以水泥为基材，通过将一定量的秸秆与水泥及表面改性剂制备而成的秸秆建材。水泥是一种典型的脆性材料，通过加入秸秆纤维，由于纤维增强作用，可显著提高水泥基复合材料的韧性和抗冲击强度，阻挡微裂缝的发展。同时植物纤维不仅具有保温作用，还治噪吸声，具有轻质高强、导热系数小、抗冻性高、保温性能好等优点。水泥基复合墙体材料可生产多种类型的墙体材料，包括多孔板、实心板和夹心板。多孔板是常见的建筑板材，生产工艺上是将水泥、沙、粉煤灰、麦秸秆、有机掺料投入搅拌机加水搅拌均匀，再逐渐加入碎麦秸秆直至麦秸秆均匀分散，再二次加入剩余水和有机掺料，搅拌浇注穿芯管，再振动密实脱模成型。在这种板材中加入秸秆可使多孔板变得更加轻质，而处理工艺简单，只需碾压、切断、粉碎就可直接应用于水泥条板之中。但目前这种板材中秸秆的掺入比例最高仅占8%左右。

（2）氯氧镁秸秆纤维基复合墙体材料，通常又称秸秆镁质水泥板。氯氧镁质水泥也称镁质水泥、菱镁粉、菱苦土，是一种气硬性的胶凝材料，凝结硬化快，碱度较低，对纤维腐蚀性小，与无机纤维和有机植物纤维能很好地粘接，强度高，成型加工方便，不燃烧，是一种新型的胶凝材料。以这种胶凝材料和秸秆为原料，在常温常压养护条件下生产的一种新型氯氧镁水泥制品，价格低、质量轻、安装方便、能耗低、无毒无污染，属于绿色墙体新材料。这种新型氯氧镁水泥制品混合料的搅拌，要用间歇式搅拌机，时间控制在3 min以内，投料顺序依次为粉煤灰、氧化镁、外加剂、减水剂、玻璃纤维和秸秆屑，其中秸秆最大掺入量应小于40%，并加入全部氯化镁溶液进行搅拌。采用平模振动成型，时间控制在3~5 min，成型后在常温下养护24 h即可脱模。

（3）硅钙植物纤维轻体墙板。硅钙植物纤维轻体墙板是将活性碳酸钙和化学改性剂用水调制成一定波美度的黏结剂组合物，再将该黏结剂组合物与一定比例的农作物秸秆粉及含有硅酸季铵粉末辅助材料的原料混合，采用打浆机充分打浆、注模、凝聚和脱模后养护而制成。通常黏结剂组合物的含量为10%~30%，而农作物秸秆粉的用量可以达到50%~70%。这种方法生产的硅钙植物纤维轻体墙板强度大、韧性好、不返卤。

（4）秸秆纤维砌块。秸秆纤维砌块通过将秸秆切割、破碎后与石灰浆等胶结材料混合，经搅拌、加压成型，脱模养护后制成砌块，是一种性能突出的绿色墙体材料。用作混凝土空心砌块建筑的保温填充材料，具有自重轻、热工性能和隔音性能好等优点。

7.2.3.2 无机胶凝材料基秸秆建材的生产方式

按秸秆与采用的胶凝材料种类及含水率大小，可将无机胶凝材料基秸秆建材生产方法分为半干法挤压成型、真空压力挤出成型、半干法平压成型、浇注模具成型等。

（1）半干法挤压成型。半干法挤压成型法通过将胶凝材料、含有长度通常在6～12 mm秸秆短纤维的轻集料与含有外加剂的水，均匀搅拌成半干性混合料后，通过挤压机内挤压成型。挤压机的挤出方式有螺旋挤压、推板挤压、芯模加振挤压等。该生产工艺制成的产品特点是收缩率较模具成型要低，密实度较高。

（2）真空压力挤出成型。采用普通硅酸盐水泥或硅镁水泥为胶凝材料，掺入农业固体废物等增强填充料，并添加适量的增塑剂和水，经充分搅拌后在真空挤出成型机内，经真空排气并在螺杆的高挤压力与高剪力的作用下，由模口挤出形成的具有多种断面的条形板材，其产品具有质地均匀、表面平整、密度高、强度高、收缩率小等优点，不仅可做内隔墙，还可做外墙，有良好的建筑功能。该工艺可生产各种断面的产品，板材的空洞可以是方形、矩形、圆形，空洞率为50%～65%。

（3）半干法平压成型。半干法工艺系指利用混合组分中的吸附水和在混合料中加入仅能满足胶凝材料水化所需的水，使混合料成为半干硬性料后，通过机械铺装等工艺制成板坯，在受压状态下，完成胶凝材料与增强纤维或刨花的固结。该工艺因具有节能、节水、无废水排放等优点，同时材料的固结硬化在受压下完成，产品具有密实、强度高、吸水率低、尺寸稳定性好等特性。

（4）浇注模具成型。浇注模具成型对集料有流动性要求，液固比值通常为0.41～0.51，浇注的方式有手工成型、平模成型和立模成型等。

7.2.4 秸秆墙体材料的应用展望

作为世界上农作物秸秆纤维产量十分丰富的国家，我国应加强对植物纤维建筑材料的研究与应用，开拓农业固体废物资源的利用领域。同时，秸秆墙体材料的开发利用也符合国家发展循环经济，建设环境友好型与资源节约型社会的重大战略方向，顺应了世界环境保护的主流趋势。采用秸秆等农业固体废物作为墙体材料的原料，开辟了建筑墙体原材料的新来源，有助于缓解各地发展墙体材料资源短缺的矛盾，推动各地墙体材料工业的发展，促进墙体材料产品结构的变革。同时，墙体材料品种的增加和性能的不断优化，也将有力地推动房屋结构的变革和观念的更新。植物纤维墙体材料具有广阔的工程应用前景和巨大的市场潜力。

7.3 活性炭的制备

7.3.1 概述

活性炭是由含碳材料制成的外观呈黑色、内部孔隙结构发达、比表面积大、吸附能力强的一类微晶质碳素材料。根据国际纯粹和应用化学联合会（IUPAC）的定义，活性炭是指炭在炭化前、炭化时、炭化后经与气体或化学品作用以增加吸附性能的多孔的炭。

活性炭主要由碳元素组成，还含有少量的氢、氧元素，熔点为3 652 ℃，沸点为

4 827 ℃，相对密度为 1.9~2.1，表观相对密度 0.08~0.45，含碳量 10%~98%。因其具有发达的孔隙结构、高比表面积（活性炭的比表面积常在 500~1 700 m^2/g，有的甚至达到 3 000 m^2/g）、高表面活性和多样的表面化学性质，吸附性能良好、化学性质稳定、容易再生等优点，而作为吸附剂、催化剂、催化剂载体、双电层电容器电极材料，广泛应用于制药、化工、食品、加工、冶金工业、农业等多个领域。

活性炭的应用较早，公元前1550 年埃及就将其用于医药。欧美在 20 世纪初开始发展活性炭的生产。1911 年在维也纳附近的 Fanto 工厂首次用水蒸气活化法生产出粉状炭，1913 年又用氯化锌活化法生产出防毒面具用的粒状活性炭。1929 年以后，美国开始将粉状活性炭用于水处理。此时原料使用已相当广泛，扩展到用果壳、核、泥煤等，活化方法也多种多样，理论研究进一步深化。第二次世界大战后，活性炭工业的主导权已从欧洲转到美国，为保护环境和节省能源，活性炭用途已扩大到空气净化、废水处理、香烟滤嘴等方面。从 20 世纪 70 年代初开始，随着现代工业和环境科学的发展，出现了许多活性炭新品种和新应用，如球形炭、浸渍炭、纤维活性炭等。目前全世界的活性炭产量已经达到 200 多万 t，且主要集中在美国、日本、西欧及中国等少数国家或地区。

我国的活性炭工业在 20 世纪 50 年代才真正建立起来，在 20 世纪 70 年代有较大的发展。在活性炭的应用上，20 世纪 70 年代前，国内主要集中于糖用、药用和味精工业。20 世纪 80 年代后，扩展到水处理和环保等行业。20 世纪 90 年代，除以上领域外，活性炭的应用扩大到溶剂回收、食品饮料提纯、空气净化、脱硫、载体、医药、黄金提取、半导体应用等领域。目前我国活性炭产量仅次于美国，位居世界第二，是世界最大的活性炭出口国，每年活性炭出口量在 10 万 t 以上。

活性炭的制备原料十分广泛，几乎所有含碳物质都可用来制备活性炭。工业上制备活性炭的传统原材料主要是木材和煤等，近年来，随着石油、煤炭等不可再生资源的日益短缺，国家禁止随意砍伐自然林政策的实施，导致了木材、木炭来源的萎缩，优质木材价格逐年上涨，活性炭生产成本不断升高，价格也呈现出上涨的趋势。

我国是农业大国，每年有大量的农业固体废物产生，包括蚕豆秆、玉米芯、玉米秸秆、麦秸、椰壳、油茶壳、甘蔗渣、稻壳、棉秆、稻秆、木屑、瓜子壳、竹节等，而这些农业固体废物利用率一般都比较低，造成资源的极大浪费，同时对环境也造成很大的破坏。农业固体废物中含有大量的纤维素和半纤维素，而这些正是制备活性炭的最好原料，利用农业废弃物制活性炭，不仅解决了环境污染问题，而且也是发展循环经济、实现农业可持续发展的有效途径之一。

7.3.2　活性炭的制备方法

农业固体废物制备活性炭主要包括以下步骤：原材料选择→预处理→炭化→冷却→活化→洗涤→翻炒→烘干→粉碎过筛→成品。最主要的是原料选择、炭化和活化等步骤，其中活化最为关键。在制备过程中，炭化和活化步骤可分步依次进行，也可一步完成。

7.3.2.1　原材料选择

理论上，几乎所有含碳物质都可用来制备活性炭。但原料中灰分含量较高、金属元素较多，则会影响活性炭的吸附力。表 7-3 列举了常见的部分农业固体废物的组成，从中可见，除稻秸秆和稻壳外各类农业固体废物在灰分组成上与木质原料均较为接近，因此都适合作为活性炭的原料。

表 7-3　常见农业固体废物的组成成分　单位：%

农作物秸秆	纤维素	半纤维素	木质素	灰分
小麦秸秆	33~40	20~25	15~20	6.4~7.5
玉米秸秆	37.68	21.58	18.38	3.2~7.0
稻秸秆	40	18	15	13.2~19.4
稻壳	26~36	20	20~24	14~22.6
甘蔗渣	32~48	19~24	23~32	1.5~5.0
香蕉树秆	60~65	6~8	5~10	4.7
椰壳	36~43	0.15~0.25	41~45	2.7~10.2
剑麻	60~75.2	10~16.5	7.6~12	—
菠萝叶	81.27	12.31	3.46	0.7~0.9
硬木茎秆	40~50	24~40	18~25	1~3
软木茎秆	45~50	25~35	25~35	5

资料来源：付调坤等，2013；钟光华，2006；潘雯瑞等，2010。

7.3.2.2　炭化

炭化是在一定温度下，将活性炭原料在惰性气氛下进行热处理，使之发生热分解反应和缩聚反应，去除其中的挥发分，最后得到具有一定机械强度的炭化材料。这一过程中原料热分解反应剧烈，木材分子链中 C—O、C—C 键等发生断裂。炭化温度是炭化过程的重要影响因素，一般控制在 450~1 000 ℃。炭化温度偏低，形成小微晶、孔隙多，有利于后期活化，但表观密度和机械强度降低。随着温度的升高，原料中挥发性物质的比例减少，炭化料中固定碳的比例增加，活性炭的产率有所降低，但活性炭的性能较好。炭化温度偏高，炭化料孔隙减小，不利于后期活化。所以需要衡量产量及活性炭处理效率的关系，寻找合适的炭化温度。另外炭化时间和升温速率也是重要的影响因素，在一定的炭化温度下停留时间长可使原料充分炭化，但炭化时间过长可导致炭化料孔径扩大。炭化升温速率较慢，挥发分脱除缓慢，有利于孔隙的形成；升温速度过快，使表观密度减小。原材料不同，适宜的炭化条件也不同。因此，需根据原料性质选择合适的炭化温度、炭化时间和升温速率等参数。

炭化后得到黑色形状如活性炭的物质称为炭化料，该物质并非活性炭，因为其吸附能力很差，需要进行下一步处理——活化。

7.3.2.3　活化

活化是清除炭化过程中富积在炭化料孔隙结构中的焦油等裂解产物的过程，活化能疏通炭化料的孔隙通道，并使部分碳原子氧化，扩大炭化料的孔隙，创造更多的微孔以提高孔容积和比表面积。活化是影响活性炭性能最关键的步骤。现有的活化方法主要有物理活化、化学试剂活化、化学-物理活化、微波加热活化等。由于制备活性炭的原材料和活化试剂的不同，其制备工艺条件、方法也存在很大差异。制备活性炭最常用的活化方法是物理活化和化学试剂活化。

1. 物理活化

物理活化又称为气体法，是以水蒸气、空气、二氧化碳等为活化剂活化，以侵蚀炭的表面，形成新的孔隙，并且可氧化分解残留炭中的碳氢化合物和焦油，清除表面的杂质，使原来被堵塞的孔隙重新开放。同时，原来孔隙之间的薄壁有可能被烧毁，使孔隙扩大，形成更发达的孔隙结构，使比表面积大大增加，从而提高活性炭的吸附力。

（1）水蒸气活化。水蒸气活化法的活化温度一般为 750~950 ℃。多孔结构的生成与发展是由于水蒸气及生成的二氧化碳气体等进入炭结构内部，并通过进一步反应将不稳定的碳原子以一氧化碳或二氧化碳的形式脱去，从而留下发达的孔隙结构。

水蒸气活化法中，活化时间、活化温度、水蒸气流量等工艺参数对活性炭比表面积和多孔结构有着十分重要的影响。利用水蒸气活化法制得的活性炭碘吸附值一般为 1 000 mg/g，亚甲基蓝吸附值为 150 mg/g 左右，比表面积为 800~1 200 m^2/g。

水蒸气活化法因其工艺简单，对环境无污染，在实际生产中应用较多。但是其缺点也很明显，制得的活性炭比表面积不够大，活化温度要求也较高，目前国内外都在研究将其他活化方法与水蒸气活化法相结合，以制得高性能活性炭。

（2）二氧化碳活化。二氧化碳活化反应温度比水蒸气活化要高，为 850~1 000 ℃。一般认为，在给定活化温度下，二氧化碳活化反应速度低于水蒸气活化。这是由于二氧化碳分子的直径大于水分子，其在炭颗粒孔道内扩散速度较慢，使二氧化碳与微孔表面碳原子的接近受到较大限制。

与水蒸气活化法相比，二氧化碳活化反应速度要低于水蒸气，容易控制反应的速率，制得的活性炭拥有较高的比表面积，但这种方法活化的时间太长，经济效益不明显。

总体来说，物理活化法的优点在于生产工艺简单，不会腐蚀设备及污染环境，制备的活性炭不需要清洗就可以直接使用。但是物理活化法也有它的缺点，如要求活化温度较高，活化时间较长，能耗较高。并且，在气体流速的控制方面也是一个比较大的问题。为此，如何使反应的速度加快、时间变短、能耗降低都是研发物理活化法工艺的重点方向。

2. 化学试剂活化

化学试剂活化是指通过化学试剂镶嵌到原料的内部，使原料中的碳氢化合物所含的氢和氧以水蒸气的形态分解脱离出去，通过一系列的交联或缩聚反应来产生丰富的微孔。化学试剂活化法的特点是：炭化和活化过程可以同步进行，而且活化温度较低，在生产过程中可以通过控制活化剂的种类、用量及浓度，在一定程度上来控制成品活性炭的孔径分布，其孔隙结构比物理活化法更加发达，活性炭的收率较高。现在经常用到的活化剂种类有各种无机盐类、碱金属及一些酸类。目前比较成熟并且被广泛应用的化学活化剂主要有氢氧化物、碳酸钾、氯化锌、硫酸、磷酸等。

化学试剂活化可一步进行，即直接升温到 700 ℃左右进行活化，其主要工艺流程如图 7-2 所示。在活化前，先将活化剂水溶液与原料按一定比例浸渍一段时间，烘干后再放入惰性气氛中升温进行活化。活化剂与原料的浸渍比是影响活性炭性能的一个重要因素，因此可以通过控制浸渍比及不同的活化温度来制备所需的活性炭。化学试剂活化法制得的活性炭产率高，而且其孔隙结构比物理活化法更加发达。

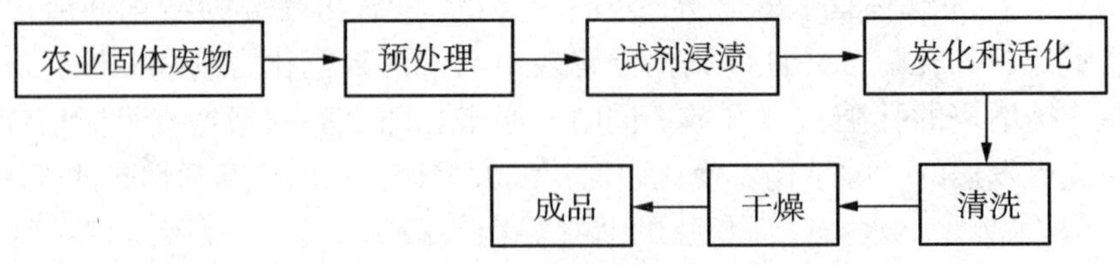

图 7-2　化学试剂活化工艺流程

（1）碱活化。KOH 和 NaOH 是碱活化中使用较为普遍的两种活化剂。国内外对 KOH 活化制备活性炭的研究比较活跃，因其产品具有微孔分布集中、孔隙结构方便控制等优点，可用于生产比表面积较高的活性炭（3 000 m^2/g 以上）。KOH 活化反应温度一般为 700 ℃。

KOH 活化机制比较复杂，有研究认为，KOH 首先将纤维素、半纤维素和木质素脱水，再经历破坏，部分聚合和变形，然后热解时通过芳构化将木质纤维素变成炭，其间生成的一些焦油及钾会自发地与炭反应而使炭材料内部形成发达的孔隙；最后 CO_2 与 KOH 反应生成 K_2CO_3。也有人认为，原料在 500 ℃以下发生脱水反应，在氧化钾存在下，发生水煤气反应和水煤气转移反应，氧化钾作为催化剂，产生的二氧化碳与氧化钾反应转变成碳酸盐，从而使产物具有很大的比表面积。在 800 ℃左右氧化钾被氢气或碳还原，钾（沸点 762 ℃）以气态形式析出，钾原子不断挤入碳原子所构成的层与层之间进行活化，增加了材料内部的孔隙度。

KOH 是强碱，对环境的污染比较严重，对设备的腐蚀性较强，因此碱活化法对设备的要求比较高。该法产物中会残留 KOH、K_2CO_3、K 等，需要特殊处理，不能简单地用水冲洗，因此该法制备活性炭成本较高。此外，活化过程中可能会产生钾蒸气，生产中安全问题应引起足够重视。尽管如此，KOH 活化法因其可制得高比表面积、孔隙均匀的活性炭，在超级电容器等领域的应用中起到了至关重要的作用，因此 KOH 活化法仍是当前国内外的研究热点。

（2）氯化锌活化。氯化锌（$ZnCl_2$）活化法制备活性炭的历史已久，至今仍是化学活化法中应用最为广泛的方法之一。$ZnCl_2$ 活化工艺是在原料中加入原料质量 0.5～4 倍、相对密度为 1.8 左右的浓 $ZnCl_2$ 溶液，让氯化锌浸渍，然后在回转炉中隔绝空气加热至 600～700 ℃。由于 $ZnCl_2$ 的脱水作用，抑制焦油生成，促进热解，原料里的氢和氧主要以水蒸气的形式放出，从而形成多孔性、结构发达的活性炭。$ZnCl_2$ 活化法虽然没有 KOH 活化法制得的活性炭的比表面积高，但仍可达到 1 500 m^2/g 左右，而且其所需的活化温度较低，一般在 500～750 ℃，相对能耗较低。但 $ZnCl_2$ 易挥发，会对环境造成污染，故需要对反应尾气进行处理。此外，$ZnCl_2$ 不易回收，锌损耗大，也导致成本增加。目前国外正在逐渐淘汰用 $ZnCl_2$ 活化法制备活性炭；国内虽然仍在使用 $ZnCl_2$

活化法，但也已经开始采取措施寻找其他替代方法。

（3）磷酸活化。随着 $ZnCl_2$ 活化法在国外被逐渐地淘汰，磷酸（H_3PO_4）活化法越来越受到国内外的重视。与碱活化和 $ZnCl_2$ 活化相比，磷酸活化法活化温度一般较低，400~500 ℃即可，并且能够得到具有丰富中孔结构的活性炭。另外，制得的活性炭产品酸性较强，表面含有较多的含氧基团，在废水、废气的处理中具有很大优势。关于磷酸的活化机制，也存在两种不同的观点：①磷酸在生物炭前驱体中分散，活化后将磷酸洗出即在活性炭中留下孔隙；②由于磷酸的催化降解作用，使生物炭前驱体低分子化，并以气体形式逸出留下孔隙。磷酸活化法的优势在于其活化温度低，成本低，制得的活性炭具有发达的孔隙结构。但目前对其孔隙结构的形成机制还有待进一步研究，致使生产过程多依靠经验控制，产品质量不够稳定。

总体来说，相对于物理活化，化学试剂活化需要较低的温度，活化产率高，通过选择合适的活化剂控制反应条件可制得高比表面积活性炭；化学试剂活化法的活化时间一般在 1 h 左右，比物理活化法所用时间短，但对设备腐蚀性大，制得的活性炭中会残留活化剂，污染环境，也限制了其在部分领域的应用。两种活化方法的优缺点比较见表 7–4。

表 7–4　两种活化方法的优缺点比较

活化方法	活化剂	活化温度/℃	活化时间/h	优点	缺点
物理活化	水蒸气	750~950	2.0~2.5	工艺简单，污染小，操作方便	活化时间长，能耗大，成本高，产品比表面积不高
	CO_2	850~1 100	2.0~3.0	工艺简单，易于控制	活化温度高，活化时间长，反应速度慢
化学试剂活化	KOH	700~900	1.0~1.5	产品比表面积高，孔隙均匀	污染大，对设备要求高，药剂残留
	$ZnCl_2$	500~750	0.5~1.5	活化温度低，产品性能优良	污染大，$ZnCl_2$ 不易回收，锌耗大
	H_3PO_4	400~500	1.5~2.0	活化温度低，产品中孔丰富	产品孔隙不够均匀，质量不太稳定

3. 化学–物理活化

化学–物理活化是将化学法和物理法相结合来制备活性炭的一类活化方法。化学–物理活化法中原料经过化学试剂的浸渍后，经一定温度加热处理，然后再在高温下与活化剂接触进行气体活化。通过化学试剂的浸渍提高了原料活性，同时使原料生成一些利于活化气体通行的孔隙结构，便于气体进入原料孔隙内部刻蚀。这种活化方法一般可以通过改变浸渍比、浸渍时间、活化温度及活化时间制得孔径分布合理的活性炭材料，并且所制得的活性炭既有高的比表面积又含有大量中孔，也能在活性炭材料表面获得特殊官能团，制出高性能的活性炭。但化学–物理活化法工艺较为复杂，生产成本较高，适合高指标特种活性炭的生产。

7.3.3 活性炭的应用

活性炭作为一种吸附能力很强的功能性碳材料，广泛应用于工农业生产的各个方面。①石化行业的无碱脱臭、乙烯脱盐水、催化剂载体（钯、铂、铑等）、水净化及污水处理；②电力行业的电厂水质处理及保护；③化工行业的化工催化剂及载体、气体净化、溶剂回收及油脂等的脱色、精制；④食品行业的饮料、酒类、味精母液及食品的精制、脱色；⑤黄金行业的黄金提取、尾液回收；⑥环保行业的污水处理、废气及有害气体的治理、气体净化；⑦其他相关行业的香烟滤嘴、木地板防潮吸味、汽车汽油蒸发污染控制以及各种浸渍剂液的制备等。

随着活性炭制备工艺的不断开发和性能的不断提高，活性炭的应用领域也在不断地拓展，尤其是利用农业固体废物生产制备活性炭，不仅原料来源广泛，价格较低，而且符合生态可持续发展的理念，在未来将会有极好的发展前景和广阔的销售市场。如以稻麦秸秆为原料，经炭化后制成炭粉，再经活化、石墨化等工艺，制成摩擦材料炭粉，作为减摩剂，可部分替代汽车摩擦材料配方中的鳞片石墨。减少摩擦材料对鳞片石墨的使用量，既合理地利用了生物质资源，又保护了日益短缺的石墨矿产资源。

7.4 生物炭的制备

7.4.1 概述

生物炭至今没有严格的定义。当前广泛意义上生物炭是指生物有机材料（生物质）在缺氧及低氧环境中经高温（通常<700 ℃）慢热解产生的一类难熔的、稳定的、高度芳香化的、富含碳素的固态物质。2007 年在澳大利亚第一届国际生物炭会议上将这种材料统一命名为 biocharcal，文献中常缩写成 biochar。

生物炭与活性炭的主要区别在于：①生物炭强调生物质原料来源和在农业科学、环境科学中的应用，其原料来源主要为农业固体废物，主要用于土壤肥力改良、大气碳库增汇减排及污染环境修复等。②活性炭强调制作过程中为增强表面特性的应用而人为采用极高温（通常>700 ℃）、物理化学手段活化的高比表面积、高吸附特性的疏松多孔性物质，其常见原料来源除了农业固体废物外还包括煤炭等石化产品，常用于石化、电力、食品、环保等多个行业。

生物炭密度较小，为 1.5~1.7 g/cm^3，容重为 0.3~0.7 g/cm^3，主要是由无定形碳、芳香族碳和灰分组成，除了含有 C、H、O、N 等元素外，还含有 P、S 、K、Ca、Mg 等植物营养元素。生物炭中碳含量最高，为 25.8%~88.0%。生物炭一般呈碱性，具有较高的 pH 值和阳离子交换量（CEC）。生物炭具有多孔性结构和巨大的比表面积，大孔隙（>100 μm）达到 750~1 360 m^2/g，小孔隙（<100 μm）达到 51~138 m^2/g，这些微孔决定了生物炭具有较高的比表面积，为 200~400 m^2/g，但与活性炭相比，比表面积相对较小。

人类很早就已经学会将生物质烧制成炭，用来取暖和烤制食品，但是数千年来生物炭从未受到足够的重视。由于工业增长对化石能源的大量消耗及原始森林锐减造成的全球气候变暖的严重后果，人们对全球二氧化碳平衡开展了系统研究，从这些研究出发，人们注意到草甸土、沼泽地中所埋藏的大量泥炭几百至上千年不会消失，类似于把碳封存进了土壤，减少了二氧化碳、甲烷等温室气体的排放，生物炭研究开始受到各国的重视。一百多年前，有西方学者曾在书中记载过巴西亚马孙河流域存在一种黑色、肥沃的土壤，早期欧洲殖民者将其称为“印第安黑土”。20世纪60年代，荷兰科学家宋布鲁克在巴西亚马孙河流域，发现这样一片神奇黑色土地，区域内的植物生长茂盛健壮。经研究发现，这片土壤是一个巨大而稳定的有机质库，其中来源于生物质“黑炭”的有机碳含量高达35%，这就是被称为生物炭的一种物质。

生物炭并不是一种新材料，之所以被学术界广泛关注，源于对全球气候变化的研究。但随着研究的深入，人们发现生物炭具有独特的理化性质和结构，在土壤改良、温室气体减排及环境修复等方面都展现出了较大的应用潜力。近年来，生物炭在解决全球生态环境安全与农业可持续发展等方面的作用已获得普遍认可，被学术界誉为“黑色黄金”，许多国家成立专门机构来研究生物炭理论与应用前景。

7.4.2　生物炭的制备方法

生物炭制备方法按场地、规模及可否移动可分为：①集中式。是指某一地区的所有农业固体废物都被集中到一个处理厂进行处理，目前美国和加拿大的公司普遍采用这种方式。②分散式。是指农户、合作社等利用高温分解炉进行生物炭的制备。③流通式。是指利用移动式高温分解设备，就地生产，将制好的生物炭用于农业生产。目前在我国后两种方法更为可行。

生物炭炭化设备主要有内燃式和外加热源式两种。①内燃式是将原料点燃后密封让其持续低氧燃烧。其优点是不需要外加能源，成本较低，操作简单。缺点是消耗自身生物质能源，增加了能源消耗，降低了生物炭产率；同时炭化时间较长且过程不易控制，容易发生温度大幅升高等问题，从而导致裂解过程温度多变，生物炭的性能及质量无法有效控制。②外加热源式是将原料密封后使用外加热源加热炭化。其优点是可灵活控制炭化温度和加热速率，缺点是需要消耗其他形式的能源，成本较高，热传导的传热方式不能保证不同形状和粒径的原料受热均匀。

运行方式上有批次式和连续式两种。目前国内生物炭的主要生产方式多为间断批次生产，不能实现物料的连续添加和生物炭的连续生产，难以控制，降低了生物炭品质。连续式即实现生物质的连续添加及生物炭的连续产出，工艺水平和技术要求较高。

7.4.3　生物炭制备工艺的参数选择

生物炭的基本特征因生物质材料、热解温度和热解时间的不同而变化较大。一般来讲，以木本植物为原料生产的生物炭含碳量较高，矿质养分含量较少；而以草本植物生产的生物炭含碳量较低，矿质元素含量较高。

在热解条件中能够对生物炭的产出及其特性产生影响的关键因素是加热速率和热解温度。在热解过程中除了生物炭以外，还会产生生物油和生物气两种副产物，不同的加热速率和热解温度会对这三种产物之间的分配产生很大的影响。热解温度是决定生物炭基本特征的主要因素，决定着热解过程中碳的损失。不同温度处理下的同种材料，得到的生物炭的理化性质差异较大。随着热解温度的升高，生物炭中的碳、氮总量减少。主要原因是低温热解的生物炭中，易分解和易挥发的成分较多，高温条件下，这类易挥发的物质损失较大。热解时间对生物炭的影响和热解温度类似，热解时间越长，生物炭的碳含量越低，灰分含量、稳定性和 pH 值就越大。根据加热速率的快慢，生物质热解可分为四类：慢速热解、中速热解、快速热解、闪速加热。表 7-5 列出了不同热解方式下生物炭产率变化状况。随着加热速率的提高，生物炭的产量不断降低，但高温能优化生物炭性质，芳香化结构增强，比表面积增加，孔隙率提高，吸附能力提升。目前生物炭还没有相关的质量标准要求，主要根据使用需求来确定生产工艺。

表 7-5　生物炭热解方式比较

	慢速热解	中速热解	快速热解	闪速热解
热解温度/K	673~933	550~950	850~1 250	1 050~1 300
加热速率/(K/s)	低加热速率	0.1~1	10~200	>1 000
颗粒度/mm	不严格	5~50	<1	<0.2
固态停留时间	5~30 min	450~550 s	1~10 s	<1 s
生物炭	35%	25%	12%	10%~25%
生物油	30%	50%	75%	50%~75%
生物气	35%	25%	13%	10%~30%

资料来源：何绪生等，2011。

7.4.4　生物炭的应用

7.4.4.1　生物炭在农业上的应用

生物炭具有较高的碳含量，可增加土壤有机碳含量，提高土壤 C/N 值，改善土壤对氮元素及其他养分元素吸持容量。

生物炭的孔隙结构及吸持容量，可降低土壤容重，提高总孔隙率，提高土壤通气性，改善土壤持水能力及降水的渗入量，同时生物炭的孔隙结构能成为藻类、细菌、真菌、土壤动物的栖息场所，增加了土壤生物多样性。

生物炭大多呈碱性，本身含有 Ca^{2+}、K^{+}、Mg^{2+} 等盐基离子，可交换土壤中的 H^{+} 和 Al^{3+}，消耗土壤质子，提高酸性土壤 pH 值，用来改良酸性土壤。

生物炭含有一定的矿物养分，例如氮、磷、钾、镁等，同时具有较高离子吸附交换能力，可增加土壤的阳离子或阴离子交换量，延缓肥料养分在土壤中释放的过程，降低肥料养分的淋溶，提高土壤的保肥能力。

生物炭的强吸附能力及其化学反应性，可作为肥料缓释载体。利用生物炭制备的炭基肥，提高了生物炭应用时的肥效，同时也赋予了肥料缓释的功能。通过将生物炭基肥施入土壤中，在保证供给作物肥料养分的同时，延缓肥料养分在土壤中的释放，降低肥料养分的淋失及固定等损失，提高肥料养分利用率。也可实现生物炭的固碳减排功能和土壤改良功能。

7.4.4.2　生物炭在环境修复中的应用

土壤重金属污染是由于废弃物中重金属在土壤中过量沉积而引起的土壤污染。随着我国经济的飞速发展，重金属污染变得相当普遍，特别是南方地区。生物炭拥有巨大的比表面积，较强吸附能力，可以将土壤中的重金属离子有效固持，降低重金属的有效态含量，减少重金属对生物的胁迫和吸收。

7.5 生物发酵床垫料

7.5.1 概述

我国生猪存栏量约占世界总存栏量的一半，猪肉产量占世界猪肉总量的46.7%，生猪饲养量、猪肉产量位居世界第一。但随着我国规模化养猪的发展，猪场对环境带来的污染也日益严重。养殖场污水具有排放量大、负荷大、固液混杂、有机质浓度高、含氮量特高、碳氮比失调、处理难度大等特点，直接排放极易对周边环境造成污染。2010年，全国畜禽养殖业的化学需氧量、氨氮排放量分别达到1184万t、65万t，占全国排放总量的比例分别为45%、25%，占农业源的95%、79%。畜禽养殖污染已经成为我国环境污染的重要因素之一。

生物发酵床养猪技术是一种全新的养殖技术，又称生态养殖技术、生态发酵床养殖法、自然养殖法、零排放养殖法等。生物发酵床养猪技术是综合利用微生物学、生态学、发酵工程学原理，通过选择适宜的生物质原料构建发酵床，接种人工扩繁的土著微生物菌群或者人工制备的有益微生物菌剂，利用有益微生物将猪粪尿有机物质直接进行分解和转化，实现粪尿完全降解的无污染、零排放目标的一种环保养殖模式。生物发酵床中随着有益微生物对猪粪尿的分解转化，消除了恶臭，抑制了害虫、病菌，同时繁殖生长的大量微生物又给猪提供了可供食用的糖类、蛋白质、有机酸、维生素等营养物质，经有益微生物和强大复合酶的共同作用下，使动物的肠道消化系统达到最佳状态，提高饲料的转化率，促进猪健康生长，增强抗病能力。

日本最早开始猪发酵床养殖技术的研究，1970年建立了第一个以木屑作为垫料的发酵床。1999年在日本鹿儿岛大学农学部附属农场召开了生物发酵床养猪技术的应用和推广观摩会。从此，生物发酵床养猪技术得到了更广泛的应用。我国在近几年也开始将该项技术应用于畜牧养殖业，目前已在吉林、江苏、福建、山东、河北等多个省份推广应用，其中福建省的生物发酵床养猪技术在国内处于领先地位，并取得了显著的成果，经济效益和生态效益显著。

7.5.2 生物发酵床的制作方法

7.5.2.1 生物发酵床垫料的选择

垫料是发酵床的基础，是有益微生物的载体和猪粪尿分解转化的场所。垫料的选择，关系着生物发酵床的成功运行。良好的垫料和运行管理可以使得生物发酵床使用3年甚至更长的时间。垫料主要来自于植物纤维类农业固体废物，但通常情况下用于生物发酵床的垫料需要具备以下条件：

（1）从原料性质上要求以惰性材料为主，不易为微生物快速分解利用，否则会造成发酵床的坍塌和下层发酵床的缺氧。原则上要求碳氮比高、无霉变、通透性好、吸水吸附性能良好、细度适当、无毒无害、无明显杂质等。其中碳氮比是发酵床垫料选择的重要因素。理论上，碳氮比大于25的原料都可作为垫料原料。碳氮比越高，使用寿命相对越长。常见农业固体废物的碳氮比见表7-6，除米糠、豆秸秆等部分农业固体废物的碳氮比低于25，大多数农业固体废物的碳氮比均大于25，均可作为生物发酵床的垫料。应用时生物发酵床垫料制备往往由两种或两种以上农业固体废物组成，其中椰棕、玉米秆、稻麦秸秆、稻谷壳等颗粒较粗的原料起蓬松透气作用，保证垫料中有充足的氧气，锯末屑、米糠、酒糟等则能起到保水性及作微生物营养源的作用。

目前，制作发酵床垫料的原料使用最多的是稻壳和锯末，锯末具有较强的保水性能、吸附能力和抗分解能力，稻壳是良好的通气材料，将二者按一定比例混匀配制，易于调节有益好氧微生物正常生理活动所需要的水分和氧气。

（2）从来源上要求原料广泛易得，采集采购方便，价格低，质量容易把握，能够根据实际情况就地取材。

表7-6　常见农业固体废物的碳氮比

种类	碳氮比	种类	碳氮比
木屑	492：1	小麦秸秆	96.9：1
玉米秆	53：1	大豆秆	88：1
玉米芯	88：1	棉花秆	130：1
米糠	19.8：1	辣椒秆	81.8：1
豆秸秆	20.4：1	椰糠	119.4：1
稻草	58.7：1	甘蔗渣	84.2：1
稻壳	75：1	棉籽壳	27.6：1

资料来源：霍国亮等，2009。

7.5.2.2　菌种的选择

发酵床菌种的选择也是决定发酵床运行成败的重要因素，菌种的配比、有效活菌含量、活性及适应性等方面都直接决定了生物发酵床的效果及使用年限。生物发酵床菌种一般由几种微生物组合而成，包含分解蛋白的丝状真菌、降氮除臭的芽孢杆菌、固定碳元素的光合细菌、抑制病害的放线菌、分解糖类的酵母菌、厌氧状态下有效分解碳水化合物和抑制有害微生物的乳酸菌等。目前国内已有多种成熟的发酵床EM菌剂可供选择。

7.5.2.3　猪舍建设要求

生物发酵床的建造比传统猪舍更为简单节省，比传统猪舍减少了增温设备、间隔护栏、沼气池等，但需要配备更加有效的通风和降温设备。目前我国有多个省份出台了生物发酵床建设的相关地方标准，如北京市地方标准DB11/T 1060—2014、江山市地方标准DB 330881/T 14—2009等。一般生物发酵床需要具备以下条件：①猪舍高4.0~4.2 m；②舍顶用隔热保温材料覆盖；③保证舍内外空气充分交换，若自然通风不足，应配备强制通风设施；④要有足够的采食和饮水空间，且饮水台向外倾斜，保证猪饮水时滴水不流入垫料内；⑤有效防止猪舍外部的水流入垫料床内；⑥配备猪隔离舍。

7.5.2.4　生物发酵床的制作

（1）垫料的准备。垫料制备之前通常需要对选择的原料进行预处理和分类使用，对于颗粒较大如稻秸秆、麦秸秆、辣椒秆等原料，需要与其他原料混合使用，必须对其进行切割或者粉碎；对于木屑、稻壳、花生壳等小颗粒原料，可以直接使用。一般锯末和稻壳之比为 5∶5 或 4∶6，其中的稻壳可根据当地原料收集采购情况，采用秸秆、花生壳、玉米芯等其他原料进行替代或者部分替代。

（2）接菌预处理。在准备好垫料原料后，将发酵床菌种按比例与麸皮、玉米粉或米糠等营养基质混匀稀释（一般是 5~10 倍），并进一步与垫料混匀，调节含水率为 40%~60%，进行堆积发酵，初步完成无害化、稳定化生化反应过程。通常发酵 2~3 d 后，发酵垫料在菌的活动下开始升温。发酵 5~7 d，内部温度达到 50~70 ℃，垫料即制作完成。

（3）发酵床的铺设。对于稻秸秆、麦秸秆、辣椒秆等原料，在不粉碎的情况下，一般可铺设在底层，厚度以不超过 20 cm 为宜，在其上面将制备好的垫料按照一定的厚度铺撒于养殖床内。不同的类型和养殖阶段的猪，应该采用不同垫料厚度和养殖密度（表 7-7）。垫料初始铺设厚度通常要比要求厚度高出 10~20 cm，这是由于进猪饲养后，由于猪的踩踏和发酵热的作用，厚度会有所下降。发酵好的垫料铺平在猪圈垫料区，待 24 h 后即可进猪饲养。

表 7-7　不同猪群对生物发酵床（垫料）的体积和面积要求

猪只类别	垫料厚度/cm	垫料体积/(m^3/头)	垫料面积/(m^2/头)
妊娠母猪	90~120	1.3 以上	0.9~1.4
哺乳母猪	80~90	1.5 以上	1.7~1.9
种公猪	55~60	1.5~1.6	2.5~2.9
保育舍猪	55~60	0.2~0.3	0.3~0.5
生长猪	80~90	0.7~0.9	0.78~1.0
育肥猪	80~90	1.0~1.2	1.1~1.5
后备猪	80~90	1.0~1.2	1.1~1.5

资料来源：陈永明等，2008。

7.5.2.5　生物发酵床的条件控制

（1）温度。温度是影响微生物生长的一个重要因子，每种功能菌群对温度的适应性也有差异，温度过高或过低都不利于微生物的生长。一般来说，发酵床最适宜的发酵温度为 30~40 ℃，特别是在发酵床启动阶段更需要适宜的温度。温度过低不能形成有效的发酵，长时间的低温还会使发酵功能菌群衰败。

（2）含水率。垫料的含水率是影响微生物生长和繁殖的重要因素，垫料的含水率在 45%左右最为适宜。如果低于 45%，猪粪尿的分解速率会下降，垫料过干会导致发酵床的表面起粉尘，引起猪的呼吸道疾病；若含水率达到 50%~60%，会使稻壳和锯末分解过快，缩短发酵床的使用寿命；高于 65%则会导致垫料的厌氧发酵，产生有害气体，不利于猪的健康。

（3）通气性。生物发酵床以有氧发酵为主，满足氧气供应是保证发酵的前提，同时需要及时排出发酵生成的废气和蒸腾的水汽，这就需要垫料有良好的透气性。相反，如果垫料的透气性差，氧气供应不足，厌氧微生物活动增强，就不能正常降解粪尿，而是生成大量的腐殖质，使氮素积留垫料中，这样垫料会快速老化。生物发酵床在运行过程中应定期进行翻扒，将过于集中的粪尿均匀地分散到垫料床上，同时提高发酵床的透气性。

（4）抗生素的使用。抗生素常作为猪饲料的添加剂来保证猪群的健康，但土霉素、盐酸环丙沙星、克拉霉素、乙酰甲喹等常用抗生素的长期使用，不仅会造成猪肉品质的严重下降，同时也会造成有害微生物产生抗药性，不利于有益微生物的生长繁殖，破坏微生态平衡。因此生物发酵床养殖中，应结合微生物态制剂，通过调节猪自身的免疫力提高其抗病性，以减少抗生素使用，保障生物发酵床活性和提高粪尿的分解效率。

7.5.2.6 发酵床的管理

发酵床垫料的使用寿命有一定期限，日常养护措施到位，使用寿命相对较长，反之则会缩短。发酵床管理的目的主要是两方面，一是保持发酵床正常微生态平衡，使有益微生物菌群始终处于优势地位，抑制病原微生物的繁殖和病害的发生，为猪的生长发育提供健康的生态环境；二是确保发酵床对猪粪尿的消化分解能力始终维持在较高水平，为生猪的生长提供一个舒适的环境。发酵床管理主要涉及垫料的通透性管理、水分调节、垫料补充、疏粪管理、补菌、垫料更新等多个环节。

（1）垫料通透性管理。长期保持垫料适当的通透性，即垫料中的含氧量始终维持在正常水平，是发酵床保持较高粪尿分解能力的关键因素之一，同时也是抑制病原微生物繁殖，减少疾病发生的重要手段。通常比较简便的方式就是使用小型机械挖机将垫料定期翻动，翻动深度保育猪为 15～20 cm、育成猪为 25～35 cm，一般保育猪 7～10 d 翻动 1 次，育肥猪 2～3 d 翻动 1 次。另外每隔一段时间（50～60 d）要彻底地将垫料翻动一次，并且要将垫料层上下混合均匀。

（2）水分调节。由于发酵床中垫料水分的自然挥发，垫料水分含量会逐渐降低，降到一定水平后，微生物的繁殖就会受影响。定期或视垫料水分状况适时地补充水分，是保持垫料微生物正常繁殖、维持垫料粪尿分解能力的另一关键因素。垫料合适的水分含量通常为45%左右，因季节或空气湿度的不同而略有差异。常规补水方式可以采用加湿喷雾补水，也可结合补菌时补水。在炎热天气，猪栏内水分蒸发得快，如发现有灰尘飞扬，要及时开动空中喷水管喷水，调节垫料干湿度，也可起到降温的作用，水分过多时可打开通风口，或添加木屑降低湿度。

（3）疏粪管理。由于生猪具有集中定点排泄粪尿的特性，发酵床上会出现粪尿分布不匀，粪尿集中的地方湿度大，消化分解速度慢。只有将粪尿分散布撒在垫料上（即疏粪管理），并与垫料混合均匀，才能保持发酵床水分的均匀一致，并能在较短的时间内将粪尿消化分解干净。通常保育猪可 2～3 d 进行一次疏粪管理，中大猪应每 1～2 d 进行一次疏粪管理。夏季每天都要进行粪便的掩埋，把新鲜的粪便掩埋到 20 cm 深以下，避免生蝇蛆。

（4）补菌。定期补充 EM 益生菌液是维护发酵床正常微生态平衡，保持其粪尿持续分解能力的重要手段。补充 EM 益生菌最好做到每周一次，按 50～100 倍稀释后喷洒，一边翻猪床一边喷洒。

（5）垫料补充与更新。发酵床在消化分解粪尿的同时，垫料也会逐步损耗，及时补充垫料是保持发酵床性能稳定的重要措施。通常垫料减少量达到 10%后就要及时补充，补充的新料要与发酵床上的垫料混合均匀，并调节好水分。

7.5.3　生物发酵床应用的优缺点

7.5.3.1　生物发酵床应用的优点

（1）减少污染物排放，改善养殖环境。生物发酵床养殖技术中有益微生物能够迅速有效地分解转化猪的粪尿排泄物，在整个饲养过程中没有粪尿等废弃物排放，彻底改变了以往养殖中的“粪便满地、污水横流、苍蝇扑面、臭气熏天”的现象，生产生活环境得以彻底改善。

（2）节水节能，减少人工投入。生物发酵床养殖技术养殖过程中，避免了猪舍打扫和冲洗，不仅节约了冲洗用水，而且减少了人工投入。由于生物发酵床能自行产热（中心温度可达 40～50 ℃），有效克服了冬季寒冷对猪的不利影响，节省大量的能源，降低了生产成本。

（3）节省饲料，减少抗生素等药物的使用，提高肉类品质。由于有机垫料中繁殖有大量的微生物，有益微生物可将粪便转化成微生物食饵。猪具有拱翻习性，猪在拱翻有机垫料的同时，食入垫料中的有益微生物，有效补充了部分饲料中营养成分不足的问题。有效降低饲养成本，一般可节约饲料 12%左右。有益微生物食入在猪的肠道内占据所有空间，根据生态占位原理，致使有害微生物无法生存，大大降低了肠道疾病的发生率，使得兽药和饲料添加剂的使用量减少 50%～80%，减少了肉类中药物残留，所生产的肉类颜色红润，较有弹性，口感好，具有更强的市场竞争力。

7.5.3.2　生物发酵床养殖存在的问题

（1）原料需求大，用工集中。发酵床垫料需要使用大量的谷壳、秸秆、锯末等原料，大规模应用，原料需求增大，容易出现供应紧张，同时由于进出料用工集中，劳动力及运输成本较高。垫料的后续资源化利用价值较低。发展生物发酵床养殖技术必须结合当地实际情况，充分利用现有的农业固体废物资源。

（2）夏季舍温高。由于微生物发酵过程中产生热量，夏季舍内温度较高，不利于猪生长，必须采取相应措施解决温度过高的问题。

（3）存在疫病潜在风险。使用生物发酵床养猪可增强生猪抵抗力，减少发病。但由于生物发酵床养殖采用散养模式，疫病传播的可能性增加，因此绝不能忽视疫病防御，要树立预防为主、防重于治的观念。发现猪生病时，必须将发病猪及时转移到隔离舍，采取有效的治疗手段进行治疗；对于烈性传染病，应按照相应的处理措施进行处理，并对污染场地进行病原清理；对污染严重的发酵床垫料应销毁，对污染较轻的垫料在重新发酵后方可继续使用。

思考题

1. 利用秸秆生产人造板的主要利弊有哪些?
2. 无机胶凝材料基秸秆建材的主要生产方法是什么?
3. 生物发酵床垫料的选择依据是什么?
4. 简述利用农业固体废物制备活性炭的主要工艺步骤。
5. 活性炭活化主要的化学方法有哪些?
6. 生物炭与活性炭的主要区别是什么?

第 8 章　农业固体废物在环境修复中的应用

近几十年来，我国经济高速发展，与此同时，也面临着经济发展和环境保护的双重压力。据资料统计，2010 年我国二氧化碳排放量为 2 185. 1 万 t；全国废水排放总量 617. 3 亿 t，其中工业废水排放量占 38. 5%、城镇生活污水排放量占 61. 5%；全国工业固体废弃物产生量 24. 1 亿 t，农业固体废物秸秆总产量每年高达 9 亿 t、畜禽粪便年产出量达到 30 亿 t。大量废弃物直接排放到环境中，造成了生态环境的恶化。环境的严重污染直接影响人们的生存质量，它不仅危害了人们的身体健康，而且制约着我国的经济发展。因此，开展耕地、矿山和边坡等土壤的修复对于我国可持续发展具有重要意义。

我国人均资源拥有量少，生态环境整体性脆弱，这样的国情决定我国现阶段应该以资源综合利用、废弃物再生利用和生活垃圾无害化处理为发展循环经济的三大重点领域。农业固体废物作为一种生物质资源广泛应用在能源化、肥料化、基质化、材料化和饲料化等领域。近年来，随着科技的进步，农业固体废物在环境修复中也扮演着重要的角色。例如，部分农业废弃物特别是秸秆等废物中含有大量的生物质，通过低温缺氧加热可转化为一种富碳的生物炭。生物炭含有丰富的难溶的固体有机碳和较大的比表面积，可作为污染修复的一种有效的吸附材料，用于吸附重金属如 Pb、Hg 和有机污染物如农药、多环芳烃（PAHs）等。畜禽粪便、锯末等通过堆肥处理得到的有机肥在改善土壤结构和修复污染土壤等方面也具有重要的作用。另外，农业固体废物作为基质的组成成分有利于植被的存活和生长，在污染土壤修复和水土流失防治等方面也扮演着重要角色。因此，随着科学技术的发展，农业固体废物从一类污染物逐渐转变为环境修复的重要一员。

8. 1　农业固体废物在废弃矿山修复中的应用

8.1.1　概述

据统计，我国 95%以上的能源、80%以上的工业原料、70%以上的农业生产资料都来自矿产资源。矿产资源不仅是社会经济发展不可缺少的物质基础，也是创造社会财富的重要源泉。废弃矿山地主要是指因为采矿活动而导致的原地貌被破坏或者被占用，而产生的露天采矿场、塌陷区、排土场及尾矿库等无经济价值的土地。我国现有的大中型矿山 9 000 余座，在目前的管理水平和技术开发水平下，矿山长时间和大规模开采常会破坏和污染矿区及周边的土地资源，并改变了原有的景观生态系统、破坏动植物区系，导致土地裸露、环境污染与生态退化等。废弃矿山地的修复可以使废弃矿山林草覆盖率大大提高，减少水土流失，改善生态环境，增加矿区土壤的有机质及氮、磷、钾的含量，改善和改良土壤结构和状况，减少侵蚀和大气飘尘，减轻矿区风蚀和风沙等。

8.1.2 农业固体废物在废弃矿山修复中的应用

矿区土壤的表土常常会流失或遭到破坏，因此有机肥、秸秆和生物炭等农业固体废物常作为基质材料而被应用于废弃矿山土壤的修复。生产普通建筑石料、砖瓦用黏土和水泥用灰岩等矿种开采过后，形成众多不同类型、不同破坏程度的裸露岩石边坡。与土质边坡相比，岩石边坡缺乏适合植物生长的物理结构、营养元素及充足的水分，并且矿业废弃地具有众多不良的理化性质，尤其是重金属含量过高，而有毒重金属在土壤系统中的污染过程又具有隐蔽性、长期性和不可逆性，因此常给周边地区的生态环境造成重大的影响。

8.1.2.1 岩壁和平坡修复

针对这种类型的矿山土地修复类型，主要采取营养土复绿矿山修复技术。该技术采用秸秆、菌渣、厩肥等农业固体废物作为原料制得绿化基质，配合土壤、黏合剂、改良剂、保水剂、缓释肥、植物种子、pH 调节剂等材料用于喷播基材的制备，进行矿山土地生态修复。其技术要点如下：

（1）基材喷播。喷播基材是保证喷播成功的重要因素。农业废弃物有丰富的养分、优良的附着和保水性能，以农业废弃物为原料开发的绿化基质是较好的喷播基材，一般喷播厚度在 10~20 cm，占绿化基质土总体积的 15%~55%，可在土壤层较薄且非常瘠瘦甚至风化岩的坡面上进行喷播。

（2）基材功能调节。保水剂、黏结剂和 pH 调节剂可以作为主要的功能调节剂。保水剂可根据各地气候条件及石场特点而做相应的调整；保水剂吸水倍数在 300~500 倍；聚乙烯醇和凹凸棒粉组成黏结剂，黏结剂可根据石壁的坡度而定，与坡度大小成正比。所选用的有机-无机复合控释肥控释效果应持续在 3 个月以上，pH 调节剂为熟石灰或过磷酸钙。

（3）挂网锚固。一般坡度在 1：1 以上就需要挂网，挂网要求先把锚钉按一定的间距（50~150 cm）固定在石壁上，然后挂网。

（4）草种的选择与混播。所喷播的草种应是根系发达、生长成坪快、抗旱、耐贫瘠的多年生品种。如果当地的冬季寒冷的话，还应考虑品种的抗冻性。利用草种的互补性，如深根性和浅根性、豆科和禾本科、外地与本地、发育早与发育晚等特性进行混合喷播。适应性广，生长势强，均可用于边坡绿化的灌木配置物种，在植被选择时，草种选用 3~6 种，灌木用种 2~4 种混合搭配使用，可达到理想的护坡效果。

8.1.2.2 矿山废石堆积边坡修复

针对矿山废石堆积边坡特征，可以采用喷混植生的修复技术恢复植被。具体的技术要点如下：

（1）边坡修整。清理边坡上的杂物，对坡面浮石进行修整，有利于种植基和废矿石表面的接合。

（2）挂网锚固。由于坡面的不稳定性，在坡面上铺铁丝网进行护坡。采用热镀锌并具有塑胶防护层的特性铁丝网，防止水肥对铁丝网的腐蚀，从而增加其护坡能力。

（3）喷混。喷混是指将有机基材与保水剂、种植土、种子及水等配料按比例混合、搅拌均匀后，利用喷混机械将混合料喷射到施工的工作面上。喷混应均匀，分两层喷射，保证混合料覆盖铁丝网的厚度大于7 cm。喷播混合料形成供植物生长发育的种植基质，等喷混料在坡面上稳固后，在其表面加喷施有机材和草种。特别注意，喷第二层混合料时需选择无雨或小雨的天气进行。

（4）覆盖。喷混完成后，及时从上到下顺势覆盖无纺布（13 g/m^2），用U形钉（8~12号铁丝制作）固定，以避免雨水冲刷，并可在发芽期起到保水、保温以达到利于种子发芽的作用，同时可防止鸟兽为害，待草长到有一定抗性时，揭开无纺布。

（5）栽种植物。待喷混的草种长出真叶后，选择适合当地生长、抗性强的藤类、灌木等乡土植物苗木（如火棘、黄花槐、红花檵木、葛藤）栽种于已喷射混合料的坡面上，充分利用种植基层以达到绿化坡面的目的。

（6）养护。施工完毕后，草种发芽、成坪和苗木生根三个阶段的养护工作至关重要。根据天气情况决定浇水量，在草皮成坪、苗木生长正常后逐渐减少浇水次数，锻炼植物的适应能力，使其顺利进入生长旺盛期，逐步进入自然生长状态。

喷混植生技术的优点：在矿区的应用是可行的，植被生长稳定，长势良好，既稳定了边坡，又美化了环境，达到了很好的效果。

8.2　农业固体废物在高速公路边坡修复中的应用

8.2.1　高速公路边坡概述

公路建设与社会经济发展相互促进，相互影响。随着经济的快速发展，公路网络得到急剧扩展，同时，公路网络的完善又可以增强地区与地区之间的联系，加快促进地区经济发展。据前瞻产业研究院发布的《2015—2020年中国高速公路行业市场前瞻与投资战略规划分析报告》数据显示，2013年年底，全国高速公路里程达10.44万km，比上年末增加0.82万km。其中，国家高速公路7.08万km，增加0.28万km。全国高速公路车道里程46.13万km，增加3.67万km。可以预计在未来几年，全国每年将建成高速公路8 000~10 000 km，高速公路正处于产业的快速发展阶段。然而高速公路边坡在建设公路时是破坏最严重的地方，由于有些边坡较陡，雨水的冲刷会造成边坡水土的大量流失。因此，边坡绿化的首要功能是生态防护，保护路基，稳定边坡，恢复边坡的自然生态。

8.2.2　公路边坡防护的类型与特点

公路边坡防护大体上可分为两类，即工程防护和植物防护。工程防护多为钢筋、水泥组成的刚性防护；植物防护则为柔性防护。工程防护是植被防护的基础，两类防护形式是相互支持、相互渗透的，只有将两者有机结合，才能达到永久防护、美观耐用的目的，而且能大幅降低工程造价。植物防护要建立在一定的基质上才能保证修复的成功，有机肥等常被用来作为植物生长的良好基质。

在我国，传统边坡防护措施主要为纯工程的防护形式，如干砌块石护坡、三合土灰浆抹面护坡、挂网喷锚护坡等。传统的边坡防护措施虽然可以加固边坡和防止水土流失，但留下的是一条条灰色的长廊，导致地貌破坏，植被难以恢复。大量石料的应用造成成本较高，无自我更新能力，道路景观效果较差，不利于吸收阳光和噪声，不利于环境保护和生态恢复，而且对于降雨强度大、岩土易风化侵蚀破坏地区，采用传统的工程护坡措施很难保证工程材料与边坡岩、土体的兼容性，工程结构很容易被架空，从而导致滑坡。

目前，边坡植被恢复技术还处于起步阶段，常用的技术主要有厚层基材植被护坡、三维网植草护坡、客土植生带绿化法、客土喷附绿化法和喷混植生绿化法等。然而现阶段基材的主要成分是泥炭土、腐殖土等有限的不可再生资源，而且成本较高，所以开发新型的适用性强且原料来源丰富的基材产品为当务之急。农业固体废物很多特性与泥炭土和腐殖土接近，可以部分或者完全替代泥炭土、腐殖土等材料，且来源广泛，因此，近年来农业固体废物作为高速公路边坡复绿基材得到了广泛应用。

8.2.3 农业固体废物在高速公路边坡生态修复中的应用

农业固体废物用作高速公路边坡复绿基材是一种高速公路边坡生态修复方式，主要是利用有机肥等农业固体废物产物和其他基质作为混合基质和植物共同修复高速公路边坡生态系统。生态护坡技术通过锚杆、网、基材混合物和坡面植物的共同作用来护坡。锚杆一端固定在岩土体，另一端通过网与喷射的基材混合物紧密地连接起来，使喷播的基材混合物与坡面岩土体形成稳定的整体，基材本身又具有一定的强度和抗雨水侵蚀性，坡面植物通过力学效应和水文效应防护基材混合物及浅层的岩土体，它们的作用有机地结合在一起，实现了护坡功能。

8.2.3.1 基材选择

大部分农业固体废物均适用于作为高速公路边坡生态修复的基材。一般将土壤、有机质（牛、羊粪便等）、木质纤维、磷肥及其他适用肥料按一定比例和水混合搅拌，采用喷浆机将混合物均匀喷洒到坡面上作为土壤基质层，厚度为 6~8 cm。基质铺好后，将种子（如红豆草、白三叶、草木樨等）与土壤、有机肥（牛、羊粪便等）、化肥、植物纤维加水混合，并均匀喷播在土壤基质上，厚度 1.5~3 cm，并覆盖无纺布保墒，随后开始喷水养护，确保发芽率。有研究表明，以肥料、植物秸秆、保水剂等配合的基质，能显著增大植物出芽率及存活率，促进植物生长，是较优的基质配比。

8.2.3.2 技术措施

针对边坡岩体均存在坡度大、岩体破碎、边坡可能发生局部性的崩塌或掉块等不稳定的因素，采用边坡岩面清理排险、锚网支护、坡脚砌筑挡土墙、削坡卸载、构筑马道、坡顶修筑截水沟等技术措施。其技术方案主要如下：

（1）边坡岩面清理排险。主要包括清除浮石和排除危岩。项目地点的浮石较多，危岩较少，可以人工清除，防止成为滚石，杜绝安全隐患。

（2）锚网支护。主要靠锚杆、钢筋网和混凝土共同作用来提高岩石边坡的结构强度和抗变形刚度，减小岩体侧向变形，增强边坡的整体稳定性。

（3）坡脚砌筑挡土墙。沿坡脚砌筑挡土墙，根据边坡的不同高度确定不同规格的挡土墙。一方面通过挡土墙内回填土密实，起到压脚护坡作用，有利于边坡稳定，可以缓冲崩塌或掉块造成的危害；另一方面可以为生态绿化提供空间，起到美化环境的作用。

（4）削坡卸载。它是边坡稳定性治理的最好方法，由于项目地点边坡高度较低，坡度可以保持在50°以内，削坡过程中，最好分台阶进行。

（5）构筑马道。马道又称台阶，与削坡同时进行，5 m以上构筑两条马道，5 m以下构筑一条，宽度在1 m左右。

（6）坡顶修筑截水沟。为防止坡顶长期汇水冲刷影响边坡稳定，在坡顶设置截水沟，通常用浆砌片石砌筑或预制U形水泥槽修筑。

（7）喷播和覆盖。农业固体废物材料与其他有机基材，以及保水剂、种植土、种子等配料按比例混合、搅拌均匀后，利用喷混机械将混合料喷射到施工的工作面上。喷混完成后，应及时从上到下顺势覆盖无纺布，待植物长到有一定抗性时，揭开无纺布。

（8）植物养护。随着植物的生长，基质中的营养逐渐消耗，而在贫瘠边坡特别是弱风化的岩石边坡上又得不到补充，因此需要人工施肥，主要有复合肥和有机肥，以补充植物所必需的氮、磷、钾和其他元素。

8.3　农业固体废物在环境污染修复中的应用

8.3.1　概述

目前，重金属和有机物污染等环境污染已经成为全球广泛关注的环境问题。重金属污染是指由重金属或其化合物造成的环境污染，主要由采矿、废气排放、污水灌溉和使用重金属制品等人为因素所致。随着我国经济的飞速发展，重金属污染变得相当普遍，特别是我国南方地区，重金属污染已成为重要环境问题。当前，重金属污染包括土壤污染、大气污染和水体污染。土壤重金属污染已经成为全球广泛关注的环境问题，重金属污染不仅使农田土壤肥力退化，农产品的产量和品质降低，而且通过食物链最终危及人体健康。随着工业的发展和城市污染的加剧，土壤重金属污染日益严重。有资料显示，全世界平均每年向环境排放的汞约为1.5万t、铜为340万t、铅为500万t、锰为1 500万t、镍为100万t。目前，全国遭受不同程度污染的耕地面积已接近20万 km^2，约占耕地面积的1/5。在环境污染中，农药、多环芳烃、多氯联苯、二噁英等持久性有机污染物污染也尤为突出，影响农产品质量安全和人体健康。因此，土壤重金属和有机污染物污染修复已逐渐成为环境领域的关注焦点。

目前农业固体废物在环境修复中的应用方式主要有农业固体废物炭化材料以及农业固体废物作为辅料加入污染土壤进行堆肥化处理等利用方式。

8.3.2　农业固体废物在土壤重金属污染修复中的应用

8.3.2.1　概述

农业固体废物在重金属污染修复中的应用，主要以添加生物炭、秸秆堆肥和畜禽粪便等物质改变土壤的化学性质，从而直接或间接改变重金属形态及生物有效性，以抑制或降低植物对重金属的吸收。生物炭作为环境修复的新成员在环境污染修复方面具有重要作用。生物炭是由生物质或化石燃料等不完全燃烧产生的含碳混合物，是由不同生物和化学特性的物质组成的。这一类由废弃生物质制得的生物炭也以其优异的性能被用作环境修复的生物吸附剂，因而得到越来越多的重视和关注。生物炭丰富的孔隙和巨大的比表面积使其能够很好地吸附重金属，并将污染物固定下来，其表面丰富的含氧官能团也具有吸附有毒物质的能力，可以减少植物对有机污染物的吸收。

Liu 等研究表明，制备温度为 150~300 ℃时，生物炭中极性基团含量增加，生物炭吸附 Pb^{2+} 和 Cd^{2+} 的量增大；制备温度为 300~500 ℃时，生物炭中极性基团含量减少，生物炭吸附 Pb^{2+} 和 Cd^{2+} 的量减小。孙红文等研究了植物和动物来源的生物炭对于土壤重金属 Cd、Cr、Hg 和 Pb 的修复效果。其研究表明，在 350 ℃厌氧条件下，以玉米秸秆和猪粪为原料制备的生物炭对重金属污染土壤种植盆栽植物具有促进作用，种植植物的地上和地下部分重金属含量都有效降低，且玉米生物炭要比粪便生物炭的效果好一些。对于这四种重金属含量降低最少的是 Cr，玉米生物炭和粪便生物炭处理组中分别降低了 27.8%和 49%；降幅最大的是 Pb，玉米生物炭和粪便生物炭处理组中分别降低了 92.6%和 94.9%；并且动物来源的猪粪生物炭对于四种重金属的改良效果均高于植物来源的玉米秸秆生物炭。生物炭的施加使土壤中重金属的迁移性降低，减弱了植物对于重金属的吸收。这些研究表明，生物炭在重金属修复方面具有充足的理论依据。

8.3.2.2 生物炭在土壤重金属污染修复的机制

生物炭因其巨大的比表面积、发达的孔隙结构和高度的表面活性而成为极好的吸附剂，用来去除重金属离子。施用生物炭对土壤中重金属生物有效性和生物利用性的影响见表 8-1。

表 8-1 施用生物炭对土壤中重金属生物有效性和生物利用性的影响

制备原料	制备温度	重金属污染类型	修复效果	文献来源
果园剪枝	500 ℃	Cd、Cr、Cu、Ni、Pb、Zn	减少 Cd、Cr、Pb 的浸出，降低它们的生物利用率，对 Cd 的减少最大，同时提高 pH 值、电导率和保水能力，并具有一定保肥作用	Fellet 等
棉秆	450 ℃	Cd	通过吸附或共沉淀作用，降低生物对土壤中 Cd 的利用	周建斌等
鸡粪和绿色废弃物	550 ℃	Cd、Cu、Pb	土壤中种植的印度芥菜对 Cd、Cu、Pb 的利用率明显降低，并且随着生物炭施入量的增加，除了 Cu 之外，Cd、Pb 在芥菜体内的积累都大大减少	Park 等
橡木	400 ℃	Pb	Pb 的生物利用性和生物有效性分别降低了 75.8%和 12.5%	Ahmad 等
硬木	400 ℃	As	加入生物炭的土壤中生长的芒草与未加的相比，在枝叶中检测到 As 的比重显著减少，增加了土壤的碱度	Hartley 等

资料来源：张小凯等，2013。

生物炭对重金属吸附固定的主要机制可总结为以下四种：

（1）离子交换和阳离子-π 作用。生物质中的一些矿物组分如 Na、K、Mg 和 Ca 等在裂解过程中会残留在固态生物炭样品中，这些离子在水溶液中会与重金属发生离子交换吸附作用。重金属除了与生物炭上的金属阳离子发生交换作用外，还可以与表面质子化的酸性官能团上的质子进行离子交换反应。阳离子-π 作用取决于生物炭表面的芳香程度，π 共轭芳香结构越多，给电子能力越强，则该种作用越明显。该吸附不受生物炭表面电荷的影响，受 pH 值影响较小。

（2）络合作用。生物炭表面具有丰富的酸碱含氧官能团，这些官能团可与重金属之间发生络合作用。有研究发现，生物炭吸附重金属过程中质子的释放与重金属离子的吸附量并非等量，说明除了氢离子交换作用外，还有其他的一些作用机制（如络合作用和沉淀作用）。

（3）沉淀反应。添加生物炭后，土壤的 pH 值升高，土壤中重金属离子形成金属氢氧化物、碳酸盐或磷酸盐而沉淀。有研究比较了动物粪肥在 200 ℃、300 ℃下烧制的生物炭与商品活性炭对铅的吸附效果，结果表明生物炭对铅的吸附机制主要是沉淀作用，生物炭富含磷元素，添加生物炭后会导致重金属铅在富含磷酸盐和碳酸盐的环境下形成 $Pb_3(CO_3)_2(OH)_2$、β-$Pb_9(PO_4)_6$ 等沉淀。

（4）表面吸附。生物炭具有较大的比表面积和较高的表面能，有结合重金属离子的强烈倾向，因此能较好地去除溶液和土壤中的重金属离子。陈再明等在 350 ℃、500 ℃、700 ℃下用水稻秸秆制备生物炭并将其施入土壤中，发现其对 Cd 的最大吸附量分别是 65.3 mg/g、85.7 mg/g、76.3 mg/g，是原秸秆生物质的 5~6 倍，是活性炭的 2~3 倍。Beesley 等研究也表明，生物炭对土壤中 As^{3+}、Cd^{2+}、Zn^{2+} 的吸附主要依靠表面吸附。

利用畜禽粪便、秸秆等农业固体废物制备的生物炭，对土壤重金属污染的修复是一种包含物理和化学修复的综合修复方法，对土壤污染修复与改良具有重要意义。目前，生物炭对于重金属污染修复还停留在实验室和田间小试阶段，在农业大面积使用修复污染方面还有待进一步解决所需的工程技术问题。但可以肯定的是，生物炭在土壤重金属污染修复方面具有巨大的应用潜力和价值。

8.3.3　农业固体废物对有机物污染的修复

8.3.3.1　概述

目前我国土壤的有机物污染虽然没有重金属污染普遍，但对农产品和人体健康的影响已经凸显。近年来，工业生产中排放的大量废弃物、矿业废水废渣处理不当流失、污水灌溉、农业生产中使用的大量农药以及化学用品的泄漏，使土壤受到了严重污染。

当前比较常用的污染土壤的修复方法有物理修复、化学修复、生物修复及其联合修复。物理修复和化学修复方法是通过热脱附、微波加热、蒸汽浸提、土壤固化-稳定化技术、淋洗技术、氧化还原技术、光催化降解技术和电动力学修复等物理化学过程将有机污染物从土壤中去除，从而修复有机污染土壤。此方法过程较为复杂，费用高昂，且化学降解虽然可以降低土壤污染物的毒性或含量，但是可能形成毒性更大的副产物，对环境造成不良影响。而利用农业固体废物制备的生物炭基材料价格低廉，制备工艺简单，无二次污染，且对有机污染物具有很好的吸附和固持作用，因此生物炭施入土壤可以影响有机污染物在土壤中的残留（表8-2），为有机污染土壤修复技术提供新思路。另外，农业固体废物在环境修复中的应用方式主要有农业固体废物炭化材料，以及农业固体废物作为辅料加入污染土壤进行堆肥化处理等利用方式。

表8-2　施用生物炭对土壤中有机污染物生物有效性与生物利用性的影响

制备原料	制备温度	有机物污染类型	修复效果	文献来源
小麦秸秆	250 ℃、300 ℃和500 ℃	六氯苯	土壤吸附六氯苯的能力比原来提高了42倍	Song等
小麦秸秆	500 ℃	氯苯类物质	土壤中添加1%生物炭能够抑制氯苯类消减，其老化残留显著高于对照，且残留率为六氯苯>五氯苯>1，2，3，4-四氯苯	宋洋等
桉树碎木屑	850 ℃	敌草隆	土壤中生物炭含量越高，吸附接触时间越长，农药越难被解吸	余向阳等
硬木	600 ℃	多环芳烃	降低了多环芳烃的浓度和生物活性	Gomez-Eyles

资料来源：张小凯等，2013。

目前关于生物炭修复有机污染土壤的研究较多。Beesley等的研究表明，加入生物炭可使土壤孔隙水中多环芳烃的浓度降低50%，这大大降低了污染物在环境中迁移的风险。Wang等研究在土壤中添加生物炭后，可以加强土壤对特丁津的吸附力，从而降低疏水性除草剂进入地下水而造成污染的可能性。Song等通过实验室研究证明了以小麦秸秆为原料制生物炭施入土壤后使土壤吸附六氯苯的能力比原来提高了42倍，并且生物炭降低了六氯苯在土壤中的耗散、挥发以及生物利用度。

Sun等用小麦秸秆、家禽垫料、猪粪等原料在400 ℃和250 ℃制备了两种不同类型的生物炭，一种称为热液生物炭，一种称为热解生物炭。热液生物炭是利用家禽垫料和猪粪在不锈钢管中用去离子水在250 ℃条件下反应20 h，之后，在105 ℃温度下干燥后经研磨过250 μm筛制成。热解生物炭即为一般的制备方法，热解温度为400 ℃。实验后发现，两种类型的生物炭对除草剂均具有较高的吸附效率，但由于热液生物炭比热解生物炭具有多样化的有机功能，因此相比之下热液生物炭具有更高的吸附效率。

生物炭作为一种新型的有机物污染修复剂，具有广阔的应用前景，但目前大多还只是在实验室规模和小范围田间应用，对于其大范围田间应用还需要进行进一步研究。

8.3.3.2　生物炭对有机污染土壤的修复机制

生物炭作为秸秆、畜禽粪便等生物质资源的产物，在吸附有机污染物中有着不同类型的相互作用，包括静电作用、疏水作用、氢键作用、微孔吸附（主要作用）、π键作用和表面沉积等其他作用。

（1）氢键作用。生物炭制备因制备条件的不同，会形成种类和丰度不同的官能团，多数为含氧官能团，比如羟基（—OH）、羧基（—COOH）等。这些官能团与有机物中的—H 存在氢键作用相互吸引，使得生物炭对有机物具有吸附作用。

（2）静电引力。生物炭表面的羟基和羧基等在酸性或者碱性条件下会带上质子或是去质子化，导致和有机污染物之间存在静电作用而相互吸引。这促进了生物炭对有机污染物的吸附作用。

（3）空隙吸附。生物炭表面异质性在有机污染物吸附中扮演者重要角色，其表面由炭化和未炭化部分组成。这两部分对于有机污染物的吸附机制不同，这是由两部分的表面结构和空隙差异而造成的。

（4）疏水作用。生物炭和有机污染物由于表面的非极性基团的疏水作用而相互靠近，这促进了生物炭对有机物污染物的吸附作用。

（5）其他作用。有机污染物与生物炭表面基团形成 π 键作用，还有表面沉积作用，使得一部分有机污染物沉积在生物炭表面。

8.3.4　农业固体废物生物堆制技术在有机物污染修复中的应用

堆制法是通过多种微生物（包括细菌、真菌、放线菌和原生动物等）的协同作用、新陈代谢活动，使有机污染物得到降解和转化。在堆制过程中，农业固体废物作为辅料加入污染土壤进行堆肥化处理，这样既有利于有机污染物的降解，又提供微生物增殖的适宜条件。在生物堆制过程中，通过控制环境因素，利于微生物的繁殖，同时微生物降解有机物产生大量的热，使堆温迅速升高，增加了微生物代谢速率，从而提高有机污染物的去除效果。Cole 等人在处理污染浓度为 0.3%的除草剂时，将 10%的木屑和腐熟堆肥均匀混合于 90%（体积分数）的污染土壤中，仅用 50 d 就使污染物完全降解。李国学等通过高温堆制来降解土壤中的六六六（HCH）和滴滴涕（DDT），结果表明，在适宜的堆制条件下，高温堆肥对于六六六及其异构体、滴滴涕及其衍生物都有不同程度的降解作用。蒋晓云等接种白腐菌堆肥修复五氯酚污染的土壤，经过 60 d 的堆肥，五氯酚基本降解，降解率都达到 94%以上。堆肥除了能加快生物修复的速度以外，还可大大节省费用。这些研究表明通过堆肥法可以降解有机污染物，并且成本比较低、无二次污染。

堆肥处理有机物污染土壤修复的技术路线：

（1）污染土壤与水（至少 35%含水量）、营养物、泥炭、稻草和动物肥料等农业固体废物混合后，同时加石灰以调节 pH 值。

（2）使用机械搅拌或压气系统充氧，促进好氧微生物代谢活动降解有机污染物。

（3）经过一段时间的发酵处理，大部分污染物被降解，标志着堆肥完成。

（4）经处理消除污染的土壤可返回原地或用于农业生产。

思考题

1. 农业固体废物在矿山修复中应用的目的是什么？其添加的作用有哪些？
2. 哪些农业固体废物可以在环境污染修复中发挥作用？
3. 土壤重金属的危害有哪些？生物炭对土壤重金属污染修复的机制有哪些？
4. 生物炭对有机物污染土壤的修复机制有哪些？

第 9 章　农业固体废物处置技术应用案例与展望

9.1　秸秆类农业固体废物的利用案例

9.1.1　利用稻麦秸秆炭粉制成摩擦材料生产刹车片

9.1.1.1　基本概况

汽车刹车片是整个制动系统中的重要部件之一，直接影响整个制动系统的可靠性。目前，机动车辆刹车片无论是石棉刹车片还是无石棉刹车片，都要用石墨作为减摩剂，其一是为了保护对偶，其二是为了降低噪声。因鳞片石墨以其特有的相对密度小、耐高温、高导热、自润滑、强耐磨、强稳定性、抗热震、减噪好及良好的可塑性等性能，在刹车片的生产行业中广泛应用。但是，由于石墨矿产资源逐年减少，石墨市场价格不断上升，成本增加。研发石墨替代材料，降低生产成本已成为汽车刹车片生产行业的迫切需求。

本案例是以稻麦秸秆为原料，经炭化后制成炭粉，再经活化、石墨化等工艺，制成摩擦材料炭粉，作为减摩剂，替代摩擦材料配方中 80% 的鳞片石墨，以减少摩擦材料对鳞片石墨的使用量，既合理地利用了农业固体废物，又保护了日益短缺的石墨矿产资源。因此，可以说，这是一项新型秸秆材料化利用技术。经科技查新检索，在刹车片摩擦材料中，采用以稻麦秸秆为原材料制成的炭粉替代摩擦材料配方中的石墨，其研究成果在国内外尚未见报道。该项技术的创新性研究已取得多项国家发明专利和实用新型专利。

在刹车片摩擦材料配方中添加 10% 稻麦秸秆炭粉，开发研制成的刹车片产品经具有资质的相关检测机构检测，其主要技术指标为：摩擦系数 0.25~0.45，磨损率 $0.2\times10^{-7}\sim0.4\times10^{-7}$ $cm^3/(N\cdot m)$，热膨胀率（400 ℃±10 ℃）不大于 2.5%，冲击强度不小于 0.3 J/cm^2，寿命达 6 万 km 以上，均符合国家标准《汽车用制动器衬片》（GB 5763—2008）和《汽车用离合器面片》（GB/T 5764—1998）。研制出的一系列利用稻麦秸秆炭粉制成的摩擦材料产品，已在上海大众捷达汽车上使用，累计行程 10 万 km，3 项相关产品获省高新技术产品认定。

以稻麦秸秆炭粉替代鳞片石墨制成的减摩剂用于生产刹车片等摩擦材料，经国内外客户使用，确认产品的质量、性能与无石棉（NAO）产品基本一致。其中减噪和时速 200 km 高速时急刹车的颤抖性能比 NAO 配方摩擦材料更胜一筹。由于秸秆石墨化炭材料的应用可极大地降低复合材料制造成本，以其低密度制得的秸秆石墨化炭材料具有高纯度的特点，对汽车工业更有吸引力。

据保守计算，我国年生产刹车片18亿套，每套平均需要0.85 kg摩擦材料，每千克摩擦材料添加10%稻麦秸秆炭粉，刹车片市场年需求稻麦秸秆炭粉15万t，按每吨稻麦秸秆可以制成炭粉300 kg计算，则可年消耗稻麦秸秆50万t。据中国摩擦材料协会预测，未来5年之内在中国境内生产的刹车片将达到25亿套，而稻麦秸秆炭粉的成本和销售价只有石墨的40%，稻麦秸秆炭粉摩擦材料能广泛用于交通运输车辆及各种工程作业机械摩擦制动装置中，将拥有巨大的需求和市场。

该案例中的生产企业位于江苏省盐城市，成立于2013年11月，占地4.67 hm^2，前身为农机配件厂，始建于1992年。注册资本1 600万元，为国家高新技术企业、江苏省民营科技企业，是中国制动器行业、汽配行业理事单位、行业质量标准共同起草单位及中国摩擦材料行业协会会员单位。公司取得全国工业产品生产许可证，享有自营进出口权，产品通过TüV安全认证，ISO/TS 16949—2002、ISO 9001—2008质量管理体系认证，E1健康标准认证等，并远销美、英、日、韩、意大利、伊朗、南美、非洲等50多个国家和地区。其主要生产和销售环保型摩擦新材料及其制成的刹车片、刹车蹄和离合器面片等，是国内一汽集团、山东信义集团等单位优秀供应商。以“绿色制造”为宗旨，专门从事稻麦秸秆深度加工、利用的研究及相关高科技新材料和产品开发。专门生产各种刹车摩擦材料，包括汽车前后刹车片，卡车刹车蹄、衬片和特种车辆刹车及其他摩擦材料制品等。稻麦秸秆材料项目总投资1.12亿元，一期项目总建筑面积8 500 m^2，计容建筑面积17 000 m^2。可年产稻麦秸秆炭粉摩擦材料2万t，刹车片500万套，年销售1.2亿元，利税3 924.4万元。

9.1.1.2　生产工艺

收集的稻麦秸秆先通过选料、清洗、烘干、粉碎等工序，然后添加媒介物，采用螺旋挤压式成型机，将秸秆粉挤压成类六边形、中心纵向含20 mm排气孔的芯棒。压制好的芯棒堆置于炭化炉进行贫氧炭化，秸秆炭通过活化后再经高温石墨化，最后经过粉碎制成摩擦材料中减磨剂用炭粉。

以稻麦秸秆炭粉制成的摩擦材料，再经过配方混料，通过模压、机械切削加工、热处理和喷涂等多道工序，最后生产出刹车片产品。

（1）稻麦秸秆人造颗粒石墨。稻麦秸秆人造颗粒石墨是以稻麦秸秆为原材料，采用贫氧炭化技术工艺，经过活性化，再通过2 400~2 600 ℃高温石墨化，精细加工而成的铁黑色不规则颗粒，主要颗粒粒径大小为0.15~2.36 mm。产品具有含碳量高、气孔率高、硬度低等特点，能减小摩擦材料的热衰退，稳定摩擦材料的摩擦系数，防止摩擦材料对偶的表面金属转移，满足盘式刹车片性能稳定、磨损小和对偶损伤小以及制动噪声低等舒适性要求，是石油生焦煅烧焦炭和石油生焦提炼人造石墨最好的替代品。产品质量指标为：密度1.15 g/cm^3左右，碳含量>97%，灰分<0.23%，挥发物<0.4%，水分<0.3%，粒度有1.18~2.36 mm、0.85~2.00 mm、0.25~0.60 mm和0.18~0.425 mm等。

（2）稻麦秸秆增韧石墨。稻麦秸秆增韧石墨是稻麦秸秆人造颗粒石墨添加了橡胶、蛭石和其他成分，经过特殊改性而得到的一种高科技新产品。经高温瞬时处理，由很小片状变成蠕虫状，体积膨胀几百倍。产品具有天然石墨的性质，并且具有良好的成型可塑性和柔韧延展性，再经过特殊工艺专门加工成鱼鳞片状；含碳量高、气孔率高、硬度低等，具有极高的耐高温性能，极低的导热系数，吸附于摩擦材料表面能有效降低摩擦材料中其他低温材料的磨损率，并能与摩擦材料中其他原材料均匀黏结，增加摩擦材料的韧性；还具有散热均匀、摩擦材料的摩擦系数稳定等特点，是天然石墨提纯、改性产品最好的替代产品。产品质量指标为：密度 0.7～1.1 g/cm^3，碳含量≥99%，灰分<0.1%，挥发物<0.2%，水分<0.1%，抗拉强度≥4.0 N/mm^2。

（3）稻秸秆复合材料植物纤维。稻秸秆复合材料植物纤维是用稻秸秆经过甩切、增强、拉绒制成的植物纤维，聚合度达到 2.5 万～3.2 万，能稳定并减少材料的收缩和膨胀，改善制动性能；可以避免摩擦材料表面的腐蚀，特别是金属纤维等受环境影响而产生的电化锈蚀；同时它在制造时容易产生较高的气孔率，能降低制动噪声。它质地柔软有利于降低刹车时产生的抖动。另外，稻秸秆复合材料纤维素纤维是价格低廉的植物纤维，代替高价格的矿物纤维，有利于降低摩擦材料厂家的生产成本。产品质量指标为：直径 8～12 μm，外观土黄色，密度 1.4～1.5 g/cm^3，挥发物<12%，pH 值 7.0～8.0。

稻麦秸秆炭粉制摩擦材料的工艺流程如图 9-1 所示。

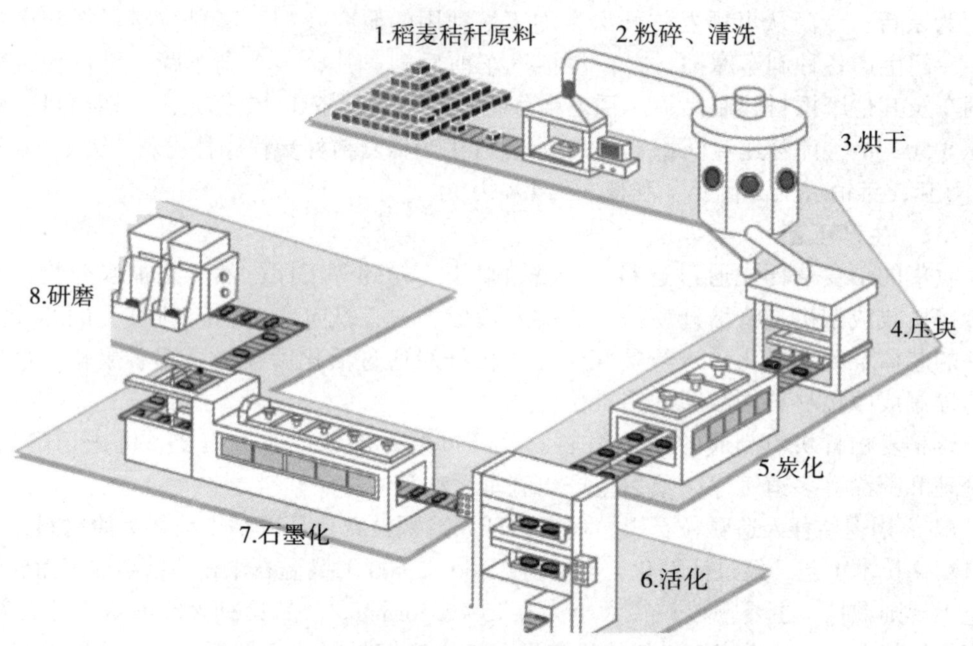

图 9-1　稻麦秸秆炭粉制摩擦材料的工艺流程

9.1.1.3　效益分析

（1）经济效益。公司建成的两条生产线，目前已实现年利用稻麦秸秆炭粉制成摩擦材料生产刹车片 70 万套的生产能力，销售收入达 1 030 万元，利税可达 265 万元。达到满负荷生产后，可形成年产利用稻麦秸秆制成摩擦材料生产刹车片 100 万套的生产能力，年新增销售收入 1 470 万元，利税达 380 万元。

（2）社会效益。利用稻麦秸秆炭粉制摩擦材料新技术的成功应用，促进农作物秸秆综合利用等相关技术研究及其新产品开发，打破国外对摩擦材料NAO配方的技术垄断，开拓了稻麦等农作物秸秆资源化、高值化应用新途径，推动了稻麦秸秆农业固体废物综合利用新技术的广泛使用。

本案例彩图9-1~彩图9-10见书末“附图”。

9.1.2 利用秸秆类农业固体废物开发成型燃料

9.1.2.1 基本概况

生物质成型燃料是以农林废弃固体材料为主要原料，经切片、粉碎、除杂等工艺，最后制成的块状或颗粒状成型燃料。作为锅炉燃料，它的燃烧时间长，经济实惠，对环境无污染，是替代常规化石能源的优质环保燃料。生物能源技术的研究与开发已成为世界重大热门课题之一，受到世界各国政府与科学家的关注。国外很多生物能源技术和装置已经达到商业化应用，使用生物质成型燃料的方便程度可与燃气、燃油等能源媲美。在欧美的一般居民家中生物质成型燃料及配套的高效清洁燃烧取暖炉灶已非常普及。

生物质成型燃料将农林废弃材料进行压缩，大大减少了体积，节省了贮存空间，也便于运输，降低了运输成本；易点燃，燃烧效率高，燃烧持续时间延长，易于燃尽，燃烧时有害气体成分含量低，排放的有害气体少，清洁环保；燃烧后的残灰还可以作为钾肥施用。因此，生物质成型燃料的特点是：容重大、体积小，容重为800~1 300 kg/m^3；热效高、火力旺、燃烧好，生物质燃料经固化成型后燃烧利用率可达40%以上，燃烧热值可达15 466~20 900 kJ/kg；投料方便、清洁卫生、污染轻微。生物质成型燃料可广泛用于生物质炉灶、取暖炉、热水锅炉、蒸汽锅炉、烘干炉和生物质气化炉等，供民用炊事和取暖、区域供热、加工产品烘干等，以其特有的优势赢得了广泛的认可。由于生物质资源可再生，是取之不尽、用之不竭的能源，2014年国际新能源署发布了一份报告，提到2030年生物质能可能要占可再生能源的60%。仅2014年，国内已生产1 000万t以上的生物质成型燃料，预计未来生物质成型燃料会有很好的发展前景。

利用秸秆类农业固体废物开发成型（块状、颗粒）燃料案例中的生产企业，位于河北省石家庄市铜冶镇工业园区，是一家专业从事生物质能源开发与应用的国家级高新技术企业。企业立足生物质能源领域，专业研发与制造秸秆类农业固体废物的压块和颗粒成型设备，占地1.07 hm^2，生产车间占地面积约3 000 m^2，注册资金500万元。公司全资注册了一家所属企业，注册资金1 000万元，占地2 hm^2，位于河北省石家庄市新乐市承安镇，依托当地丰富的秸秆类农业固体废物资源，自主进行生物质成型燃料生产，作为成型燃料开发利用的示范基地，年产生物质成型燃料5万t。同时开展生物质原材料的收集、加工和销售，为客户设计全面的能源解决方案，提供生物质燃料、热能设备等，满足客户的能源需求。采用公司研制生产的生物质成型燃料设备，已在邢台、邯郸、唐山、秦皇岛、承德、张家口、石家庄等地合作建立了近60个秸秆类农业固体废物生物质成型燃料加工厂。

公司拥有已申报10项专利技术的9JY系列生物质燃料成型设备，其性能稳定，产量高，加工范围广，能适用于各种农林生物质废弃材料的加工。目前已在全国20多个省、市、自治区得到了广泛的推广应用，部分主导产品广销南亚、东南亚等地区。2012年入选全国绿色能源示范县关键设备供应商名单，并通过了农业部组织的300 h的耐用实验。最新研制的超大型秸秆生物质燃料成型机，处理能力达到8~10 t/h，是目前国内最大规格的秸秆生物质成型燃料设备。

9.1.2.2 主要生产工艺及设备

秸秆类农业固体废物原料直接燃烧会冒黑烟，燃烧不充分，对大气环境造成污染。国家允许在农村作为生活薪材使用，但不允许在城市中使用，而且禁止农田秸秆焚烧。生物质成型燃料是将秸秆类农业固体废物作为原材料，经过粉碎、混合、挤压、烘干等工艺，制成块状、颗粒等成型燃料，可直接燃烧的一种新型清洁燃料。生物质成型燃料的颗粒直径一般为6~8 mm，长度是直径的4~5倍，破碎率小于1.5%~2.0%，干基含水量小于15%，灰分含量小于1.5%，硫含量和氯含量均小于0.07%，氮含量小于0.5%。

生物质成型燃料成型加工的整套设备机组包括上料系统、成型系统、出料系统、配电系统。从原料到产品的主要生产设备有装载机、粉碎机、输送带、成型压块机(造粒机)、烘干机、包装机等。

生物质成型燃料的主要生产工艺流程如图9-2所示。

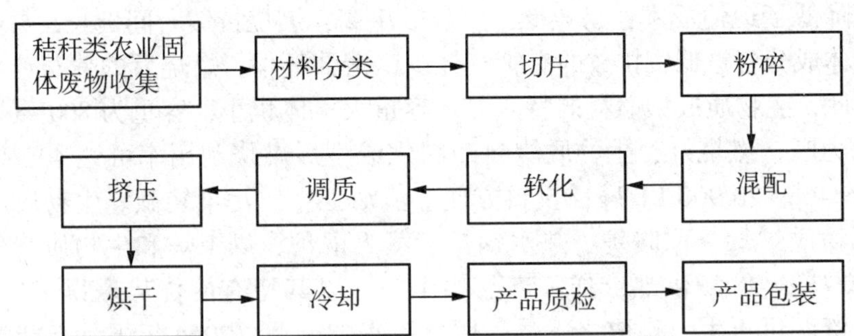

图9-2 利用秸秆类农业固体废物生产生物质成型燃料的工艺流程

9.1.2.3 效益分析

(1) 经济效益。利用秸秆类农业固体废物开发成型燃料的生产成本，主要有原料收集费、人员工资、电费、燃油费、折旧费、维修费、包装费、财务费、管理费及其他费用等。一般平均生产1 t生物质成型燃料的加工成本为150元左右，原料收集费根据物质来源及收集难易等会有较大差异，通常原材料的收集成本为300~500元/t。而生物质成型燃料的销售价格因材质、销售区域及生产成本不同会有较大变幅，一般为650~900元/t。经济效益与生产规模有较大关系，通常的生产利润并不是很高，因此主要依靠规模产生效益。

作为能源使用，以6 t锅炉燃烧为例，生物质成型燃料与煤炭、柴油和天然气比较来看，按生物质成型燃料、煤炭、柴油和天然气的市场参考价0.7元/kg、0.7元/kg、6.0元/kg和3.0元/m^3计算，燃烧1 h的燃料费用分别为1 025元、805元、2 520元和1 400元。如果按国家鼓励使用清洁能源的相关政策，每减少使用1 t标准煤，可申请200元国家财政补助，则使用生物质成型燃料的费用与烧煤的费用相近，但远低于烧柴油和使用天然气的费用。而使用生物质成型燃料燃烧产生的CO_2，依据联合国的相关规定，生物质成型燃料燃烧过程中对大气中温室气体平衡改变为零（排放与固定平衡）。据有关测定分析，就SO_2排放而言，生物质成型燃料仅为煤炭的1/38，为柴油的1/14，与天然气相当。对NO_x排放来说，生物质成型燃料为煤炭的1/2，与柴油相当，略高于天然气。然而，虽然使用生物质成型燃料的费用与煤炭相近，但大气排污治理费用则比燃煤要低得多。

（2）社会效益。从节能减排方面来看，使用煤炭虽然价格较低，但对大气污染较大，而生物质能源是清洁能源中价格最低的能源，并且是一种可再生能源，供应可靠，价格也相对稳定。以使用蒸汽量50 t/h计，每年可节约标准煤2.5万t，大大减少CO_2、SO_2和NO_x排放，而且生物质成型燃料经燃烧后排出的灰渣可以作为钾肥被利用，没有固体废物污染。

发展生物质成型燃料产业可以消除大量农业固体废物造成的环境污染，收集利用还能增加农民收入，同时创造大量的就业机会。有数据表明，我国每100亿元人民币产值的生物质成型燃料工业可提供100多万个就业岗位。

本案例彩图9-11~彩图9-19见书末“附图”。

9.1.3　利用秸秆生物质燃料发电

9.1.3.1　基本概况

利用秸秆生物质（玉米秆、稻草、麦秆、稻壳等）燃料发电可以大量减少SO_2的排放，其排放量仅为燃煤的1/10。有数据显示，截至2014年年底，我国生物质发电的上网电量超过500亿kW·h，相当于三峡水库一半以上的发电量。国家出台的再生能源发展规划，到2020年生物质能发电总装机容量将达3 000万kW。这说明生物质发电在国内大有发展前途。

利用秸秆生物质燃料发电案例中的生产企业，位于安徽省砀山县经济开发区，占地20 hm^2，其中建（构）筑物占地面积99 347.4 m^2，建筑面积22 658.9 m^2，总投资为28 742.63万元，其中建设投资27 007.20万元。采用国际先进的生物质直燃发电技术，机炉配置为1×30 MW高温高压凝汽式汽轮发电机组和1×130 t/h高温高压生物质水冷振动炉排锅炉，燃料采用可再生能源秸秆类农业固体废物。于2011年9月26日并网发电，年利用时间7 000 h，在额定工况条件下，年发电量为21 000万kW·h，年供电量为19 110万kW·h。电厂最大发电负荷为30 MW。

案例所需的燃料为可再生能源秸秆类农业固体废物。砀山县是一个以农作物和水果业为主的农业大县。2014年耕地面积共6.33万hm^2，年粮食作物播种面积约7.91万hm^2，年产粮食作物秸秆约45.34万t。水果种植面积约4.93万hm^2，拥有大量废弃果树枝叶生物质资源，年修剪废弃的果树枝叶约30万t。县域内还有大量的杨树防护林，林地面积8.4 hm^2。拥有集中型板材加工产业区2个，产生大量的板材加工边角料等。年产林木燃料（杨树枝条、树皮及边角料等）约23.43万t。因此，砀山县生物质资源丰富，全县年产约100万t生物质资源，具有得天独厚的优势，收集辐射半径在30 km范围内，已能基本覆盖全县。

收集范围内木质化废弃生物质燃料资源总量约为53.4万t。按其资源减量系数

10%及资源供应保证系数0.80计，则林木资源可供应量为38.45万t。收集范围内秸秆资源总量约为45.34万t。按秸秆资源减量系数10%及秸秆供应保证系数0.30计，则秸秆资源可供应量约为12.24万t。砀山县30 km范围内每年的枝叶秸秆等废弃生物质燃料资源总的可供应量为50.69万t，完全能满足电厂的最大年消耗燃料量约23.43万t的需求量。本工程的建设投产，对节约一次能源、改善能源结构、保障能源安全、促进当地经济建设、改善生态环境都具有重要作用。

9.1.3.2 主要工艺及设备

利用秸秆生物质燃料发电，首先要解决燃料的收集系统问题。由于秸秆类农业固体废物面广量大及季节性很强，收集、干燥、运输、贮存等是一个系统工程，各个环节要有很好的衔接集成。特别是秸秆等生物质燃料体积大，燃料对燃烧系统的要求与燃煤的燃烧系统也会有较大差异，对收集的秸秆类农业固体废物进行切碎加工处理，便于输送与提高燃烧效率。同时要求生物质燃料发电的锅炉具有燃料适应性强、能源利用效率高、污染物排放浓度低、运行可靠性高、经济性好等特点。

生物质燃料发电有锅炉、汽轮机和发电机三大主机，有汽水系统、燃烧系统和电气系统三大主要生产系统。通过给料设备将秸秆类农业固体废物送入燃烧系统进行燃烧。燃料进入一次风系统先进行干燥，然后在燃烧段进行燃烧，最后燃料被燃尽。在燃烧系统中还有二次风系统和烟气系统及点火燃油系统。二次风系统和烟气系统的作用是促进燃烧和减少烟气污染物排放。

利用秸秆生物质燃料发电的主要工艺流程如图9-3所示。

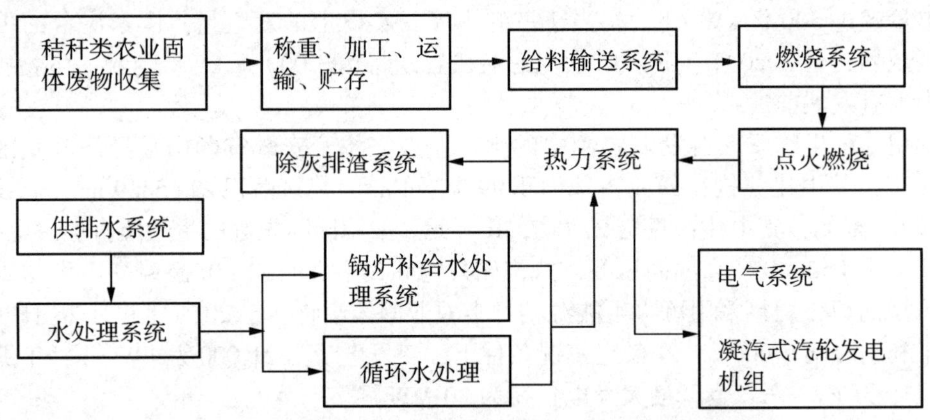

图9-3 利用秸秆生物质燃料发电的主要工艺流程

热力系统由主蒸汽系统、给水系统、凝结水系统、凝汽器抽真空系统、回热抽汽系统、加热器疏水系统，以及循环水、冷却水、工业水、胶球清洗系统与锅炉排污系统等组成。供排水系统有供水系统、循环冷却水系统、排水系统。水处理系统由锅炉补给水处理系统和循环水处理两部分组成。

电气系统主要配有1台与130 t/h生物质锅炉相匹配的额定功率为30 MW凝汽式汽轮发电机组。安装一台升压主变压器，连接发电机并网。

9.1.3.3　效益分析

（1）经济效益。项目总投资为 28 742.63 万元，其中建设投资 27 007.20 万元。机组装机容量为 1×30 MW，年发电时间为 7 000 h，年发电量 2.1×10^8 kW·h，年供电量 1.911×10^8 kW·h，年销售收入为 11 733.54 万元。全年最大燃料消耗量 23.43 万 t，发电年标准煤耗 0.38 kg/(kW·h)，供电年标准煤耗 0.42 kg/(kW·h)，年节约标准煤 80 000 t。资本金内部收益率 9.4%，税后投资回收期 10.05 年，借款偿还期 11.52 年。项目的财务内部收益率、投资利润率、投资回收期、借款偿还期等指标在同行业中均属较好范围，并且有一定的经济效益。

（2）社会效益。生物质发电项目是一个节能、环保工程，使用的燃料为秸秆类农业固体废物资源，通过发电项目实施，变废为宝，增加了农民的收入，改善了当地生态环境，促进了当地的经济建设和发展。

利用秸秆类生物质燃料发电项目年需要收购农作物秸秆和林木枝叶等燃料 23.43 万 t，当地农民每年可增加收入 7 000 多万元，每年节约标准煤约 80 000 t，减少二氧化碳排放约 18 万 t，是一个资源节约和环境友好型项目。从 2012 年开始，当地已经连续三年实现农作物秸秆的“零火点”，改善了农村生态环境，推动了新农村的建设。同时为当地增加了就业岗位，提供了就业机会。项目符合国家综合利用、节能降耗的产业政策，对促进城乡建设具有显著的社会和环境效益。2011 年 4 月，生物质能发电项目被国家发展和改革委员会批准作为清洁能源发展机制项目。

本案例彩图 9-20~彩图 9-24（来自百度图片网）见书末“附图”。

9.1.4　利用秸秆类农业固体废物开发基质产品

9.1.4.1　基本概况

利用秸秆类农业固体废物开发基质产品案例中的生产企业，位于浙江省杭州市余杭区径山镇。公司成立于 2005 年，注册资金 2 000 万元，占地总面积 280 hm^2，建有智能温室 40 000 m^2、简易温室 50 000 m^2、基质生产车间 11 520 m^2、管理用房 1 200 m^2，具有自动灌溉系统的栽培示范区 72 hm^2。2012 年创建了园艺中心，总面积 10 000 m^2，其中室内温室 2 000 m^2，室外展示区 8 000 m^2，是一个集新品种选育、新技术开发和应用示范与产品展示，以工厂化、规模化和标准化生产为一体的现代化园林绿化苗木生产基地及具有国际先进水平的观赏植物生产示范中心，是“国家林业局普及型国外引种试种苗圃”“浙江省木本观赏植物高新技术生产示范中心”“区级农业龙头企业”。基地年产 3 000 万株小容器苗、100 万株大容器苗、1 000 万株组培苗、4 500 万株穴盘苗、4 万株三年生造型苗、15 万株热带兰花、1 万株三年生彩叶乔木、15 万株五年生彩叶花灌木和 2 万株三年生乡土顶级乔木。年主营业务收入 2 亿多元，利润 3 000 多万元。其中年产基质约 3 万 m^3，基质产品销售收入 900 多万元，利润 150 多万元。

2003 年公司开始从事基质生产，当时租用湖州市鹿山林场，投资 200 余万元建立了基质生产厂，建有年产栽培基质 80 000 m^3 的生产线。2007 年，搬迁至杭州市余杭区径山镇求是村，占地面积 2 hm^2，基质生产车间约 8 000 m^2。2010 年，参与承担国家水体污染与治理重大科技专项“太湖流域苕溪农业面源污染河流综合整治技术集成与示范工程”，又投资 700 多万元对基质厂进行了改扩建，生产车间达到了 11 520 m^2，实现年产基质 10 万 m^3、有机肥 6 000 t 和有机-无机复混肥 3 000 t 的生产规模。2012 年年底，投资 200 万元，从丹麦引进了成套全自动基质网袋生产线，年产基质网袋 5 000 万只，同时投资 90 万元，购置了网袋灌装机 8 台和基质混配成套装置。

9.1.4.2 主要工艺及设备

利用秸秆类农业固体废物生产育苗及栽培基质，应对原材料进行无害化腐熟处理，处理前要对原料进行切碎或粉碎。处理方式主要通过堆肥化进行好氧发酵，使基质原料达到腐熟和稳定。基质具有替代土壤的功能，作物幼苗直接生长于基质中，因此，秸秆类农业固体废物的腐熟和稳定非常重要，对秸秆类农业固体废物的堆制发酵的工艺要求更高。用于基质的秸秆类农业固体废物采用槽式发酵，根据槽式翻抛机的跨度大小及堆场的长、宽度进行建槽，因用于基质的材料如食用菌渣、山核桃蒲壳、树枝叶、秸秆等都比较疏松，质量较轻，容易翻抛，所以一般建槽的宽度和高度都应比畜禽粪堆肥的槽大，槽宽 5 m 左右，槽高 1.5~1.6 m。将粉碎后的基质原料直接送至槽内做堆发酵，不需要添加任何干辅料调节含水率。从原料做堆到出料，堆制发酵周期因季节不同，物料需要经过 20~30 d 堆制，期间要采用槽式翻抛机进行多次翻抛，经高温发酵后才能达到腐熟，可以用于生产基质。基质生产所需的主要设备有原料收集农用车、装载机、翻抛机、破碎机、筛分机、基质混配成套装置、全自动进口网袋生产线、网袋灌装机、自动包装机等。

利用秸秆类农业固体废物生产基质的主要工艺流程如图 9-4 所示。

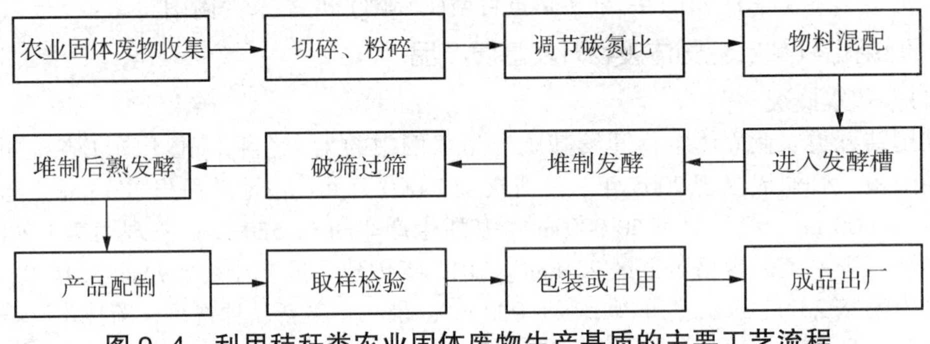

图 9-4 利用秸秆类农业固体废物生产基质的主要工艺流程

9.1.4.3 效益分析

(1) 经济效益。基质的生产成本主要包括原料收集运输费、发酵菌剂购置费、人工费、燃油费、水电费、包装费、折旧费、维修费、装卸费、管理与财务费、税收、推广及其他费用等，生产容器栽培基质的综合成本约为 250 元/m^3。栽培基质平均出厂售价为 300 元/ m^3 左右，基质的直接经济效益约为 50 元/ m^3，利润率为 16.7%。公司年产基质约 3 万 m^3，年销售收入 900 多万元，经济效益 150 多万元。

(2) 社会效益。公司年产基质约 3 万 m^3，可消纳农业固体废物约 50 000 m^3，可以减少因随意丢弃引起的农业面源污染和减轻农民焚烧污染环境的压力，从而改善生态环境，促进生态循环农业的发展。

本案例彩图 9-25~彩图 9-33 见书末“附图”。

9.1.5 利用青贮包技术开发笋壳青贮饲料

9.1.5.1 基本概况

笋壳是竹笋加工后的废弃物，也是一个尚未产业化开发利用的重要资源。随着人民生活水平的不断提高和竹笋加工业的飞速发展，对竹笋的需求量也不断增加。据不完全统计，目前竹笋年产量达 320 万 t，笋制品产量也达到 80 万 t，竹业年产值达到 240 亿元。浙江省拥有竹林面积约 80 万 hm^2，其中毛竹笋竹两用林、雷竹、早园竹、绿竹及笋干竹占了相当比重，年产鲜笋约 136 万 t，竹笋生产已经成为浙江省山区（特别是竹笋产区）农民发展效益农业、增加收入的重要途径。在竹笋加工过程中，笋食品加工附加值不高，一般只能利用 30%~40%的原料，产生大量的笋壳。目前，加工后多数笋壳被抛弃于路旁或沟边，且因竹笋加工季节正值雨季，鲜笋壳腐烂很快，给笋竹产区的生态环境造成了严重污染。为解决笋竹废弃物污染问题，提高笋竹深加工技术水平，开发高科技、高附加值的产品，开展废弃笋壳的资源化利用技术和产业化工作研究受到各界重视。

笋壳具有很高的营养价值，笋壳中含有粗蛋白、粗纤维、氨基酸等营养物质，从笋壳中还可以提取过氧化物酶、黄酮素、植物甾醇、膳食纤维等生物活性物质。其中蛋白质含量为 10.2%~16.3%，接近小麦麸皮，高于玉米秸秆和小麦秸秆，比稻草高出 3 倍，而粗纤维含量为 31%~39%，高于麦麸，是草食动物的理想饲料，具有很好的开发应用价值。虽然笋壳营养成分丰富，但笋壳粗糙，适口性差，消化率和能量利用率低，不宜直接采食。

利用废弃笋壳开发青贮商品饲料案例中的生产企业，位于丽水市三岩寺白岭底和富阳市渌渚镇。位于丽水市三岩寺白岭底的某公司成立于 2002 年 12 月，注册资本 300 万元，是绿色食品、无公害食品和有机食品生产、加工、销售一体化的民营企业，是丽水市重点农业龙头企业、浙江省农业科技企业、浙江省省级农产品加工示范企业和浙江省骨干农业龙头企业。2009 年年底公司建立绿色农产品基地 718.8 hm^2，竹笋加工是企业重点发展的项目。丽水市现有竹林面积 12.27 万 hm^2，其中毛竹林面积 11.67 万 hm^2，年产竹笋 25 万 t，每年 60%左右鲜笋用于加工后销售，成为当地的特色农产品。位于富阳市渌渚镇的某公司创办于 1985 年，注册资本 100 万元，占地面积超过 20 000 m^2，是浙江省级农业龙头企业、杭州市十佳农产品加工企业、中国水煮笋协会理事单位，是一家专业从事竹笋类绿色产品的研究、生产、销售的综合型企业，拥有各类水煮蔬菜的粗加工、精加工、真空包装、调味生产设备，总资产近 2 000 万元。公司产品主要以当地盛产的竹笋为原料，全年生产各档水煮产品 3 000~5 000 t，其中 90%出口日本、韩国、美国等发达国家。公司建有竹笋基地 3 333.5 hm^2，其中 667 hm^2 通过了日本农林水产省的 JAS 有机认证。公司目前也是浙江省最大的鲜笋收购企业，年收购竹笋10 000 多 t。

2012 年以来，上述两家公司利用竹笋壳开发青贮饲料，并建立了商品化基地和示范工程，年产笋壳青贮饲料 300 t，为周边羊场提供饲料。

9.1.5.2 主要生产工艺及设备

笋壳粗糙，适口性差，消化率和能量利用率低，不宜直接采食，需要先通过适当加工处理后改善其适口性，让牲畜愿意采食，同时提高其消化率和营养利用率，牲畜食用后能补充营养，增加重量。目前一般的做法主要是采用粉碎机将鲜笋壳先粉碎成直径 2~3 cm 的碎片，经晒干后再用粉碎机磨粉后制成笋壳粉，作为饲料的配料。这样制成的笋壳粉虽然可以贮存较长时间，但其营养价值较低，饲喂效果不佳。

青贮饲料是采用青贮技术制作，将新鲜的、青绿多汁饲料长期贮存起来，使其基本保持原来的青绿、多汁和营养状态，并具有酸香味。以往制作青贮饲料多以青贮窖方式进行生产，现经过科技人员多年的试验研究发现，笋壳中接种乳酸菌等益生菌菌剂，放入密封的容器中贮藏，在适宜的温度和厌氧环境下，可以将大量的纤维类物质经微生物转化为糖类，糖类经发酵形成有机酸，又进一步转化为乳酸和挥发性脂肪酸，使 pH 值降低到 4.5~5.0，同时抑制了丁酸菌、腐败菌等有害菌的繁殖，使笋壳能够长期保存。青贮饲料的特点是成本低，效益高。青贮包技术可以更方便地制作青贮饲料，不需要像青贮窖那样的固定建筑，可以根据原料的多少和产品需求进行固定式或移动式制作。

笋壳采用青贮包技术加工商品饲料，需要采用专门的机械设备，将笋壳切短或粉碎成丝状，以利于笋壳的微生物发酵处理，一般宜选用具有锤片粉碎和轧切功能的设备，而且笋壳（包含笋蒲头、下脚料）比较硬，所以需要的设备功率比常规秸秆粉碎设备大 2~3 倍以上。另外要采用圆捆机对笋壳进行打捆，用打包机对接种了乳酸菌的笋壳圆捆进行密封打包，保证笋壳青贮发酵能顺利进行。

笋壳青贮饲料的制作工艺流程如图 9-5 所示。

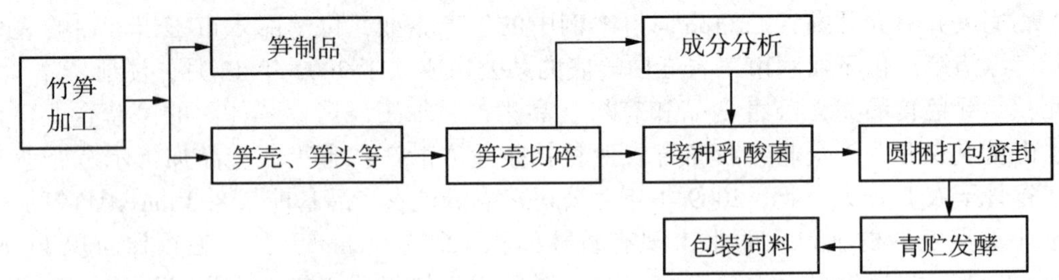

图 9-5　笋壳青贮饲料的制作工艺流程

笋壳青贮饲料的技术关键点：

（1）笋壳适宜的含水率。含水率过高和过低都会影响笋壳的青贮质量，甚至引起霉烂或腐败变质。一般笋壳的含水率控制在 60%~70%较好。

（2）笋壳、笋头需要进行破碎处理。笋壳和笋头未经破碎，长短大小不一，发酵不均匀，产品质量不佳。采用专门的机械设备，将笋壳切短或粉碎成丝状，以利于笋壳的进一步干燥或发酵处理。

（3）笋壳接种乳酸菌剂要均匀。笋壳上喷洒乳酸菌剂要均匀，发酵才能一致，否则会影响产品质量。

（4）圆捆打包要结实密封。笋壳青贮发酵饲料的制作是需要厌氧的，乳酸菌是厌氧微生物，只有在厌氧条件下才能正常发酵。圆捆打包不结实，厌氧条件差，乳酸发酵不好，笋壳容易霉烂变质。需要采用专用的圆捆机和打包机，既能做到每件产品结实密封，提高青贮品质和青贮成功率，又能做到标准化生产，使产品质量得到保证。

（5）笋壳青贮饲料品质的直观判断。呈黄色，无霉变情况发生，质地松软，无粘手现象，具有酸香味。pH 值<4.0。

9.1.5.3　效益分析

（1）经济效益。经测算，笋壳青贮饲料的生产成本约为420元/t。主要生产成本有固定资产折旧费、人员工资、材料费（圆捆包装、菌剂等）、水电费、燃油费、维修费、管理费、财务费用和原料收集费用等。目前，笋壳青贮饲料主要用作羊的粗饲料，市场销售价约800元/t。因此，将废弃的笋壳开发成青贮饲料，具有较好的经济效益。

（2）社会效益。通过笋壳青贮饲料的开发应用，大量笋壳废弃在村道及闲置地上的现象消失了，腐败恶臭的气味没有了，黑褐色污水四处流淌的情况不见了，改善了村容村貌和生态环境，特别是明显改善了水环境，减少了河道水污染。同时把笋壳废弃物再利用，还增加了就业岗位。用笋壳青贮饲料养牛、养羊、养兔等也降低了饲料成本，促使更多农户养羊致富，增加了山区农民收入。牛粪、羊粪和兔粪又可用于竹林施肥，有助于改良和培肥土壤，提高竹笋产量和质量及竹林可持续生产。

本案例彩图9-34～彩图9-40（来自百度图片网）见书末“附图”。

9.2　畜禽养殖固体废物利用案例

9.2.1　利用畜禽粪和农作物秸秆生产商品有机肥

9.2.1.1　基本概况

利用畜禽粪和农作物秸秆生产商品有机肥案例中的生产企业，位于江苏省江阴市的国家可持续发展示范区内。公司成立于2005年，注册资金1 000万元，占地16 hm^2，是一家集农业固体废物资源化利用技术、成套装备研发生产和有机农业生产于一体的农业科技型企业，是江苏省高新技术企业。其中有机肥料生产区块拥有好氧高温发酵的堆肥车间20 000 m^2，成品车间10 000 m^2，办公及化验室600 m^2。专业处理处置畜禽粪便、畜禽尸体、秸秆等农业固体废物，成为全国商品有机肥标准化生产示范基地、江苏省商品有机肥推广应用和测土配方定点企业，目前年处理畜禽粪便30多万t，农作物秸秆4万多t，年产10多万t商品有机肥、复合微生物肥和有机-无机复混肥等系列产品。

公司生产的有机肥料65%左右用于茶叶、水果和蔬菜等经济作物，35%左右用于粮油作物。主销苏南地区，部分销往福建省、江西省、安徽省、山东省和浙江省等地，在增加作物产量、改善农产品品质的同时，提升了耕地土壤质量，深受用户好评。

9.2.1.2　生产工艺及主要生产设备

堆肥采用条垛式，根据翻抛机跨度大小及堆场长、宽度，将混拌好的畜禽粪料做成横断面为梯形的长条堆垛，一般底宽2～3 m，高1～1.5 m。从原料做堆到堆肥出料，堆肥发酵周期因季节不同，畜禽粪等原料需要经过15～25 d堆制，期间要采用条垛式翻抛机进行多次翻抛，经高温发酵后才能达到腐熟，可以用于生产商品有机肥。粉状有机肥生产所需的主要设备有农用车、装载机、混配机、翻抛机、破碎机、筛分机、烘干机、自动包装机等。生产颗粒状有机肥另配置输送带、圆盘造粒机或挤压造粒机等。

利用畜禽粪生产有机肥的主要技术工艺：添加秸秆粉等干辅料并接种发酵菌剂，采用装载机或混配机等对堆肥物料进行混合，然后做堆翻抛发酵。干辅料的添加量视畜禽粪的含水量进行确定，一般将畜禽粪的含水率调节至60%左右，以满足堆肥适宜的含水率，同时可以调节堆肥物料的碳氮比（C/N 值为 20~30），还可以消耗大量的秸秆等农业固体废物。堆肥发酵菌剂的接种量一般控制在堆肥物料质量的 0.1%~0.3%为宜。在高温发酵结束后，采用破碎机结合滚筒筛，对堆肥物料进行破碎过筛，如果堆肥产品急于出厂，最好采用重新做堆的方式进行后熟发酵（也称堆肥二次发酵），后熟发酵时间一般控制在 5 d 左右。如果堆肥产品不是急于出厂，也可以在陈化仓堆放一段时间任其陈化后熟，这样堆肥就可以达到充分腐熟，以保证作物使用安全。

堆肥工艺中需要关注以下几个关键点：

（1）调控好适宜的堆肥含水率至关重要，这是直接影响堆肥起始阶段物料能否升温发酵的首要因素。畜禽原粪的含水率较高，不适合直接做堆发酵，需要添加适量的干辅料调节物料含水率，满足堆肥发酵升温要求。

（2）调控好适宜的碳氮比，这是影响堆肥发酵的重要因素。堆肥物料的适宜碳氮比为 20~30，碳氮比过高、过低都会影响堆肥发酵效果。

（3）适当进行翻抛通气，有利于好氧微生物生长和分解堆肥物料，促进堆肥快速发酵升温和水分散发，有利于堆肥物料脱水干燥，加快堆肥腐熟，缩短堆肥周期。

（4）堆肥物料需要进行破碎过筛。由于畜禽粪具有较强的黏结性，虽然添加了一些干辅料可以降低黏结性，减轻结块程度，同时经过翻抛机不断翻抛后，也能把结成块状的堆肥物料破碎，但还是有不少大颗粒物存在，不仅影响有机肥的商品性，而且颗粒表面有机物经微生物发酵作用后达到了腐熟，但颗粒内因缺氧并没有得到好氧微生物的发酵而达到腐熟。破碎过筛不仅可以去除一些杂质和垃圾，还可以为后续的陈化腐熟起到促进作用。

（5）堆肥的陈化后熟不可忽视。经过破碎的堆肥物料重新做堆后进行二次发酵，在短时间内堆肥温度又会快速上升达到高温阶段的水平。经过短期的再度高温发酵，堆肥温度下降，此时堆肥才算可以终止。只有经过陈化后熟阶段，这样的堆肥生产的商品有机肥使用后才会安全，不会出现“烧苗”。

畜禽粪堆肥工艺流程如图 9-6 所示。

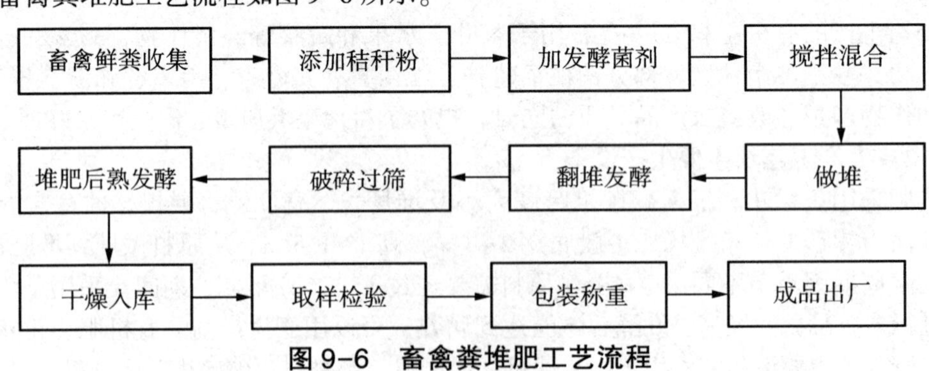

图 9-6　畜禽粪堆肥工艺流程

9.2.1.3　效益分析

（1）经济效益。商品有机肥的生产成本包括畜禽粪收集运输费、干辅料（秸秆粉等）收集加工与运输费、发酵菌剂购置费、人工费、燃油费、水电费、包装费、折旧费、维修费、装卸费、管理与财务费、税收、推广及其他费用等，生产 1 t 商品有机肥的综合成本为 480 元左右。商品有机肥平均出厂售价为 600 元/t 左右，因此，每吨商品有机肥的直接经济效益为 120 元左右，利润率为 20%左右。公司年产 10 万 t 商品有机肥，年销售收入为 6 000 多万元，获经济效益 1 200 多万元。

（2）社会效益。公司年产 10 万 t 商品有机肥，可处理畜禽粪便 30 万 t，消纳农作物秸秆 4 万多 t，不仅可以减少养殖污染排放和减轻农民焚烧秸秆污染环境的压力，改善生态环境，而且还可以使农民因出售秸秆增加收入，促进生态循环农业的发展。

本案例彩图 9-41～彩图 9-47 见书末“附图”。

9.2.2　猪（鸡）粪一体化生产蝇蛆动物蛋白和有机肥

9.2.2.1　基本概况

猪（鸡）粪一体化生产蝇蛆动物蛋白和有机肥案例中的生产企业，位于浙江省松阳县赤寿乡界首村。公司成立于 2011 年，注册资金 1 500 万元，占地约 3.33 hm^2，为中国有机肥联盟会员单位之一。公司蝇蛆养殖生物脱水处理猪粪设施占地 15 000 m^2，蝇种繁育室 1 000 m^2，有机肥生产堆肥发酵车间 10 000 m^2，成品车间 2 000 m^2，办公及实验化验室 700 m^2。同时在浙江省金华市和兰溪市建立了两个生产基地。年处理猪粪约 10 万 t，消纳修剪下来的绿茶枝叶、茶渣和菌菇废渣约 2 万 t，年产近 5 万 t 商品有机肥，同时还能年产干蝇蛆 500 t 左右。

公司与浙江省农业科学院进行技术合作，依托科研院所的专家团队，利用蝇蛆生物脱水专利技术处理畜禽粪便，实现一体化生产动物蛋白（蝇蛆蛋白）和优质有机肥料。没有添加辅料的有机肥养分含量高，质量好，用于茶叶、水果、蔬菜、庭院阳台观赏植物等，受到用户好评。企业是目前国内外规模化最大的畜禽粪蝇蛆养殖基地，真正实现了猪粪“变废为宝”，经济效益、生态效益和社会效益显著。公司申报经地方有关部门推荐的“畜禽养殖固液废弃物综合生态处置与高值资源化利用模式”，在 2015 年被评为浙江省农业水环境治理暨现代生态循环农业“十大创新技术与模式”之一。

9.2.2.2　生产工艺及主要设备

蝇蛆生物脱水处理猪粪生产动物蛋白，采用连栋温室大棚，冬季能保温，夏季通过遮阳网及雾喷通风降温，实现周年养殖蝇蛆处理猪粪。堆肥采用槽式发酵，根据槽式翻抛机的跨度大小及堆场的长、宽度进行建槽，槽宽 4 m，高 1.2 m。将养蛆后分离出来的粪料直接送至槽内做堆发酵，不需要添加任何干辅料调节含水率。从原料做堆到堆肥出料，堆肥发酵周期因季节不同，但经蝇蛆生物脱水处理后物料呈小颗粒状，做堆后能快速升温发酵，经过 10～18 d 堆制即可出料，期间要采用槽式翻抛机进行多次翻抛，腐熟的物料可以用于生产商品有机肥。粉状有机肥生产所需的主要设备有专用运粪车、混料搅拌机、粪料投料机、蛆粪分离机、装载机、翻抛机、破碎机、筛分机、烘干机、自动包装机等。生产颗粒状有机肥另配置输送带、圆盘造粒机或挤压造粒机等。

利用畜禽粪生产蝇蛆动物蛋白和有机肥的一体化技术工艺主要环节为：不同来源的鲜猪粪先存放在粪池内进行预处理，可以采用混料搅拌机进行混合。混合预处理后的粪料通过输送带送入投料机，利用轨道行走将粪料投放到养殖槽内。然后接种孵化好的幼蛆，接种量（培养基料）一般控制在粪料重量的2‰左右。经过5~8 d的养殖，幼虫个体迅速长大，当体色转黄进入化蛹前，从粪料中分离出来。蝇蛆经过排粪、清洗、烘干等多道工序，加工成蛆干或蝇蛆蛋白粉，用于水产饲料蛋白，替代部分鱼粉。蛆粪分离后残留的粪渣可以直接送到堆肥槽进行堆肥发酵或加入茶渣和菌菇废渣混合发酵，可以消纳茶渣和菌菇废渣等农业固体废物。在高温发酵结束后，采用破碎机结合滚筒筛对堆肥物料进行破碎过筛，如果堆肥产品急于出厂，最好采用重新做堆的方式进行后熟发酵，时间一般控制在5 d左右。如果堆肥产品不是急于出厂，也可以在陈化仓堆放一段时间任其陈化后熟，这样堆肥就可以达到充分腐熟，以保证作物使用安全。

利用畜禽粪生产动物蛋白和有机肥一体化技术工艺中需要关注以下几点：

（1）初期投放的粪料含水率要适宜，过干、过湿都不利于蝇蛆幼虫生长。

（2）虫口密度要适宜，幼虫接种量过多，蝇蛆个体会较小；接种量过少，则产量会偏低。

（3）投料要均匀，补料要及时，否则会影响蛆的正常生长，蝇蛆个体大小不匀。

（4）蝇蛆分离时机要把握好，过早或过晚都会影响产量。

（5）烘干时温度要控制好，温度过高会烤焦虫体，影响产品的外观商品性和内在质量。

（6）槽式堆肥比条垛式堆肥的通气性要差，更需要适当进行翻抛通气，有利于好氧微生物生长和分解堆肥物料，促进堆肥快速发酵升温和水分散发，有利于堆肥物料脱水干燥，加快堆肥腐熟，缩短堆肥周期。

（7）堆肥物料需要进行破碎过筛。虽然畜禽粪经过蝇蛆取食排出的粪渣形成小颗粒状，粪渣变得疏松，但同时经过翻抛机不断的翻抛，更能促进堆肥物料的破碎。即使如此，还是会有一些大颗粒物存在，需要经过破碎过筛去除一些杂质和垃圾，为后续的陈化腐熟起到促进作用。

（8）堆肥的陈化后熟不可忽视。经过破碎的堆肥物料送入陈化仓堆放后进行二次发酵，经过短期的再度高温发酵，堆肥温度下降，此时堆肥才算可以终止。只有经过陈化后熟阶段，这样的堆肥生产的商品有机肥才能安全使用，不会出现“烧苗”现象。

猪粪蝇蛆生物脱水一体化生产蝇蛆动物蛋白和有机肥工艺流程如图9-7所示。

9.2.2.3 效益分析

（1）经济效益。蝇蛆动物蛋白和商品有机肥一体化生产的成本包括畜禽粪收集运输费、材料费、人工费、燃油费、水电费、生物质燃料费、包装费、折旧费、维修费、装卸费、管理与财务费、税收、推广及其他费用等。45 t鲜猪粪可以生产1 t干蛆，其综合成本约12 000元，市场销售价在14 000元以上，同时还可以生产10 t商品有机肥，每吨综合成本为400元左右。而用此技术生产的商品有机肥因未添加干辅料，其氮、磷、钾养分总量可高达8%~10%。平均出厂售价为650元/t左右，因此，每吨商品有

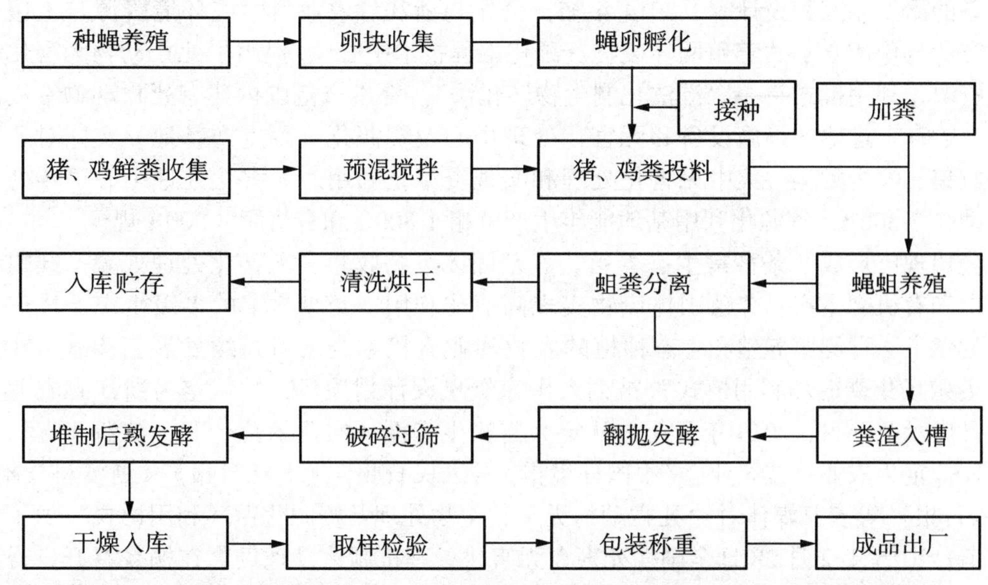

图 9-7　猪粪蝇蛆生物脱水一体化生产蝇蛆动物蛋白和有机肥工艺流程

机肥的直接经济效益为 250 元左右，利润率为 38.5%。采用蝇蛆生物脱水处理猪粪生产动物蛋白和有机肥一体化技术，处理 4.5 t 猪粪可以同时生产 100 kg 干蛆饲用蛋白和 1 t 有机肥，其产值为 2 050 元，而传统添加干辅料单纯生产有机肥的堆肥技术可以生产 1.5 t 有机肥，其产值仅为 900 元。因此，畜禽粪采用一体化技术生产动物蛋白和有机肥工艺比单纯生产有机肥工艺产值翻番，效益增加 270 元，提高 150%，效益更显著。

（2）社会效益。公司年产近 5 万 t 商品有机肥，可处理畜禽粪便约 10 万 t，消纳当地的茶园修剪下来的茶枝叶、茶渣和菌菇基料废渣约 2 万 t，可以减少养殖污染排放和减轻农民焚烧秸秆污染环境的压力，改善生态环境，促进生态循环农业的发展。

本案例彩图 9-48～彩图 9-56 见书末“附图”。

9.2.3　死亡动物无害化处理及生物转化资源利用

9.2.3.1　基本概况

我国家畜家禽饲养数量多，病死畜禽数量较大，无害化处理水平偏低，随意处置现象时有发生。针对死亡畜禽处置缺少统一的技术规范等共性突出问题，农业部于 2013 年 10 月 15 日颁布了《病死动物无害化处理技术规范》（农医发〔2013〕34 号），还专门印发了通知，进一步规范病死动物无害化处理操作技术，有效防控重大动物疫病，确保动物产品质量安全。为遏制和杜绝死亡动物危害公共卫生安全，全面推进病死畜禽无害化处理，保障食品安全和生态环境安全，促进养殖业健康发展，时隔一年时间，国务院办公厅于 2014 年 10 月 20 日专门提出《关于建立病死畜禽无害化处理机制的意见》（国办发〔2014〕47 号），体现了政府对死亡动物无害化处理的高度重视。

死亡动物无害化处理及生物转化资源利用案例中的生产企业，位于浙江省桐乡市，占地面积近 7 000 m^2，注册资金 2 000 万元，2013 年投资 1 200 万元创建了该市唯一的死亡动物无害化处理与处置基地，专门从事农业固体废物资源化循环利用技术及其处理设备的研发、工程设计等。2014 年初，公司与浙江省农业科学院环境资源与土壤肥料研究所合作成立了“养殖固体废物资源化工程技术中心”，提出了死亡动物无害化处理与资源化利用模式——“湿法化制生物转化法”。在本市范围内建有死亡动物专用的收集、贮存、运输的设施设备和无害化处理中心及资源化利用生产基地，实施对死亡动物收集、安全贮运、集中无害化处理和实现资源化利用。无害化处理中心可年处理死亡动物 7 300 t，资源化利用基地能年生产鲜蛆 1 800 t 和有机肥 6 000 t 规模。

公司现已形成一条畜禽生态养殖、养殖固体废物收集、无害化处理处置、蝇蛆动物蛋白和有机肥生产，养殖固体废物实现高值化利用、变废为宝的多级生态循环产业链，创建了一种健康养殖和生态种植的农牧渔业有机结合的可持续发展新模式。2011 年“养殖场集粪循环利用模式”被列入国家级星火计划项目，被认定为浙江省农业标准化推广示范项目，2013 年公司被认定为省级生态循环农业示范企业，被浙江省科学技术厅认定为农业科技企业，《中国环境报》《人民日报》《浙江日报》《浙江科技报》《嘉兴日报》等多家媒体对“死亡动物无害化生物处理及资源化循环利用模式”做了专题报道。2015 年 2 月 28 日全国病死畜禽无害化处理机制建设现场会在桐乡召开，得到了农业部等各界领导的充分肯定和好评，并称“湿法化制生物转化法”开创了死亡动物无害化处理和资源化利用的新方法。公司申报经地方有关部门推荐的“死亡动物无害化处理和资源化利用技术”，在 2015 年被评为浙江省农业水环境治理暨现代生态循环农业“十大创新技术与模式”。

9. 2. 3. 2 主要技术工艺及装备

本项目的技术工艺主要依据农业部颁布的《病死动物无害化处理技术规范》（农医发〔2013〕34 号），采用《病死动物无害化处理技术规范》中规定的化制法技术工艺要求，在密闭的高压容器内，通过向容器夹层或容器通入高温饱和蒸汽，在干热、压力或高温、压力的作用下，处理动物尸体及相关动物产品。先将收集来的死亡动物立刻放入专用的输送设施，及时将其送入高温高压容器，严格按湿化法技术工艺要求实施。做到处理物中心温度≥140 ℃，绝对压力达 0. 38~4. 2 MPa，处理时间 1. 5 h，保温保压达 2. 5 h。无害化处理结束后，通过精细粉碎呈糊状物（颗粒粒径不超过 3 mm），排入混合机组，再经冷却后添加配方干辅料混合成为蝇蛆培养基。在蝇蛆养殖基地通过蝇蛆生物转化，经分离后同时获取蝇蛆动物蛋白和残渣用于生产有机肥料。对死亡畜禽尸体集中处置中心的无害化处理车间，采用微负压设计，对湿法化制处理过程所产生的废气，采用专利技术的高效生物除臭滤床进行净化处理。

湿法化制生物转化法处置死亡动物技术工艺流程如图 9-8 所示。

死亡畜禽“湿法化制生物转化法”的主要装备有死亡畜禽专用收集车、冷藏冰柜、冷藏运输车、动物尸体提升机、切割破碎机、高温高压罐、混配机、投料机、翻抛机、烘干机、筛分机、自动包装机等。

9. 2. 3. 3 效益分析

（1）经济效益。死亡畜禽采用“湿法化制生物转化法”处理的成本费用，主要有死亡畜禽收集人工费和运输费，湿化法无害化处理区及空气净化的水电费、人工费、材料费、能源费等，种蝇房繁育养殖的水电费、材料费、人工费等，蝇蛆生物转化区

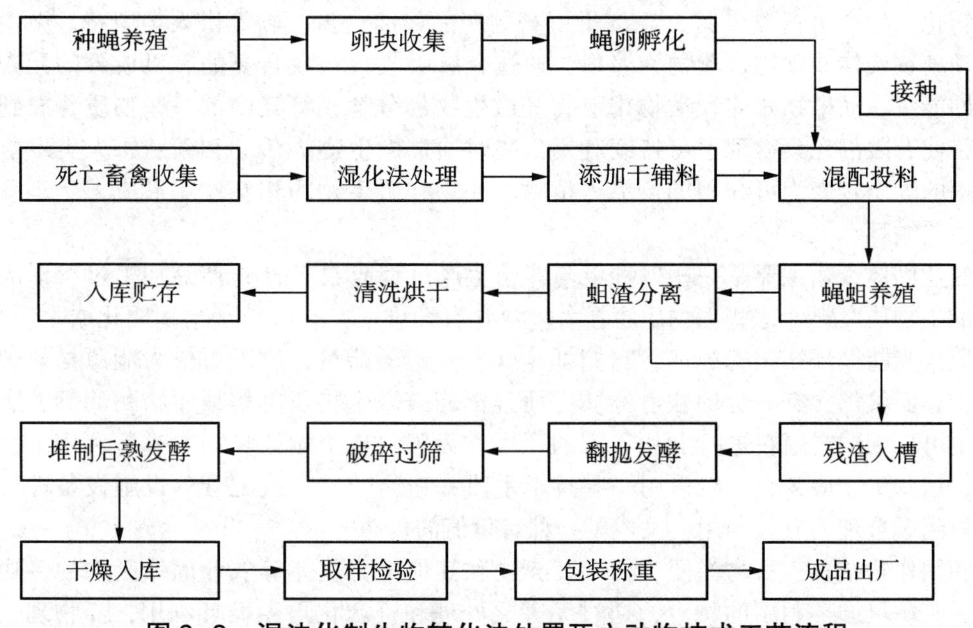

图 9-8　湿法化制生物转化法处置死亡动物技术工艺流程

的水电费、材料费、人工费等，有机肥生产区的能源费（燃油和电）、材料费、人工费等，另有折旧费、维修费、管理费、财务费及其他费用等。按每天处理 600 头左右的规模，每吨死亡畜禽的处理处置综合成本费用为 2 200 元左右，蝇蛆蛋白和有机肥料的销售收入为 700 元左右，实际处理处置的成本费用为 1 500 元左右。因为国家将死亡畜禽无害化处理作为保险理赔的前提条件，同时对死亡畜禽有相应的处理处置财政补助政策，目前浙江省按每头死亡畜禽收集进行集中无害化处理处置补助 80 元，平均每吨死猪约有 30 头，政府财政补助费约 2 400 元。桐乡市的模式是补助费的 30%用于村、镇的收贮费用，70%用于集中处理中心的收运和处理处置费用。因此，处理中心接纳并处理处置 1 t 死亡畜禽可以从政府补助费中获得 1 680 元，扣除实际的处理处置成本费用 1 500 元后还略有盈余，可以维持处理中心的正常运行。

（2）社会效益。通过病死畜禽“湿法化制生物转化法”项目工程的实施，可有效遏制病死动物乱扔现象，杜绝随意丢弃河边、路边渠道，保护水源和土壤，消除病死动物流向餐桌的安全隐患，又可替代传统的化尸窖，不仅可以减少占用耕地，而且还能促使河水更清、环境更美。湿化法处理后的残余物经蝇蛆生物转化后可向作物种植和水产养殖提供优质的有机肥料和昆虫蛋白，实现产业链延伸，提高了废弃资源的利用效率，形成一种稳定的处理模式及公益性工程一次投入、长期受益的长效管理机制，对发展现代高效生态农业和农业循环经济具有积极的推广意义。

本案例彩图 9-57～彩图 9-67 见书末“附图”。

9.3　农业固体废物资源化与发展生态循环农业展望

植物利用环境中的无机物、二氧化碳和水通过光合作用合成有机物，把太阳能转变为化学能加以贮存，为人类和动物提供营养及能量。动物以植物产品为食物，通过自身转化，生产出营养丰富、经济价值高的产品如肉、蛋、奶等供人类消费。微生物则以动植物残体或动物排泄物为养料，通过分解吸收再构成自身的有机成分的元素和贮存的能量。动植物残体和动物排泄物经微生物的分解，将其中的一些物质释放到环境中，使有限的元素得到了可持续利用，同时通过微生物的活动和繁殖将人类不能直接利用的物质转变为可利用的产品。植物、动物和微生物的相互作用形成了生态系统中的物质循环。

农业固体废物主要是一些以种植与养殖生产过程或农（林）产品加工过程形成并丢弃的生物质废料，这些生物质废料大多数含有纤维素，有些处于半木质化或木质化。生物质是光能循环转化的载体，它们都蕴含着一定的能量，所以可作为能源材料进行利用；它们又都含有一定的营养物质，而且都能被微生物所降解或生物酶酶解，所以有的也可作为饲料原料进行利用，有的还可作为肥料或土壤改良材料进行利用。由此可见，这些生物质废料，经采用一些技术手段和适当的工艺及配套的设施设备进行处理后得到了合理的有效利用，又成了一种有价值的资源。

利用作物秸秆、畜禽粪便、林产废弃物和其他植物残体等农业固体废物的多功能成分和资源可循环利用的特点，通过无害化处理和资源化再生循环利用，经物理、化学或生物的工业性加工转化，开发出生物燃料、生物饲料、有机肥料、生物肥料和生物基料（食用菌基料、蔬菜及花卉的育苗和栽培基质）等系列化产品，将植物蓄存的光能与物质资源深度开发和循环利用，形成废物利用的新兴产业。

现代生态循环农业是以绿色消费为导向，通过减量化、再使用、再循环、再回收方式，建立资源节约、环境友好的高效生态循环农业生产体系，推行清洁生产，全程污染防控，从而生产出优质、安全、营养、保健的健康农产品。实行种植与养殖相结合，在农业生产全过程中减少不可再生资源、物质的投入量和减少废弃物的产生量，并将产生的废弃物进行无害化、资源化、生态化循环利用。控制了农业面源污染，保护了生态环境，增加了经济效益。

据研究，在农业生态系统中植物产品约80%是人类不能直接利用的初级产品，大部分是动物和微生物的食物资源。通过增加现代生态循环农业中农业固体废物的利用环节，可以提高人类可直接利用的产品产出，减少废弃物向环境的排放，从而提高物质和能量的转化及利用效率。如利用秸秆等废料→生产食用菌→菌糠作饲料喂畜→畜粪制沼气→沼渣养蚯蚓喂鸡→鸡粪养蛆喂鱼→塘泥肥田种作物→收获作物产生秸秆，在这个物质循环链中，生物能量总利用率和氮素总利用率均可达90%以上，实现了农业固体废物的多级循环利用，大大提高了农业固体废物的利用价值。

发展现代生态循环农业是农业发展观念、发展模式上的一场革命，是转变农业生产方式和农业经济增长方式，真正实现农业可持续发展的紧迫需要。加快现代生态循环农业发展，更是建设美好家园和创造美好生活的迫切需要。2014年12月，浙江省政府与农业部签订《关于共同推进浙江现代生态循环农业发展试点省建设合作备忘录》，提出了“一控两减三基本”目标任务，即农业用水总量控制，化肥、农药使用量逐步减少，畜禽粪便及死亡动物、秸秆、农业投入品废弃包装物及废弃农膜基本实现资源化利用或无害化处理。国内外大量的研究和应用实践证明，农业固体废物的根本出路在于资源化。农业固体废物资源化目的在于减少农业面源污染，使农业可持续发展，因此，农业固体废物资源化是发展农业循环经济的必要手段。只有通过技术创新和产品升级，对农业固体废物进行广度和深度开发利用，变废为宝，提升产品价值，使废弃物得到充分利用，才能大大减少排放和有效控制污染。浙江省的成功经验将为我国发展现代生态循环农业提供很好的借鉴。因此，国家需要不断增加科技投入，从广度和深度全面深入开展农业固体废物资源化利用技术研究，形成一批有价值的先进实用技术和成果，加大农业固体废物资源化利用力度，促进现代生态循环农业的发展。

思考题

1. 什么是生态农业？什么是循环农业？两者有什么关系？
2. 推动现代生态循环农业发展的目标任务是什么？
3. 农业固体废物处理与利用对发展现代生态循环农业有什么作用？
4. 农业固体废物的根本出路是什么？

参考文献

［1］孙永明，李国学，张夫道，等．中国农业废弃物资源化现状与发展战略［J］．农业工程学报，2005，21（8）：169-173.

［2］王洪涛，陆文静．农村固体废物处理处置与资源化技术［M］．北京：中国环境科学出版社，2006.

［3］国家统计局农村社会经济调查司．中国农村统计年鉴 2013［M］．北京：中国统计出版社，2013.

［4］《中国农业年鉴》编辑部．中国农业年鉴 2011［M］．北京：中国农业出版社，2012.

［5］《中国农业年鉴》编辑部．中国农业年鉴 2012［M］．北京：中国农业出版社，2013.

［6］《中国农业年鉴》编辑部．中国农业年鉴 2013［M］．北京：中国农业出版社，2014.

［7］国家统计局国民经济综合统计司，国家统计局农村社会经济调查司．中国区域经济统计年鉴 2013［M］．北京：中国统计出版社，2013.

［8］中华人民共和国国家统计局．2014 中国发展报告［M］．北京：中国统计出版社，2014.

［9］中华人民共和国国家统计局．中国统计年鉴 2014［M］．北京：中国统计出版社，2014.

［10］刘荣．我国农村固体废物污染防治法律制度研究［D］．武汉：武汉工程大学，2011.

［11］毕于运．秸秆资源评价与利用研究［D］．北京：中国农业科学院，2010.

［12］张燕．中国秸秆资源“5F”利用方式的效益对比探析［J］．中国农学通报，2009，25（23）：45-51.

［13］韦佳培．资源性农业废弃物的经济价值分析［D］．武汉：华中农业大学，2013.

［14］彭靖．对我国农业废弃物资源化利用的思考［J］．生态环境学报，2009，18（2）：794-798.

［15］袁顺全，韩洁．北京农业废弃物现状与循环利用模式探讨［J］．国土与自然资源研究，2011（4）：85-87.

［16］韩芹芹．棉秆循环利用理论模式探讨［J］．中国农学通报，2008，24（11）：457-463.

[17] 赵蒙蒙，姜曼，周祚万．几种农作物秸秆的成分分析［J］．材料导报（研究篇），2011，25（8）：122-125.

[18] 陈智远，石东伟，王恩学，等．农业废弃物资源化利用技术的应用进展［J］．中国人口资源与环境，2010，20（12）：112-116.

[19] 孔源，韩鲁佳．我国畜牧业粪便废弃物的污染及其治理对策的探讨［J］．中国农业大学学报，2002，7（6）：92-96.

[20] 孙智君．基于农业废弃物资源化利用的农业循环经济发展模式探讨［J］．生态经济（学术版），2008（1）：197-199，207.

[21] 侯新强．新疆农作物秸秆资源化综合利用模式研究［D］．乌鲁木齐：新疆农业大学，2012.

[22] 耿维，胡林，崔建宇，等．中国区域畜禽粪便能源潜力及总量控制研究［J］．农业工程学报，2013，29（1）：172-179.

[23] 王方浩，马文奇，窦争霞，等．中国畜禽粪便产生量估算及环境效应［J］．中国环境科学，2006，26（5）：614-617.

[24] 刘忠，段增强．中国主要农区区域畜禽粪便资源分布［J］．环境资源，2010，32（5）：946-950.

[25] 林代炎，叶美锋，吴飞龙，等．规模化养猪场粪污循环利用技术集成与模式构建研究［J］．农业环境科学学报，2010，29（2）：386-391.

[26] 黄军，何健，周青．循环农业模式下的农业废弃物资源化利用［J］．世界科技研究与发展，2006，28（6）：76-79.

[27] 李伟伟，刘荣章，李建华．农业循环经济与废弃物资源化利用策略［J］．台湾农业探索，2006（2）：36-39.

[28] 孙振钧，孙永明．我国农业废弃物资源化与农村生物质能源利用的现状与发展［J］．中国农业科技导报，2006，8（1）：6-13.

[29] 钟华平，岳燕珍，樊江文．中国作物秸秆资源及其利用［J］．资源科学，2003，25（4）：62-67.

[30] 中华人民共和国环保部．HJ 588—2010 农业固体废物污染控制技术导则［S］．北京：中国环境科学出版社，2011.

[31] 刘辉，王凌云，刘忠珍，等．我国畜禽粪便污染现状与治理对策［J］．广东农业科学，2010（6）：213-216.

[32] 杨飞，杨世琪，褚云强，等．我国近 30 年畜禽养殖量及其耕地氮污染负荷分析［J］．农业工程学报，2013，29（5）：1-11.

[33] 韩鲁佳，闫巧娟，刘向阳，等．我国农作物秸秆资源及其利用现状［J］．农业工程学报，2002，18（3）：85-91.

[34] 张培栋，杨艳丽，李光全，等．我国农作物秸秆能源化潜力估算［J］．可再生资源，2007，25（6）：80-83.

[35] 胡代择．我国农作物秸秆资源利用现状与前景［J］．资源开发与市场，2000，16（1）：19-20.

[36] 王光宇. 安徽省主要农作物秸秆资源现状与平衡利用研究 [J]. 中国资源综合利用, 2010, 28 (1): 13-17.

[37] 薛金爱, 毛雪, 李润植. 生物技术与植物纤维性废弃物资源的综合利用 [J]. 自然资源学报, 2005, 20 (6): 938-944.

[38] 周凯, 雷泽勇, 王智芳, 等. 河南省畜禽养殖粪便年排放量估算 [J]. 中国生态农业学报, 2010, 18 (5): 1060-1065.

[39] 董雪, 葛立群, 崔莹. 辽宁省主要农业废弃物年排放量估算及利用分析 [J]. 农村经济与科技, 2012, 23 (3): 10-11, 22.

[40] 王圆圆, 陈丹丹, 刘亚娟, 等. 家兔非常规饲料资源的开发与利用 [J]. 中国养兔, 2014 (1): 12-14.

[41] 李国学, 张福锁. 固体废物堆肥化与有机复混肥生产 [M]. 北京: 化学工业出版, 2000.

[42] 周洁红. 消费者对蔬菜安全的态度、认知和购买行为分析——基于浙江省城市和城镇消费者的调查统计 [J]. 中国农村经济, 2004 (11): 44-52.

[43] 何尧军, 周珊, 杨小丰. 浙江省畜禽养殖废弃物区域特征及循环利用对策 [J]. 湖北农业科学, 2009, 48 (8): 2039-2041, 2048.

[44] 吕旭东. 浙江省农业废弃物的能源利用初探 [J]. 能源研究与利用, 2005 (4): 11-13.

[45] 刘芳, 王艳分. 农作物秸秆焚烧的环境法律政策研究 [J]. 石家庄经济学院学报, 2014, 37 (4): 96-99.

[46] 陈蒙蒙. 秸秆焚烧的法律规制 [D]. 苏州: 苏州大学, 2014.

[47] 陈茜迪. 福州市畜禽养殖业污染现状及防治措施研究 [D]. 福州: 福建农林大学, 2013.

[48] 马德云. 江苏省畜禽粪便污染及防治途径 [D]. 南京: 南京农业大学, 2005.

[49] 刘燕. 我国农村畜禽养殖污染防治法律问题研究 [D]. 武汉: 华中农业大学, 2013.

[50] 董雪云, 张金流, 郭鹏飞. 农业固体废弃物资源化利用技术研究进展及展望 [J]. 安徽农学通报, 2014, 20 (18): 86-89.

[51] 邹世娟. 浅析农业固体废弃物资源化利用 [J]. 资源节约与环保, 2014 (12): 38.

[52] 黎姣. 论我国农业固体废物污染法律规制的完善 [D]. 福州: 福州大学, 2010.

[53] 张野, 何铁光, 何永群, 等. 农业废弃物资源化利用现状概述 [J]. 农业研究与应用, 2014 (3): 64-67.

[54] 孙跃跃, 汪云甲. 农村固体废弃物处理现状及对策分析 [J]. 农业环境与发展, 2007 (4): 88-90.

[55] 吴超平, 张洪让. 农村病死畜禽尸体无害化处理现状及对策 [J]. 经营与管理, 2010 (2): 6.

[56] 远德龙, 宋春阳. 病死畜禽尸体无害化处理方式探讨 [J]. 猪业科学, 2013

（6）：82-84.

［57］胡明伟．关于对农村病死畜禽尸体处理方法的浅见［J］．吉林农业，2011（11）：192.

［58］陈雪．中韩固体废弃物污染防治立法比较研究［D］．济南：山东师范大学，2010.

［59］李文哲，徐名汉，李晶宇．畜禽养殖废弃物资源化利用技术发展分析［J］．农业机械学报，2013，44（5）：135-142.

［60］王宇欣，全焕，林聪，等．生态农业园区废弃物资源化处理利用研究［J］．环境污染治理技术与设备，2002，3（4）：60-64.

［61］张少婷．我国固体废物污染防治法律制度研究［D］．重庆：重庆大学，2013.

［62］许增贵．乡镇农业固体废弃物资源化处理技术研究［C］//中国环境科学学会学术年会论文集．北京：中国环境科学学会，2014：5808-5809.

［63］奕蓬勃．我国农业污染现状与防治进展［J］．经营管理者，2014（30）：384.

［64］姜珊，许振成，吴根义．我国农业畜禽养殖废弃物系统控制政策措施分析［J］．湖南农业科学，2014（10）：46-49.

［65］李霄．农业产业园区化演进与农业中小企业持续成长的互动机制研究［D］．杭州：浙江大学，2009.

［66］顾骅珊．农业废弃物的循环利用模式探讨［J］．嘉兴学院学报，2009，21（1）：47-51.

［67］张陆彪，彭新宇．我国畜禽养殖污染防治的立法思考［J］．环境保护，2007（1）：39-42.

［68］吕文魁，王夏晖，李志涛，等．发达国家畜禽养殖业环境政策与我国治理成本分析［J］．农业环境与发展，2011（6）：22-26.

［69］陈丽娟．秸秆堆沤快速腐熟还田技术［J］．农技服务，2009，26（10）：97，132.

［70］YU H，ZENG G M，HUANG H L，et al. Microbial community succession and lignocellulose degradation during agricultural waste composting［J］. Biodegradation，2007，18：793-802.

［71］BAO Y Y，GUAN L Z，ZHOU Q X，et al. Various sulphur fractions changes during different manure composting［J］. Bioresource Technology，2010，101：7841-7848.

［72］KELLER P. Methods to evaluate maturity of compost［J］. Compost Science & Utilization，1961，2（7）：20-26.

［73］刘卫星，金顾刚，姜瑞波，等．有机固体废弃物堆肥的腐熟度评价指标［J］．土壤肥料，2005（3）：3-7.

［74］ROY S，TAL G，YORAM A. Determining optimal maturity of compost used for land application［J］. Compost Science & Utilization. Winter，1998：83-88.

［75］SOM M P，LEMÉE L，AMBLÈS A. Stability and maturity of a green waste and biowaste compost assessed on the basis of a molecular study using spectroscopy，thermal analysis, thermodesorption and thermochemolysis [J]. Bioresource Technology, 2009, 100: 4404-4416.

[76] 黄国锋，钟流举，张振钿，等．有机固体废弃物堆肥的物质变化及腐熟度评价 [J]. 应用生态学报，2003，14 (5): 813-818.

[77] TIAN W, LI L Z, LIU F, et al. Assessment of the maturity and biological parameters of compost produced from dairy manure and rice chaff by excitation-emission matrix fluorescence spectroscopy [J]. Bioresource Technology, 2012, 110: 330-337.

[78] YU G H, TANG Z, XU Y C, et al. Multiple fluorescence labeling and two dimensional FTIR-C-13 NMR heterospectral correlation spectroscopy to characterize extracellular polymeric substances in biofilms produced during composting [J]. Environmental Science & Technology, 2011, 45 (21): 9224-9231.

[79] 王卫平，汪开英，薛智勇，等．不同微生物菌剂处理对猪粪堆肥中氨挥发的影响 [J]. 应用生态学报，2005，16 (4): 693-697.

[80] CHIKAE M, KERMAN K, NAGATANI N, et al. An electrochemical on-field sensor system for the detection of compost maturity [J]. Analytica Chimica Acta, 2007, 581: 364-369.

[81] HARADA Y A, INOKO A, TADAKI M, et al. Maturing process of city refuse compost during piling [J]. Soil Science and Plant Nutrition, 1981, 27 (3): 357-364.

[82] SHARON Z N, OMER M, JORGE T, et al. Dissolved organic carbon (DOC) as a parameter of compost maturity [J]. Soil Biology & Biochemistry, 2005, 37: 2109-2116.

[83] DANIEL S P, FLORA G E, GIOVANNI G. Changes in the chemical characteristics of water-extractable organic matter during composting and their influence on compost stability and maturity [J]. Bioresource Technology, 2007, 98: 1822-1831.

[84] ZHU F X, YAO Y L, WANG S J, et al. Housefly maggot-treated composting as sustainable option for pig manure management [J]. Waste Management, 2015, 35: 62-67.

[85] BERNAL M P, PAREDES C, SANCHEZ-MONEDERO M A, et al. Maturity and stability parameters of composts prepared with a wide range of organic wastes [J]. Bioresource Technology, 1998, 63: 91-99.

[86] 鲍艳宇，周启星，颜丽，等．畜禽粪便堆肥过程中各种氮化合物的动态变化及腐熟度评价指标 [J]. 应用生态学报，2008，19 (2): 374-380.

[87] JIMENEZ E I, GARCIA V P. Evaluation of city refuse compost maturity: a review [J]. Biological Wastes, 1989, 27: 115-142.

[88] 张聿柏，李勤奋．香蕉茎秆堆肥化处理腐熟度评价研究 [J]. 中国农学通报，2009，25 (9): 268-272.

[89] MOREL T L, CONLIN F, GERMON J, et al. Methods for the evauation of the maturity of municipal refuse compost [M]. In: Gasser JKed. Composting of Agricultural and

Other Wastes. London & New York：Elsevier Applied Science Publishers，1985：56-72.

［90］罗泉达，黄惠珠，郑长焰，等．猪粪堆肥的腐熟度指标［J］．福建农林大学学报，2009，38（1）：84-87.

［91］HUE N，LIU J. Predicting compost stability［J］. Compost Science and Utilization，1995，3（2）：8-18.

［92］钱晓雍，沈根祥，黄丽华，等．畜禽粪便堆肥腐熟度评价指标体系研究［J］．农业环境科学学报，2009，28（3）：549-554.

［93］INBAR Y，CHEN Y，HADAR Y. Solid-state 13-carbon nuclear magnetic resonance and infrared spectroscopy of composted organic matter［J］. Soil Science Society America Journal，1989，53：1695-1701.

［94］ADANI F，GENEVINI P L，CRASPERI F，et al. A new index of organic matter stability［J］. Compost Science & Utilization，1995，3（2）：25-37.

［95］VUORINEN A H，SAHARINEN M H. Evolution of microbiological and chemical parameters during manure and straw co-composting in a drum composting system［J］. Agriculture Ecosystems & Environment，1997，66：19-29.

［96］SHIRALIPOUR A，MCCONNELL D B，SMITH W H. Phytotoxic effects of a shour-chain fatty acid on seed germination and root length of Cucumis sativus cv. poinset［J］. Compost Science and Utilization，1997，5（2）：47-52.

［97］GARCIA C，HERNANDEZ T，COSTA F，et al. Phytotoxicity due to the agricultural use of urban wastes：germination experiments［J］. Journal of the Science of Food and Agriculture，1992，59：313-319.

［98］MATHUR S P，DINEL H，OWEN G，et al. Determination of compost biomaturity. Ⅱ. Optical density of water extracts of composts as a reflection of their maturity［J］. Biological Agriculture and Horticulture，1993（10）：87-108.

［99］MARIA-JOSE B. Maturity assessment of wheat straw composts by thermogravimetric analysis［J］. Journal of Agricultural and Food Chemistry，1998，42：2454-2459.

［100］DIMITRIOS P K，IOANNIS T. A statistical analysis to assess the maturity and stability of six composts［J］. Waste Management，2009，29：1504-1513.

［101］ZUCCONI F，FORTE M，MONAC A，et al. Biological evaluation of compost maturity［J］. Biocycle，1981，22：27-29.

［102］高建程，于金莲，石登荣，等．不同预堆期对牛粪堆肥进程的影响研究［J］．农业环境科学学报，2008，27（3）：1214-1218.

［103］TIQUIA S M，TAM N F Y，HODGKISS I J. Effects of composting on phytotoxicity of spent pig-manure sawdust litter［J］. Environmental Pollution，1996，93：249-256.

［104］ZHU F X，WANG W P，HONG C L，et al. Rapid production of maggots as feed supplement and organic fertilizer by the two-stage composting of pig manure［J］. Bioresource Technology，2012，116：485-491.

[105] 倪治华，薛智勇．猪粪堆制过程中主要酶活性变化［J］．植物营养与肥料学报，2005，11（3）：406-411.

[106] JUSTYNA B，TERESA K K. Changes in enzymatic activity in composts containing chicken feathers［J］. Bioresource Technology，2009，100：3604-3612.

[107] TIQUIA S M，TAM N F Y，HODGKISS I J. Microbial activitie during composting of spent pig-manure sawdust litter at different moisture contents［J］. Bioresource Technology，1996，55：201-206.

[108] PIOTROWSKA-CYPLIK A，OLEJNIK A，CYPLIK P，et al. The kinetics of nicotine degradation，enzyme activities and genotoxic potential in the characterization of tobacco waste composting［J］. Bioresource Technology，2009，100：5037-5044.

[109] 李振高，骆永明，滕应．土壤与环境微生物研究法［M］．北京：科学出版社，2008.

[110] BERNAL M P，ALBURQUERQUE J A，Moral R. Composting of animal manures and chemical criteria for compost maturity assessment：a review［J］. Bioresource Technology，2009，100：5444-5453.

[111] MIYATAKE F，IWABUCHI K. Effect of compost temperature on oxygen uptake rate，specific growth rate and enzymatic activity of microorganisms in dairy cattle manure［J］. Bioresource Technology，2006，97：961-965.

[112] HANKIN L，POINCELOT R P，ANAGNOSTAKIS S L. Microorganisms from composting leaves：ability to produce extracellular degradative enzymes［J］. Microbial ecology，1976，2：296-308.

[113] DEPORTES I，BENOIT-GUYOD J，ZMIROU D. Hazard to man and the environment posed by the use of urban waste compost：a review［J］. Science of Total Environment，1995，172：197-222.

[114] 薛智勇，王卫平，朱凤香，等．复合菌剂和不同调理剂对猪粪发酵温度及腐熟度的影响［J］．浙江农业学报，2005，17（6）：354-358.

[115] HAUG R T. The practical handbook of compost engineering［M］. New York：Lewis Publisher，1993.

[116] E&A Environmental Consultants，Inc. Results of a growth trial examining the phytotoxicity of eucalyptus-Sewage sludge compost and sawdust-sewage sludge［R］. Report to Las Virgenes Mu-nicipal Water District. Las Virgenes，CA，1994.

[117] TANG J C，KANAMORI T，INOUE Y，et al. Changes in the microbial community structure during thermophilic composting of manure as detected by the quinone profile method［J］. Process Biochemistry，2004，39：1999-2006.

[118] 顾卫兵，乔启成，杨春和，等．有机固体废弃物堆肥腐熟度的简易评价方法［J］．江苏农业科学，2008（6）：258-294.

[119] 余光辉，沈其荣，罗铁红，等．一种快速表征堆肥腐熟度的方法：中国，201010156733.6［P］．2010-04-27.

[120] 余群，董红敏，张肇鲲．国内外堆肥技术研究进展（综述）[J]．安徽农业大学学报，2003，30（1）：109-112.

[121] 魏源送，王敏健，王菊思．堆肥技术及进展 [J]．环境科学进展，1999，7（3）：11-23.

[122] 魏源送，樊耀波，王敏健．堆肥系统的通风控制方式 [J]．环境科学，2000，21（3）：101-104.

[123] 张锐，韩鲁佳．好氧堆肥反应器系统在废弃物处理中的应用 [J]．农机化研究，2006（10）：173-178.

[124] EPSTEIN E，WILLSON G B，BURGE W D，et al. Forced aeration system for composting wastewater sludge [J]. Journal Water Pollution Control Federation，1976，48（4）：688-694.

[125] 杨国清，刘康怀．固体废物处理工程 [M]．北京：科学出版社，2000.

[126] SHARMA V K，CANDITELLI M，FORTUNA F，et al. Processing of urban and agro-industrial residues by aerobic composting：review [J]. Energy Conversion and Management，1997，38：453-478.

[127] 罗维，陈同斌．湿度对堆肥理化性质的影响 [J]．生态学报，2004，24（11）：2656-2663.

[128] 科学技术部中国农村技术开发中心．农村废弃物综合利用技术 [M]．北京：中国农业科学技术出版社，2007.

[129] 牛俊玲，李彦明，陈清．固体有机废弃物肥料化利用技术 [M]．北京：化学工业出版社，2010.

[130] WAKASE S，SASAKI H，ITOH K，et al. Investigation of the microbial community in a microbiological additive used in a manure composting process [J]. Bioresource Technology，2008，99：2687-2693.

[131] 李国学，李玉春，李彦富．固体废物堆肥化及堆肥添加剂研究进展 [J]．农业环境科学学报，2003，22（2）：252-256.

[132] 汪开英，朱凤香，王卫平，等．不同辅料生物菌剂堆肥发酵层温度变化 [J]．农业工程学报，2006，22（1）：186-188.

[133] TIQUIA S M，TAM N F Y. Elimination of phytotoxicity during co-composting of spent pig-manure sawdust litter and pig sludge [J]. Bioresource Technology，1998，65：43-49.

[134] 李彦明，李国学．有机复混肥造粒用有机黏结剂的研制及其造粒性能的研究 [J]．磷肥和复肥，2005，20（4）：54-56.

[135] 陈荣平，李海涛．助剂对复混肥成球及其强度的影响 [J]．化学工业与工程技术，2001，22（5）：12-13.

[136] 杜伟．有机无机复混肥优化化肥养分利用的效应与机理 [D]．北京：中国农业科学院，2006.

[137] 潘红平，黄正团．蝇蛆高效养殖技术一本通 [M]．北京：化学工业出版社，

2011.
[138] 蒋微微．病死动物无害化处理过程中的“三废”治理［J］．农业环境与发展，2013（3）：57-59.
[139] 徐巧凤．4 种基质在水稻机插育秧中应用效果［J］．浙江农业科学，2014（8）：1152-1153.
[140] 洪春来，王卫平，薛智勇，等．废弃菌菇渣无害化处置工艺优化研究［J］．环境保护前沿，2015（5）：1-5.
[141] 邢亚萍．三种废弃物生产马尼拉无土草皮基质配方优化研究［D］．武汉：华中农业大学，2012.
[142] 吴雅婧．三种阔叶树容器苗基质原料配比和制作研究［D］．北京：北京林业大学，2010.
[143] 宋志刚．不同作物秸秆用作番茄无土栽培基质的研究［D］．北京：中国农业科学院，2013.
[144] 崔新卫，鲁耀雄，龙世平，等．不同农业废弃物营养块对西瓜育苗效果的影响［J］．南方农业学报，2011，42（9）：1087-1090.
[145] 张晔，余宏军，杨学勇，等．不同发酵时间的棉秆对基质的理化性质和黄瓜生长的影响［J］．园艺学报，2013，40（S）：2686.
[146] 周祖法，闫静，王伟科．不同培养料配方栽培大球盖菇试验［J］．浙江农业科学，2013（2）：149-150.
[147] 甘小虎，唐胜华，阎庆久，等．不同基质对温室辣椒无土栽培效果的研究［J］．蔬菜，2013（8）：10-12.
[148] 聂书明，杜中平．不同基质配方对番茄果实品质及产量的影响［J］．中国农学通报，2013，29（16）：149-152.
[149] 陈素娟，孙娜娜．不同基质配比对番茄秧苗生长的影响［J］．江苏农业科学，2013，41（6）：128-130.
[150] 赵海亮．不同沙化土改良配方对设施番茄生长发育及品质的影响［D］．咸阳：西北农林科技大学，2013.
[151] 徐玉坤，孙向阳，汤佳．不同添加剂堆肥处理基质［J］．河南农业科学，2014，43（10）：87-91.
[152] 徐玉坤．不同添加剂对园林废弃物堆肥影响研究［D］．北京：北京林业大学，2014.
[153] 王轶．不同畜禽废弃物配施对郁金香生长的影响［J］．园艺与种苗，2012（10）：6-8.
[154] 胡文超．不同粒径花生壳添加湿润剂和营养液在黄瓜育苗中的应用［D］．郑州：河南农业大学，2011.
[155] 杨彬，何永群，韦彩会，等．不同育苗基质在辣椒上的应用效果［J］．现代园艺，2014（3）：6-8.
[156] 郭炜，于红久，李玉梅，等．不同育苗基质对玉米幼苗的影响［J］．黑龙江农

业科学，2012（4）：71-73.
[157] 李婷婷，张野，何永群，等．不同育苗基质对番茄及苦瓜幼苗生长的影响［J］．农业研究与应用，2014（3）：27-30.
[158] 吕晓惠，杨宁，柴秀乾，等．不同菌渣添加量对有机基质盆栽韭菜的影响［J］．山东农业科学，2013，45（2）：85-87.
[159] 高静，周贤军，李诗刚，等．不同配方基质对盆栽美人蕉生长的影响［J］．中国园艺文摘，2013（8）：23-26.
[160] 刘毓，孙芳芳，李永庆，等．不同酸性添加剂对园林绿化废弃物堆肥的影响［J］．园林科技，2014（3）：24-28.
[161] 谭炯锐．仙客来农林有机废弃物栽培基质研究进展［J］．运城学院学报，2014，32（2）：70-73.
[162] 邹正．以啤酒糟为基质发酵纳豆芽孢杆菌及其抗氧化肽研究［D］．长沙：湖南农业大学，2012.
[163] 王勤礼，许耀照，王佩堂，等．以有机废弃物为主的辣椒无土育苗基质配方研究［J］．土壤通报，2012，43（1）：182-185.
[164] 王静．元宝枫容器育苗基质配制及化学控根技术研究［D］．北京：北京林业大学，2014.
[165] 伍海兵，方海兰，彭红玲，等．典型新建绿地上海辰山植物园的土壤物理性质分析［J］．水土保持学报，2012，26（6）：85-90.
[166] 张建华．典型有机废弃物堆肥化产品的基质利用和对土传细菌病害抑制作用的研究［D］．杭州：浙江大学，2012.
[167] 徐文俊，程智慧，孟焕文，等．农业废弃有机物基质配方对番茄生长及产量的影响［J］．西北农林科技大学学报，2012，40（4）：127-133.
[168] 刘朝晖，崔新卫，彭福元，等．农业废弃物不同配方营养块的理化性质及其对黄瓜育苗的影响［J］．湖南农业科学，2012（15）：44-47.
[169] 余文娟，田雪梅，夏文通，等．农业废弃物作为番茄穴盘育苗基质配方的筛选［J］．山东农业科学，2011（4）：33-35.
[170] 王琼，周连碧．农业废弃物在废弃采石场生态恢复的应用研究［C］//2010 中国环境科学学会学术年会论文集（第一卷）．北京：中国环境科学学会，2010：899-904.
[171] 何可，张俊飚，丰军辉．农业废弃物基质化管理创新的扩散困境［J］．华中农业大学学报，2014（4）：10-16.
[172] 严文高．农业废弃物循环利用技术采纳的用户响应及影响因素的实证研究［D］．武汉：华中农业大学，2013.
[173] 李鹏．农业废弃物循环利用的绩效评价及产业发展机制研究［D］．武汉：华中农业大学，2014.
[174] 赖文全，杨果丰，黄贤正，等．农业废弃物替代棉籽壳生产小平菇标准化高效技术［J］.2013（4）：58-59.

[175] 宋法龙，马友华，江云，等．农业废弃物替代生态护坡基质中泥炭的效果研究［J］．中国农学通报，2009，25（13）：226-229.
[176] 范如芹，罗佳，高岩，等．农业废弃物的基质化利用研究进展［J］．江苏农业学报，2014，30（2）：442-448.
[177] 李华，付庆林，林义成，等．农业废弃物育苗基质对红叶石楠氮磷径流流失的影响［J］．水土保持学报，2012，26（4）：72-76.
[178] 杨红丽，王子崇，张慎璞，等．农业有机废弃物发酵基质番茄育苗的试验研究［J］．中国农学通报，2009，25（18）：304-307.
[179] 曹云娥，马双燕，黄学春．农业有机废料发酵对有机栽培基质的效果研究［J］．北方园艺，2011（21）：13-16.
[180] 李鹏，张俊飚，丁玉梅，等．农业生产废弃物循环利用的产业联动绩效及影响因素的实证研究［J］．中国农村经济，2012（11）：69-77.
[181] 颜芳．农林废弃物山核桃蒲壳资源化利用研究进展［J］．安徽农业科学，2013，41（14）：6329-6330.
[182] 栾亚宁．农林有机废弃物堆腐生产花卉栽培基质研究［D］．北京：北京林业大学，2011.
[183] 韦阳连，欧阳勤森，钟卫东，等．农林有机废弃物生产轻型育苗基质研究进展［J］．安徽农业科学，2012，40（32）：15628-15630.
[184] 时连辉．几种农业废弃物堆腐基质理化特性及在园林覆盖和栽培上的应用［D］．泰安：山东农业大学，2008.
[185] 王旭艳，林夏珍，李琳，等．几种农林废弃物复合基质的理化特性及对浙江楠容器育苗的效果［J］．浙江农林大学学报，2013，30（5）：674-680.
[186] 索琳娜．几种农林生物质废弃物再利用生产无土栽培基质技术及应用［D］．北京：北京林业大学，2012.
[187] 张桥．利用三种废弃物配置绿化种植土的初步研究［D］．雅安：四川农业大学，2003.
[188] 李蕊．利用农业废弃物堆肥生产水稻育秧基质的研究［D］．南京：南京农业大学，2013.
[189] 李小科．利用农业废弃物生产无土草毯的研究［D］．长沙：湖南农业大学，2008.
[190] 陈永安，张金莎，胡长安，等．利用园林绿化废弃物生产种苗基质关键技术研究与应用示范［J］．绿色科技，2014（9）：129-131.
[191] 周媛，谭庆，陈法志．利用废弃物的屋顶绿化基质选择与植物适应性初探［J］．北方园艺，2010（10）：114-116.
[192] 吴志广．利用废弃生物质开发园艺栽培基质的研究［D］．杭州：浙江大学，2013.
[193] 仲海洲．利用废弃生物质开发水稻育秧基质及其应用效果研究［D］．杭州：浙江大学，2013.

[194] 王立清，张星，石爱霞，等．包头市园林绿化废弃物堆肥及其在四季海棠上的应用试验［J］．陕西林业科技，2014（3）：56-57，73.
[195] 周颖，尹昌斌．北京市房山区循环农业实践模式研究［J］．北京农业职业学院学报，2009，23（1）：26-29.
[196] 席思敏．厌氧菌发酵生物制氢技术试验分析［J］．科技创新与应用，2013（25）：16-17.
[197] 崔艳红，王彦宏．叶用莴苣有机生态型无土栽培基质的筛选［J］．现代农业，2007（8）：141-143.
[198] 吴益锋．园林废弃物介质栽培一串红试验［J］．安徽农业科学，2013，41（33）：12920-12922.
[199] 田赟．园林废弃物堆肥处理及其产品的应用研究［D］．北京：北京林业大学，2012.
[200] 刘佳．园林废弃物堆肥化研究及应用［D］．天津：天津城市建设学院，2012.
[201] 张克君，陈莹，张俊涛，等．园林有机废弃物堆肥配制的基质对草花生长的影响［J］．广东园林，2013，35（3）：61-63.
[202] 龚小强．园林绿化废弃物堆肥产品改良及用作花卉栽培代用基质研究［D］．北京：北京林业大学，2013.
[203] 傅锦．园林绿化废弃物堆肥用作花卉栽培基质的效果观察［J］．北京农业，2013（30）：60-61.
[204] 张强．园林绿化废弃物堆腐及用作草花栽培基质的试验研究［D］．北京：北京林业大学，2012.
[205] 韩冰，刘毓，刘媛，等．园林绿化废弃物用作草花栽植基质的效果评价［C］//中国风景园林学会2013年会论文集．北京：中国风景园林学会，2013：1064-1068.
[206] 江姝瑶．城市污水处理厂改性污泥基质化利用的可行性研究［D］．南京：南京农业大学，2013.
[207] 李翔．城市污泥用于矿山重金属污染土壤修复的实验研究［D］．北京：轻工业环境保护研究所，2012.
[208] 王春雨．基于农业废弃物利用的茄果类蔬菜育苗基质研究［D］．泰安：山东农业大学，2010.
[209] 黎小廷，刘晓玲，罗鸿兵，等．基于市政污泥的拓展型绿色屋顶基质的固碳潜力研究［J］．生态科学，2014，33（3）：559-567.
[210] 白祯．基质和AM真菌对酸枣幼苗生长及营养的影响［D］．重庆：西南大学，2013.
[211] 白润峰，李建明，张国荣，等．基质配方与灌水量对温室甜瓜生长及品质的影响［J］．西北农林科技大学学报，2011，39（8）：140-146.
[212] 刘旭凤．基质配方的筛选及其对小白菜的生长效应［D］．泰安：山东农业大学，2013.

［213］龚小强，孙向阳，田赟，等．复合型有机改良剂对园林废弃物堆肥基质改良研究［J］．西北林学院学报，2013，28（2）：196-201.
［214］薛书浩，孟焕文，程智慧，等．复合基质在大棚番茄无土栽培上的应用研究［J］．西北农林科技大学学报（自然科学版），2009，37（11）：107-119.
［215］尹红芳．太行山区农业废弃物栽培毛木耳条件优化研究［D］．保定：河北大学，2008.
［216］仁顺荣，邵玉翠，杨军，等．宅基地复垦设施袋培不同基质配方对甜瓜产量及品质影响［J］．中国农学通报，2012，28（34）：257-262.
［217］王卫平，洪春来，姚燕来，等．菇渣基质对黄瓜栽培的效果研究［J］．安徽农业科学，2015，43（9）：49-50.
［218］苗蕾．客土喷播中不同基材配比对边坡的生态防护效果差异性研究［D］．郑州：河南农业大学，2008.
［219］梁启全，王智华．寒地水稻工厂化育苗基质研究初报［J］．黑龙江农业科学，2013（7）：23-26.
［220］谢昕云，马中文，朱世东，等．屋顶绿化及其栽培基质的研究与展望［J］．北方园艺，2012（13）：191-194.
［221］申秀英，毛建卫，蔡成岗．山核桃外蒲壳成分与功能研究进展［J］．食品研究与开发，2013，34（21）：128-130.
［222］陈向明，俞志敏，金杰，等．山核桃外蒲壳无机成分的分析研究［J］.2007，26（8）：45-47.
［223］项永忠．山核桃外蒲壳的农用基质开发与应用研究［D］．北京：中国林业科学研究院，2013.
［224］徐靖才．山核桃蒲壳基活性炭制备及电容特性研究［D］．杭州：中国计量学院，2013.
［225］王国平，过婉珍．山核桃蒲壳污染综合治理及其效应［J］．现代农业科技，2006（12）：72-73.
［226］尹建道，田苗，钱丹，等．工农业废弃物改良吹填土机理与效果研究［J］．水土保持学报，2014，28（2）：281-291.
［227］汤聪．广州地区草坪式屋顶绿化植物筛选及栽培基质研究［D］．广州：仲恺农业工程学院，2013.
［228］周诚，汤良富，符树根，等．广适性有机栽培基质筛选试验研究［J］．江西林业科技，2013（5）：34-37.
［229］赵玉娇．废弃纤维资源快速生产基质工艺研究［D］．咸阳：西北农林科技大学，2012.
［230］郭图强．彩椒有机生态型无土栽培基质的筛选［J］．中国农学通报，2005，21（5）：278-283.
［231］丰军辉，张俊飚，何可．成本限定下农业废弃物循环利用行为研究［J］．中国农业大学学报，2014，19（4）：234-242.

[232] 刘振东，李贵春，杨晓梅，等．我国农业废弃物资源化利用现状与发展趋势分析［J］．安徽农业科学，2012，40（26）：13068-13070，13076.

[233] 杨喜田，董惠英，山寺喜成，等．播种造林种基盘基质的改良研究［J］．中国水土保持科学，2003，1（4）：87-91.

[234] 程奕，孟兆芳，张玺，等．无土基质栽培生菜应用效果［J］．天津农业科学，2004，10（1）：7-9.

[235] 薛勇．无土栽培中基质的消毒方法［J］．农技服务，2001（10）：13.

[236] 甘露，范海燕，吴文勇，等．无土栽培基质水分特性参数研究［J］．农业机械学报，2013，44（5）：113-142.

[237] 马艳，李芳，孙周平，等．日光温室冬春茬黄瓜营养基质袋培技术［J］．辽宁农业科学，2012（6）：84.

[238] 颉旭．日光温室番茄栽培基质配方筛选研究［D］．兰州：甘肃农业大学，2013.

[239] 李海燕．有机型无土栽培基质配方研制及其对番茄的生长效应研究［D］．泰安：山东农业大学，2012.

[240] 张铁耀．有机基质栽培下石灰氮和万寿菊对黄瓜南方根结线虫的防效研究［D］．北京：中国农业科学院，2014.

[241] 周艳丽，程智慧，孟焕文，等．有机基质配比对番茄生长发育及产量和品质的影响［J］．西北农林科技大学学报，2005，33（1）：79-82.

[242] 鲁耀雄，崔新卫，罗赫荣，等．有机废弃物作育秧基质对水稻秧苗素质的影响［J］．南方农业学报，2012，43（11）：1703-1707.

[243] 卢漫，周贤军，严建平，等．有机废弃物堆肥在观叶植物上的应用研究［J］．宁夏农林科技，2012，53（9）：58-60，141.

[244] 鲁耀雄，范海珊，崔新卫，等．有机废渣基质对工厂化育秧效果的研究［J］．湖南农业科学，2012（23）：61-63.

[245] 刘艳伟，吴景贵．有机栽培基质的研究现状与展望［J］．北方园艺，2011（10）：172-176.

[246] 常志州，于建光，黄红英，等．有机物料“差别堆腐”及其评价方法初探［J］．江苏农业学报，2013，29（2）：305-311.

[247] 何铁光，董文斌，何永群，等．废弃物转化基质在辣椒育苗上的应用效果［J］．辣椒杂志，2012（4）：26-33.

[248] 曹建云，顾建华．机插稻基质育秧对秧苗素质及产量的影响［J］．上海农业科技，2011（30）：49-50.

[249] 洪春来，王桂木，程凌娟，等．基于山核桃蒲壳兰花栽培基质配方筛选［J］．林业世界，2014（3）：17-21.

[250] 张华．柚皮基活性炭制备及吸附应用机理研究［D］．南宁：广西大学，2013.

[251] 颉旭，王新右，赵帆，等．栽培基质配方对日光温室番茄生长及果实品质的影响［J］．甘肃农业大学学报，2014，49（4）：58-62.

[252] 谢耀坚，王军，彭彦，等．桉树工厂化育苗轻型基质筛选试验研究［J］．林业

科学研究，2008，21（4）：528-533.
［253］张世超．桉树扦插育苗轻型基质配方研究［D］．北京：中国林业科学研究院，2006.
［254］张晔．棉秆作为无土栽培基质的前处理技术及其对黄瓜生长的影响［D］．北京：中国农业科学院，2013.
［255］张晔，余宏军，杨学勇，等．棉秆作为无土栽培基质的适宜发酵条件［J］．农业工程学报，2013，29（12）：210-217.
［256］黄国京，叶露莹，刘爱青，等．棉籽皮与花生壳基质对盆栽芍药生长发育的影响［J］．西南农业学报，2013，26（2）：754-757.
［257］程存刚，赵德英，吕德国，等．植物源有机物料对果园土壤生物群落多样性的影响［J］．植物营养与肥料学报，2014，20（4）：913-922.
［258］华炜辉．椰糠栽培甜椒技术的优化与推广应用［D］．福州：福建农林大学，2014.
［259］孙程旭，冯美利，陈华，等．椰衣（果皮块）介质作为红掌和石斛兰栽培基质的初步研究［J］．热带农业科学，2012，32（1）：1-4，20.
［260］XU J C，HUANG B，HU G B，et al. Preparation of activated carbon from the peels of carya cathayensis sarg by KOH activation［J］. 2012，41（S3）：407-410.
［261］陈专专．水生植物混合堆腐料养分矿化规律及农业利用途径［D］．扬州：扬州大学，2013.
［262］曹静娟，王夕刚，金家胜．污泥在道路边坡生态修复中的资源化利用研究［C］//2013 全国土地资源开发利用与生态文明建设学术研讨会论文集．西宁：青海民族大学，2013：251-256.
［263］邢亚萍，刘宏，胡惠蓉，等．污泥生产马尼拉无土草皮基质配方优化研究［J］．草地学报，2012，20（40）：650-656.
［264］胡亚利，孙向阳，龚小强，等．混合改良剂改善园林废弃物堆肥基质品质提高育苗效果［J］．农业工程学报，2014，30（18）：198-204.
［265］周征．温室基质不同配比种植番茄对比试验［J］．西北园艺（蔬菜），2014（3）：51-52.
［266］王斐，唐景春，林大明，等．牛粪强化高含油污泥堆肥生物处理及评价［J］．生态学杂志，2013，32（1）：164-170.
［267］赵君红．猪粪有机肥基质生产的社会效益［J］．种植与环境，2014（6）：103.
［268］陈美妮，张建刚，刘军，等．玉米秸秆生料袋栽平菇技术［J］．栽培技术，2012（2）：41.
［269］关志华，王忠红，关法春．玉米芯和羊粪混配基质对豌豆生长发育的影响［J］．安徽农业科学，2012，40（2）：698-699，760.
［270］刁勤兰，何小弟，袁小丽．瓜子黄杨出口盆景的无土栽培基质配方［J］．中国花卉园艺，2011（18）：36-37.
［271］刘海馨，吴畏．生物质废弃物发酵制氢实验研究［C］//中国环境科学学会学

术年会论文集．北京：中国环境科学学会，2013：5573-5577.

[272] 杜姗姗．生物转化农业副产物及其产酶研究［D］．杭州：浙江大学，2013.

[273] 鲁一民．用发酵后的棉籽壳扦插苗木好［J］．中国花卉盆景，1990（11）：12.

[274] 薛念涛，潘涛，孙长虹，等．畜禽养殖污染物资源化利用技术及模式研究［J］．环境科学与管理，2014，39（6）：31-35.

[275] 李天枢．畜粪堆肥高效复合微生物菌剂的研制与应用［D］．咸阳：西北农林科技大学，2013.

[276] 陶思源．番茄有机生态型综合栽培技术［J］．沈阳师范大学学报，2013，31（2）：292-294.

[277] 李婧．番茄育苗基质配方筛选及保水剂应用效果研究［D］．兰州：甘肃农业大学，2012.

[278] 刘旭．百合切花生产代用基质的筛选研究［D］．咸阳：西北农林科技大学，2012.

[279] 李婷婷，吕英民，张秀新．盆栽芍药有机生态型无土栽培基质配方筛选［J］．中国种业，2011（11）：54-56.

[280] 张鸿龄，孙丽娜，陈丽芳，等．矿山废弃地生态修复过程中基质改良与植被重建研究进展［J］．生态学杂志，2012，31（2）：460-467.

[281] 蒋琥，邱铤，沈聪．粪渣在几种草花盆栽中的应用［J］．浙江农业科学，2014（8）：1198-1200，1205.

[282] 赵学鹏．粪渣复合基质对一串红生长的影响［J］．上海农业科技，2014（4）：87，119-120.

[283] 曾清华．纸厂废弃麦秸末腐熟合成基质的工艺参数筛选及其在蔬菜作物上的应用［D］．南京：南京农业大学，2011.

[284] 黄国京．芍药有机废弃物基质筛选及配套施肥技术优化［D］．北京：北京林业大学，2013.

[285] 叶露莹，刘燕．芍药栽培基质草炭减量及替代物研究［J］．江西农业大学学报，2012，34（6）：1136-1141.

[286] 叶露莹．芍药盆栽无土栽培基质研究［D］．北京：北京林业大学，2010.

[287] 王琪．芦笋老茎栽培食用菌和培养料堆制过程中微生物多样性的研究［D］．太原：山西大学，2012.

[288] 齐春艳，赵国臣，侯立刚，等．苏打盐碱稻区水稻无土育苗营养基质筛选与评价［J］．北方水稻，2011，47（6）：23-25，33.

[289] 李连伟．苗木扦插基质用菇渣腐熟技术［D］．保定：河北农业大学，2013.

[290] 忻雅，吴根良，童建新，等．草莓工厂化育苗基质的筛选［J］．浙江农业科学，2011（6）：1232-1235.

[291] 张辉明，姜永平，张涵之．草莓栽培基质的配比试验［J］．黑龙江农业科学，2014（10）：167.

[292] 胡清秀，张瑞颖．菌业循环模式促进农业废弃物资源的高效利用［J］．中国农

业资源与区划，2013，34（6）：113-119.

[293] 于森，毕银丽，张翠青，等．菌根真菌对粉煤灰充填复垦中金属元素的利用[J]. 煤炭学报，2013，38（9）：1675-1680.

[294] 马嘉伟，叶正钱．菌渣育苗效果初探［J]. 特色农业，2013（7）：14-16.

[295] 郁继华．蔬菜基质栽培原料发酵及复配技术［J]. 中国蔬菜，2013（17）：35-36.

[296] 龚建英，代学民，高云霞，等．蔬菜废物的堆肥处理技术的现状及发展趋势[J]. 河北建筑工程学院学报，2014，32（1）：65-67.

[297] 贺满桥．蘑菇栽培废弃物的生物转化及在蔬菜育苗基质中应用［D]. 杭州：浙江大学，2012.

[298] 张晓君，杨胜香，段纯，等．蘑菇渣作为改良剂对铅锌尾矿改良效果研究［J]. 农业环境科学学报，2014，33（3）：526-531.

[299] 刁清清，毛碧增．蘑菇渣处理现状及在农业生产上的应用［J]. 浙江农业科学，2012（12）：1710-1712.

[300] 刘婷，任宗玲，张池，等．蚯蚓堆制处理对农业有机废弃物的化学及生物学影响的主成分分析［J]. 应用生态学报，2012，23（3）：779-784.

[301] 张志剑，刘萌，朱军．蚯蚓堆肥及蝇蛆生物转化技术在有机废弃物处理应用中的研究进展［J]. 环境科学，2013，34（5）：1679-1686.

[302] 王国锋，赖发英．蚯蚓处理农村家畜粪便及有机生活垃圾的试验研究［J]. 江西科学，2013，31（2）：168-175.

[303] 邓惠，陈淼，刁小平，等．蚯蚓处理甘蔗渣和牛粪混合废弃物的初步研究［J]. 江苏农业科学，2013，41（9）：329-331.

[304] 毛久庚，唐懋华，张燕燕，等．蚯蚓粪在西瓜育苗及栽培上的应用效果［J]. 江苏农业科学，2012，40（2）：145-146.

[305] 李瑞格．西瓜有机生态型无土栽培技术［J]. 现代农业科技，2013（3）：94-96.

[306] 朱琳飞．观赏桃栽培基质筛选及花期调控研究［D]. 北京：北京林业大学，2012.

[307] 李鹏，张俊飚，杨志海．资源性农业废弃物循环利用绩效及区域差异问题的实证研究［J]. 经济地理，2013，33（3）：150-155.

[308] 朱仁刚，杨明志，赵航文．轻型基质网袋育苗造林试验研究初报［J]. 林业实用技术，2014（9）：44-47.

[309] 柴喜荣，程智慧，孟焕文．追肥对农业废弃物有机基质栽培番茄生长发育和养分吸收的影响［J]. 南京林业大学学报，2013，36（2）：20-24.

[310] 丁桂花，王剑，李卫东，等．适于亚热带区域兰花栽培基质的筛选研究［J]. 中国农学通报，2012，28（34）：224-229.

[311] 宋夏夏，束胜，郭世荣，等．醋糟混配基质对水果型黄瓜生长和产量的影响[J]. 长江农业，2013（10）：30-34.

[312] 徐明喜，毛久庚，常义军，等．金针菇新型栽培基质研究［J］．金陵科技学院学报，2013，29（2）：73-75.
[313] 王成．长三角地区土壤-小麦系统微量元素迁移的地球化学特征［D］．南京：南京大学，2013.
[314] 耿晨光，段婧婧，王灿，等．长三角平原水网区城郊循环农业圈层模式研究［J］．中国生态农业学报，2012，20（7）：956-962.
[315] 何雪梅，黄业利．青川食用菌废菌料的利用现状探讨［J］．四川农业科技，2014（11）：12-13.
[316] 傅松玲，傅玉兰，高正辉．非洲菊有机生态型无土栽培基质的筛选［J］．园艺学报，2001，28（6）：538-543.
[317] 黄磊，刘玫，蒲媛媛，等．食用菌固体培养基的开发与应用综述［J］．湖北农业科学，2013，52（10）：2246-2249，2263.
[318] 欧阳文翔．餐厨垃圾与脱水污泥联合厌氧消化产甲烷实验研究［D］．大连：大连理工大学，2013.
[319] 沈洪艳，李敏，杨金迪，等．餐厨垃圾和绿化废弃物混合堆肥的试用［J］．环境工程学报，2014，8（7）：2997-3004.
[320] 汤聪，郭微，蔡桂芬，等．高温高湿环境佛甲草栽培基质的研制［J］．草业科学，2013，30（3）：334-340.
[321] 沈洪艳，白婧，董世魁，等．高速公路植物废弃物的堆肥处置及应用研究［J］．安徽农业科学，2012，40（3）：1633-1636.
[322] 刘涛．麦秆堆腐基质理化特性、酶活性变化及穴盘育苗的应用［D］．咸阳：西北农林科技大学，2012.
[323] 刘淑娴，张金云，高正辉，等．黄瓜有机生态型无土栽培基质的筛选［J］．安徽农业科学，2003，31（4）：549-550，552.
[324] 孙晓梅．黄瓜穴盘育苗基质、穴孔及施肥技术的研究［D］．杭州：浙江大学，2004.
[325] 熊兀，成钢，朱珠，等．食用菌栽培基料研究进展［J］．中国食用菌，2014，33（4）：5-8.
[326] 赵顺红，张文举．棉籽饼（粕）脱毒的研究进展［J］．今日畜牧兽医，2007（2）：51-53.
[327] 朱光来，顾夕章．菜粕脱毒技术研究［J］．饲料研究，2012（3）：80-81.
[328] 吴逸飞，姚晓红，王新，等．豆粕固态发酵条件优化及发酵过程中细菌群落结构分析［J］．饲料工业，2011，32（16）：59-63.
[329] 单芝丹，单安山．影响豆粕饲用价值的因素［J］．饲料研究，2010（10）：74-77.
[330] 周德刚，冯秀燕．微生物发酵豆粕在动物生产中的应用研究［J］．饲料研究，2009（12）：11-15.
[331] 吴逸飞，孙宏，姚晓红，等．棉籽粕固态发酵过程及其动力学模型构建［J］．

农业工程学报，2012，28（13）：199-204.
[332] 郭佩玉，谭淑芳，夏建平，等．用不同氨源氨化秸秆的经济性分析与对策［J］．北京农业工程大学学报，1991，11（2）：90-94.
[333] 王红英，张晓明．玉米秸秆青贮饲料肥育肉牛合理补饲方案的试验研究［J］．中国农业大学学报，2001，6（4）：47-50.
[334] 蔡文婷．农业废弃物发酵生产单细胞蛋白的研究进展［J］．再生资源与循环经济，2015，8（5）：38-40.
[335] 石务本，梁占军，朱增会，等．秸秆氨化技术规程初步探讨［J］．中国畜牧杂志，1996，32（4）：48-49.
[336] 郭乐乐．发酵玉米秸秆营养成分分析及其对鸡饲喂效果的研究［D］．保定：河北农业大学，2013.
[337] 杨树林，吴灵，宁长发，等．利用农业废弃物微生物共发酵制取蛋白质的研究［J］．中山大学学报（自然科学版），2003，42（增刊）：115-117.
[338] 赵小立，周红军，费承伟，等．黑曲霉 HD9478 纤维素酶发酵条件的研究［J］．粮食与饲料工业，1997（5）：21-23．
[339] 纤维素酶研究小组．纤维素酶水解糠醛渣生产酵母［J］．微生物学报，1977，7（2）：137-142.
[340] 潘锋，史小丽，孙东平，等．不同真菌纤维素酶固体发酵条件的比较研究［J］．粮食与饲料工业，2001（2）：33-35.
[341] 刘忠元．热带假丝酵母和黑曲霉发酵玉米秸秆的条件优化［D］．吉林：吉林大学，2007.
[342] 张文举．高效降解棉酚菌种的选育及棉籽饼粕生物发酵的研究［D］．杭州：浙江大学，2006．
[343] 杨继良，周大云，杨伟华，等．高效降解棉酚菌种的筛选及棉饼脱毒参数的研究［J］．棉花学报，2000，12（5）：225-229.
[344] 张继，武光朋，王文强，等．单细胞蛋白饲料研究进展［J］．饲料工业，2006，27（19）：50-52.
[345] 蔡兴旺．秸秆发酵剂的研究［D］．天津：天津科技大学，2004.
[346] 郭书贤，王冬梅，梁运祥．微生物发酵棉籽饼粕脱毒与利用研究进展［J］．中国酿造，2009（1）：4-10.
[347] 鲍俊杰，齐海．生菜籽粕脱毒及菜籽蛋白分离的工艺研究［J］．安徽农业科学，2011，39（3）：1505-1507.
[348] 李燕．菜籽饼粕的发酵脱毒及水解制备氨基酸工艺研究［D］．武汉：武汉工业学院，2011.
[349] 卓少明，刘聪．几种废弃物作添加料养殖黄粉虫的试验［J］．中国资源综合利用，2009，27（9）：17-19.
[350] 邓希海．黄粉虫（Tenebrio molitor Linnaeus）工厂化规模养殖技术［J］．现代渔业信息，2008，23（3）：5-8.

[351] 张丽英．饲料分析与饲料质量检测技术 [M].2 版．北京：中国农业大学出版社，2002：49-53.
[352] 李燕，熊巍，高冰．多菌种混合发酵对菜籽饼脱毒效果的初步研究 [J]. 饲料工业，2009，20（30）：33-35.
[353] 陈琳．Cu、Cd 对农业废弃物发酵过程中微生物和酶活性的影响 [D]. 咸阳：西北农林科技大学，2012：1-42.
[354] 孟令建．农业废弃物回收利用项目管理研究 [D]. 天津：天津大学，2006.
[355] 艾平，张衍林，李善军，等．农业废弃物处理技术的分析 [J]. 环境整治，2010（1）：59-63.
[356] 李燕红，欧阳峰，梁娟．农业废弃物稻壳的综合利用 [J]. 广东农业科学，2008（6）：90-92，80.
[357] 李敏，王海星．农业废弃物综合利用措施综述 [J]. 中国人口·资源与环境，2012，22（5）：37-39.
[358] 丁爱芳．农业废弃物资源化利用途径及策略分析——以江苏省句容市为例 [J]. 生态经济（学术版），2012（2）：271-273.
[359] 王咏梅，王鹏程．农业废弃物资源化途径及综合效益分析——基于鄂、豫两省调研数据 [J]. 生态经济，2013（8）：92-95，118.
[360] 张红骥，高亚冰，王凡，等．农业废弃物转化再生饲料的研究概况 [J]. 黑龙江农业科学，2007（1）：71-73.
[361] 史学友．农村秸秆固化成型技术的开发利用 [J]. 现代农业，2007（12）：51-52.
[362] 纪文．利用农业废弃物制饲料 [J]. 再生能源研究，1999（2）：45-46.
[363] YANG S L，WU M，NING C F，et al. Studies on co-fermentation waste of agriculture industry with microorganisms to produce protein [J]. 中山大学学报，2003，42：115-117.
[364] 徐娟娟．利用农业废弃物混合发酵生产 *L*-乳酸及饲料的初步研究 [D]. 合肥：安徽农业大学，2010.
[365] 杨瑞平，高喜良，李玉珏．利用玉米秸秆、鸡粪资源开发粗饲料的研究 [J]. 中国资源综合利用，2003（6）：13-14.
[366] 刘畅．利用秸秆制作氨化饲料及饲养实践 [J]. 中国资源综合利用，2010（5）：29-31.
[367] 王丽丽．利用苹果渣发酵生产菌体蛋白饲料的工艺条件研究 [D]. 长春：长春工业大学，2012.
[368] 薛辉．千阳县循环农业科技园区规划理论与实践 [D]. 咸阳：西北农林科技大学，2013.
[369] 刘清，师建芳，赵威，等．向日葵副产物资源的综合利用 [J]. 农业工程学报，2011，27（增刊2）：336-340.
[370] 胡玉琪，丁长河．固态发酵生产木聚糖酶的研究进展 [J]. 中国酿造，2012，31

(9)：10-12.
[371] 刘元甲．复合微生物菌剂发酵马铃薯渣生产蛋白饲料的研究［D］．咸阳：西北大学，2009.
[372] 王琛．安县柏杨村农业废弃物资源循环利用模式分析及优化设计［D］．雅安：四川农业大学，2011.
[373] 廖灼．川东北丘区农村废弃物现状及对策研究［D］．雅安：四川农业大学，2012.
[374] 王定发，周璐丽，李茂，等．应用体外产气法研究 3 种农业废弃物对黑山羊的饲养价值［J］．热带作物学报，2012，33（12）：2300-2304.
[375] 董菊兰．循环农业模式下的农业废弃物资源化利用［J］．甘肃农业，2014（6）：44-45.
[376] 李鹏，王文杰．我国农业废弃物资源的利用现状及开发前景［J］．天津农业科学，2009，15（3）：46-49.
[377] 张国臣，贾晨夜，高志永，等．我国农作物秸秆综合利用发展浅析［C］//中国环境科学学会学术年会论文集．北京：中国环境科学学会，2012：3301-3304.
[378] 徐妙云，陈志敏．有机废弃物饲料资源化的研究进展［J］．新饲料，2007（3）：17-19.
[379] 车宗贤，于安芬，李瑞琴，等．河西走廊绿色农业循环模式研究［J］．农业环境与发展，2011（4）：59-63.
[380] 刘京秋，龚发平，陈芳，等．湖北京山县农作物秸秆综合利用现状、存在问题及对策［J］．农业环境与发展，2012（6）：43-45，63.
[381] 李梦楚，王定发，周汉林．热带农业废弃物的饲料化利用研究进展［J］．热带农业科学，2013，33（10）：62-64，71.
[382] 王刚，李明，王金丽，等．热带农业废弃物资源利用现状与分析——木薯废弃物综合利用［J］．广东农业科学，2011（1）：12-14.
[383] 王刚，李明，王金丽，等．热带农业废弃物资源利用现状与分析——菠萝废弃物综合利用［J］．广东农业科学，2011（1）：23-26.
[384] 郑勇，王金丽，李明，等．热带农业废弃物资源利用现状与分析——甘蔗废弃物综合利用［J］．广东农业科学，2011（1）：15-18，26.
[385] 宋芳．玉米收获机秸秆切碎刀的试验研究［D］．长春：吉林农业大学，2011.
[386] 覃树林，王新明，孙保剑，等．玉米芯综合利用研究进展［J］．氨基酸和生物资源，2014，36（2）：23-27.
[387] 车宗贤，于安芬，李瑞琴，等．石羊河流域绿色农业循环模式研究［J］．中国农业资源与区划，2011，32（2）：34-38，43.
[388] 邱并生．秸秆纤维素高效降解菌［J］．微生物学通报，2013，40（4）：711.
[389] 王勇，孟晓林．秸秆废弃物的生物学特性及其开发利用［J］．山西农业科学，2009，37（12）：42-44.

[390] 王占川，宝鲁德，周子彦，等．秸秆生物饲料技术开发的过去、现在和将来[J]．畜牧与饲料科学，2011，32（1）：53-54.

[391] 王忠豪，龚钢明．芦笋秸秆废弃物资源化利用技术开发［J]．中国资源综合利用，2011（2）：30-32.

[392] 王丽媛．苹果渣固态发酵饲料蛋白的研究［D]．西安：陕西师范大学，2010.

[393] 安可栋．郑州市农业废弃物资源量调查及利用策略研究［D]．郑州：郑州大学，2011.

[394] 丁文龙，张菁，赵茂军．陇南地区特色农业废弃物及其在饲料加工中的应用探讨［J]．甘肃农业，2009（1）：61-63.

[395] 李瑜，付海冬，姚慧敏．集约化畜禽养殖粪便资源化利用途径［J]．现代农业科技，2009（5）：241-242.

[396] 邹积华，崔从光，丁强，等．食用菌产业循环农业模式及关键技术［J]．中国食用菌，2011，30（1）：62-64，66.

[397] 刘国欢，邝继云，李超，等．香蕉秸秆资源化利用的研究进展［J]．可再生能源，2012，30（5）：64-68，74.

[398] 贠建民，刘陇生，安志刚，等．马铃薯淀粉渣生料多菌种固态发酵生产蛋白饲料工艺［J]．农业工程学报，2010，26（增刊2）：399-404.

[399] 庄童琳，李虎，郭凤霞，等．黑曲霉固态混菌发酵苹果渣生产多酶生物饲料[J]．食品工业科技，2010（12）：171-175.

[400] 安新城，李军，吕欣．黑水虻处理养殖废物的研究现状［J]．环境科学与技术，2010，33（3）：113-116.

[401] 郭佩玉，李道娥，韩鲁佳，等．几种秸秆处理方法的比较研究［J]．农业工程学报，1995，11（2）：149-155.

[402] 刘向阳，阎巧娟，韩鲁佳，等．氨化秸秆饲料的质量评定［J]．中国农业大学学报，2002，7（6）：49-53.

[403] 冀佳蓉，王运军．国外生物质发电技术研究进展［J]．山西科技，2014，29（3）：59-61.

[404] 林永明，潘峰，王正锋．生物质发电燃烧方式与炉型选择［J]．广西电力，2009（1）：5-8.

[405] 闵丽．国内外生物质发电现状的分析［J]．机械制造，2013，51（7）：85-87.

[406] 唐成鹏．浅谈生物质能及其发电技术［J]．科技资讯，2014，14：120.

[407] 汪琼，姚美香．浅谈我国生物质能发电的现状及其产生的环境问题［J]．环境科学导刊，2011，30（2）：30-32.

[408] 吴创之，周肇秋，马隆龙，等．生物质发电技术分析比较［J]．可再生能源，2008，26（3）：34-37.

[409] 谢家敏．浅谈我国生物质能发电发展［J]．动力与电气工程，2013（7）：126-127.

[410] 左军平．秸秆固化成型燃料开发利用探析［J]．农业工程技术（新能源产业），

2014（7）：40-42.
[411] 刘圣勇，陈开碇，张百良．国内外生物质成型燃料及燃烧设备研究与开发现状[J]．可再生能源，2002（4）：14-15.
[412] 蔡鸣，陈正明，高立洪，等．国内外生物质固体燃料成型设备开发进展[J]．农业工程，2012，2（6）：25-27.
[413] 姜洋，曲静霞，潘亚杰，等．生物质致密成型技术处理木材加工废弃物的应用[J]．人造板通讯，2004（2）：13-14，21.
[414] 钱湘群．秸秆切碎及压缩成型特性与设备研究[D]．杭州：浙江大学，2003.
[415] 肖宏儒，陈永生，宋卫东．秸秆成型燃料加工技术发展趋势[J]．农业装备技术，2006，32（2）：11-13.
[416] 张义田．环模压缩生物质颗粒燃料制造技术开发前景[J]．辽宁林业科技，2012（2）：39-40，48.
[417] 张霞，蔡宗寿，陈丽红，等．生物质成型燃料加工方法与设备研究[J]．农机化研究，2014（11）：214-217.
[418] 罗斌，罗东飚，王进红，等．模辊式颗粒机在生物质燃料生产领域中的应用比较[J]．农业工程，2014，5（3）：44-46.
[419] 肖宏儒，宋卫东，钟成义，等．生物质成型燃料加工技术与装备的研究[J]．农业工程技术（新能源产业），2009（10）：16-23.
[420] 俞国胜，侯孟．生物质成型燃料加工装备发展现状及趋势[J]．林业机械与木工设备，2009，37（2）：4-8.
[421] 吴再兴，陈玉和，包永洁，等．生物质固化成型燃料生产现状与发展对策[J]．浙江林业科技，2014，34（4）：83-87.
[422] 张林海，侯书林，田宜水，等．生物质固体成型燃料成型工艺进展研究[J]．中国农机化，2012，243：87-91，100.
[423] 李平，蔡鸣，陈正明，等．生物质固体成型燃料技术研究进展及应用效益分析[J]．安徽农业科学，2012，40（14）：8284-8286，8306.
[424] 简相坤，刘石彩．生物质固体成型燃料研究现状及发展前景[J]．生物质化学工程，2013，47（2）：54-58.
[425] 陈彦宏，武佩，田雪艳，等．生物质致密成型燃料制造技术研究现状[J]．农机化研究，2010（1）：206-211.
[426] 张超，陈文兵，王静，等．利用废弃物原料生产燃料乙醇的研究进展[J]．氨基酸和生物资源，2013，35（2）：35-40.
[427] 祝涛，李少白，王瑶．木质纤维素乙醇原料预处理技术的研究进展[J]．广东化工，2013，40（17）：108-111.
[428] 卓治非，房桂干，施英乔，等．木质纤维转化制燃料乙醇的研究进展[J]．黑龙江造纸，2013（3）：7-12.
[429] 冯文生，张天云，杨国勋．世界生物燃料乙醇发展现状及预测[J]．现代化工，2013，33（8）：18-20.

[430] 付畅，吴方卫. 我国燃料乙醇的生产潜力与发展对策研究 [J]. 自然资源学报，2014，29（8）：1430-1440.

[431] 李煜，李慧. 纤维素燃料乙醇研究进展 [J]. 广东化工，2013，40（8）：51-52.

[432] 王闻，庄新姝，袁振宏，等. 纤维素燃料乙醇产业发展现状与展望 [J]. 林产化学与工业，2014，34（4）：144-150.

[433] 罗鹏，刘忠. 蒸汽爆破法预处理木质纤维原料的研究 [J]. 林业科技，2005，30（3）：53-56.

[434] 武冬梅，李冀新，孙新纪. 纤维素类物质发酵生产燃料乙醇的研究进展 [J]. 酿酒科技，2007（4）：116-120.

[435] 李海军. 中国燃料乙醇发展现状及未来发展方向 [J]. 安徽农业科学，2013，41（36）：13984-13985，14000.

[436] 史国强，李军，邢定峰. 生物柴油生产工艺技术概述 [J]. 石油规划设计，2013，24（5）：29-34.

[437] 谭天伟，王芳，邓立，等. 生物柴油的生产和应用 [J]. 现代化工，2002，22（2）：4-6.

[438] 王健，李会鹏，赵华，等. 三代生物柴油的制备与研究进展 [J]. 化学工程师，2013（1）：38-41.

[439] 王利宾，黄凤洪，李文林，等. 固体酸催化制备生物柴油的研究进展 [J]. 化学与生物工程，2009，26（4）：12-15，49.

[440] 张伦，张无敌，尹芳，等. 酶催化制备生物柴油的研究进展 [J]. 湖北农业科学，2010，49（5）：1229-1231，1256.

[441] 张华涛，殷福珊. 第二代生物柴油的最新研究进展 [J]. 日用化学品科学，2009，32（2）：17-20.

[442] 刘军锋. 第三代生物柴油的开发研究 [D]. 北京：北京化工大学，2013.

[443] 赵光辉，佟华芳，李建忠，等. 生物柴油产业开发现状及应用前景 [J]. 化工中间体，2013（2）：6-10.

[444] 王常文，崔方方，宋宇. 生物柴油的研究现状及发展前景 [J]. 中国油脂，2014，39（5）：44-48.

[445] 李俊峰，王裕宽，李振森，等. 生物柴油制备的研究进展 [J]. 应用化工，2013，42（8）：1494-1495，1504.

[446] 郭丹，银建中. 微藻制备生物柴油的技术进展 [J]. 化工装备技术，2014，35（4）：4-9.

[447] 林正芳，王伟. 我国生物柴油产业发展现状及战略选择 [J]. 化学工业，2013，31（9）：20-22.

[448] 李想，赵立欣，韩捷，等. 农业废弃物资源化利用新方向——沼气干发酵技术 [J]. 中国沼气，2006 ，24（4）：23-27.

[449] 吴楠，孔垂雪，刘景涛，等. 农作物秸秆产沼气技术研究进展 [J]. 中国沼气，2012，30（4）：14-20.

[450] 王钢，刘伟，王欣，等．我国沼气技术的利用现状与前景展望［J］．应用能源技术，2007（12）：31-33.
[451] 朱磊，卢剑波．沼气发酵产物的综合利用［J］．农业环境科学学报，2007，26（增刊）：176-180.
[452] 岑承志，陈砺，严宗诚，等．沼气发酵技术发展及应用现状［J］．广东化工，2009，36（6）：78-79，257.
[453] 代元元，江皓，丁江涛，等．秸秆厌氧混合发酵的研究进展［J］．中国沼气，2014，32（5）：40-45.
[454] 郭春晖，马万国，罗新义．沼气的技术与应用［J］．中国畜禽种业，2010（5）：45-46.
[455] 岳巍．沼气发酵工艺参数的调控技术［J］．黑龙江纺织，2009（2）：17-18.
[456] 刘刈，王智勇，孔垂雪，等．沼气发酵过程混合搅拌研究进展［J］．中国沼气，2009，27（3）：26-30.
[457] 郭华，祝涛，王吉平．生物质气化技术的研究进展［J］．广州化工，2014，42（8）：35-37.
[458] 武卫荣，崔淑贞，高文超．生物质气化技术的研究进展［J］．化工新型材料，2012，40（12）：22-24.
[459] 杨坤，冯飞，孟华剑，等．生物质气化技术的研究与应用［J］．安徽农业科学，2012，40（3）：1629-1632，1659.
[460] 张齐生，马中青，周建斌．生物质气化技术的再认识［J］．南京林业大学学报（自然科学版），2013，37（1）：1-10.
[461] 吴创之，刘华财，阴秀丽．生物质气化技术发展分析［J］．燃料化学学报，2013，41（7）：798-804.
[462] 刘作龙，孙培勤，孙绍晖，等．生物质气化技术和气化炉研究进展［J］．河南化工，2011，28（1）：21-25.
[463] 常轩，齐永锋，张冬冬，等．生物质气化技术研究现状及其发展［J］．现代化工，2013，33（6）：36-40.
[464] 王忠华．生物质气化技术应用现状及发展前景［J］．山东化工，2015，44（6）：71-73.
[465] 王建楠，胡志超，彭宝良，等．我国生物质气化技术概况与发展［J］．农机化研究，2010（1）：198-201，205.
[466] 易平，唐召群．国外农作物秸秆人造板工业化生产发展近况［J］．人造板通讯，2001（11）：9-11，18.
[467] 刘华，张雷明，王乃谦．秸秆人造板的现状与发展研究［J］．工业技术，2014（3）：131.
[468] 胡广斌，肖小兵．秸秆人造板生产的两种工艺方案的可行性研究［J］．人造板通讯，2005（6）：16-18.
[469] 段海燕，贺小翠，尚大军，等．我国秸秆人造板工业的发展现状及前景展望

[J]. 农机化研究，2009 (5)：18-22.
[470] 王欣，周定国 . 农作物秸秆化学成分对人造板生产工艺的影响 [J]. 林产工业，2009，36 (5)：26-29.
[471] 李志国 . 异氰酸酯对木材胶接固化机理的研究 [D]. 哈尔滨：东北林业大学，2004.
[472] 杨平德 . 异氰酸酯黏合剂在农作物秸秆人造板工业中的应用研究 [D]. 济南：山东大学，2006.
[473] 傅志前，朱兰玺 . 国外秸秆建筑的产生与发展研究 [J]. 工业建筑，2013，42 (2)：33-36.
[474] 李根，张波 . 农业废弃物秸秆生产新型墙体材料的应用研究 [J]. 工业安全与环保，2013，39 (4)：46-47，96.
[475] 徐明，张润芳 . 我国秸秆纤维基环保节能墙体材料的研究与应用进展 [J]. 材料导报，2012，26 (20)：298-302.
[476] 亢毅 . 利用秸秆资源开发农村建筑墙体材料制品的研究 [J]. 兰州：兰州理工大学，2014.
[477] 杜婷，郭太平，刘中心，等 . 利用农业废弃物生产绿色墙体材料 [J]. 建筑技术，2006，37 (9)：707-708.
[478] 文俊强，陈益民，张洪滔，等 . 我国无机胶凝材料基秸秆建材发展现状 [C] //第十届全国水泥和混凝土化学及应用技术会议论文摘要集，2007.
[479] 谭强，阎慧群，王可 . 新型环保节能建材秸秆纤维混凝土砌块的研究进展 [J]. 生态经济，2013 (4)：121-124.
[480] 戢娇 . 新型农作物秸秆复合墙体的应用研究 [D]. 西安：西安科技大学，2011.
[481] 肖力光，赵露，陈景义 . 利用秸秆制造新型复合节能墙体材料的可行性研究 [J]. 吉林建筑工程学院学报，2004，21 (2)：1-6，13.
[482] 张正涛 . 秸秆-氯氧镁水泥墙体材料的制备技术、性能、水化反应行为及应用 [D]. 南京：东南大学，2011.
[483] 付调坤，魏晓奕，李积华，等 . 热带农作物废弃物制备天然纳米纤维素的研究进展 [J]. 纤维素科学与技术，2013，21 (1)：78-85.
[484] 钟光华 . 软木工业概况 [J]. 林业机械与木工设备，2006，34 (3)：6-8.
[485] 潘雯瑞，任建兴 . 秸秆生物质燃料燃烧特性分析 [J]. 上海电力学院学报，2010，26 (2)：131-134.
[486] 米铁，胡叶立，余新明 . 活性炭制备及其应用进展 [J]. 江汉大学学报（自然科学版)，2013，41 (6)：5-12.
[487] 张本镔，刘运权，叶跃元 . 活性炭制备及其活化机理研究进展 [J]. 现代化工，2014，34 (3)：34-39.
[488] 陈灵智，徐建中，焦运红 . 高吸附性活性炭制备及应用进展 [J]. 炭素技术，2014，33 (6)：38-41.
[489] 周琴，沈健，黄敏 . 活性炭的制备及再生研究进展 [J]. 化学与生物工程，

2013，30（12）：10-13.
[490] 孙艳．活性炭制备现状及其研究进展［J］．中国资源综合利用，2014，32（1）：44-46.
[491] 田文瑞，沈冬冬，段萌，等．农林废弃物制备活性炭的化学方法［J］．化工技术与开发，2012，41（2）：28-31，39.
[492] 徐泽龙，陆荣荣．农业废弃物制备活性炭及其应用进展［J］．广西轻工业，2010，(3)：65-67.
[493] 姜志翔，郑浩，李锋民，等．生物炭碳封存技术研究进展［J］．环境科学，2013，34（8）：3327-3333.
[494] 何绪生，耿增超，佘雕，等．生物炭生产与农用的意义及国内外动态［J］．农业工程学报，2011，27（2）：1-7.
[495] 陈温福，张伟明，孟军．农用生物炭研究进展与前景［J］．中国农业科学，2013，46（16）：3324-3333.
[496] 张千丰，王光华．生物炭理化性质及对土壤改良效果的研究进展［J］．土壤与作物，2012，1（4）：219-226.
[497] 袁艳文，田宜水，赵立欣，等．生物炭应用研究进展［J］．可再生能源，2012，30（9）：45-49.
[498] 孟军，陈温福．中国生物炭研究及其产业发展趋势［J］．沈阳农业大学学报（社会科学版），2013，15（1）：1-5.
[499] 钱新锋，赏国锋，沈国清．园林绿化废弃物生物质炭化与应用技术研究进展［J］．中国园林，2012（11）：101-104.
[500] 袁艳文，田宜水，赵立欣，等．卧式连续生物炭炭化设备研制［J］．农业工程学报，2014，30（13）：203-210.
[501] 勾芒芒，屈忠义．生物炭对改善土壤理化性质及作物产量影响的研究进展［J］．中国土壤与肥料，2013（5）：1-5.
[502] 张浩．发酵床养猪技术原理及应用［J］．现代农业科技，2015（9）：281，289.
[503] 林启才，徐楠，成西娟，等．生物发酵床技术在畜禽养殖业污染处理中的应用分析［C］//中国环境科学学会学术年会论文集．北京：中国环境科学学会，2014：6709-6712.
[504] 霍国亮，郑志伟，张建华，等．生物发酵床养猪垫料的选择与制作（上）［J］．河南畜牧兽医，2009，30（4）：31-32.
[505] 曾文刚，邱先玺．微生物发酵垫料床养猪技术［J］．贵州畜牧兽医，2010，34（6）：37.
[506] 孟现成，赵春艳，王琴．发酵床养猪技术的优点及存在问题研究进展［J］．广东饲料，2014，23（9）：43-45.
[507] 吴传文，牛玉娟，相伟，等．发酵床养猪技术的研究与应用状况［J］．中国猪业，2014（9）：51-55.
[508] 朱双红．猪生物发酵床垫料中细菌群落结构动态变化研究［D］．武汉：华中农

业大学，2012.

［509］ 李兆龙，刘波，蓝江林，等．大栏微生物发酵床养猪模式对育肥猪品质的影响［J］. 福建农业学报．2014，29（8）：720-724.

［510］ BEESLEY L，MARMIROLI . The immobilization and retention of soluble arsenic，cadmium and zinc by biochar［J］. Environmental Pollution，2011，159（2）：474-480.

［511］ CAO X D，MA L，GAO B，et al. Dairy-manure derived biochar effectively sorbs lead and atrazine［J］. Environmental Science & Technology，2009，43（9）：3285-3291.

［512］ CHEN J，ZHU D，SUN C. Effect of heavy metals on the sorption of hydrophobic organic compounds to wood charcoal［J］. Environmental Science & Technology，2007，41（7）：2536-2541.

［513］ COLE M A，LIU X，ZHANG L. Effect of compost addition on pesticide degradation in planted soils［A］. Bioremediation of Recalcitrant Organics［C］. In：Hinchee R E，Anderson D B，Hoeppel R E. Columbus，OH：Battelle Press，1995.

［514］ DI NATALE F，LANCIA A，MOLINO A，et al. Removal of chromium ions form aqueous solutions by adsorption on activated carbon and char［J］. Journal of Hazardous Materials，2007，145（3）：381-390.

［515］ LIU J，ZHAO Z，JIANG G. Coating Fe_3O_4 magnetic nanoparticles with humic acid for high efficient removal of heavy metals in water［J］. Environmental Science & Technology，2008，42（18）：6949-6954.

［516］ SONG Y，WANG F，BIAN Y，et al. Bioavailability assessment of hexachlorobenzene in soil as affected by wheat straw biochar［J］. Journal of Hazardous Materials，2012，217：391-397.

［517］ SUN K，GAO B，RO K S，et al. Assessment of herbicide sorption by biochars and organic matter associated with soil and sediment［J］. Environmental Pollution，2012，163：167-173.

［518］ TAN X，LIU Y，ZENG G，et al. Application of biochar for the removal of pollutants from aqueous solutions［J］. Chemosphere，2015，125：70-85.

［519］ TORDOFF G M，BAKER A J M，WILLIS A J. Current approaches to the revegetation and reclamation of metalliferous mine wastes［J］. Chemosphere，2000，41（1）：219-228.

［520］ UCHIMIYA M，LIMA I M，THOMAS KLASSON K，et al. Immobilization of heavy metal ions（Cu Ⅱ，Cd Ⅱ，Ni Ⅱ，and Pb Ⅱ）by broiler litter-derived biochars in water and soil［J］. Journal of Agricultural and Food Chemistry，2010，58（9）：5538-5544.

［521］ 曹志洪．土壤质量演变规律与持续利用研究的进展［C］//中国土壤学会第十次全国会员代表大会暨第五届海峡两岸土壤肥料学术交流研讨会论文集（面向农业与环境的土壤科学综述篇）．南京：中国土壤学会，2004.

［522］ 陈青安．矿山废弃地复垦技术综述［J］. 黑龙江科技信息，2008（34）：74-74.

[523] 陈再明，方远，徐义亮，等．水稻秸秆生物炭对重金属 Pb^{2+} 的吸附作用及影响因素［J］．环境科学学报，2012，32（4）：769-776.

[524] 串丽敏，赵同科，郑怀国，等．土壤重金属污染修复技术研究进展［J］．环境科学与技术，2014，37（120）：213-222.

[525] 傅平青，刘丛强，万鹰昕，等．水环境中腐殖质对重金属吸附行为的影响［J］．矿物岩石地球化学通报，2002，21（4）：277-281.

[526] 郝喜海，罗洁，衣潇鹏．我国重金属污染现状与微生物修复技术［J］．广州化工，2013，41（11）：42-44.

[527] 蒋晓云，曾光明，黄丹莲，等．接种白腐菌堆肥修复五氯酚污染的土壤［J］．环境科学，2006，27（12）：2553-2556.

[528] 李国学，孙英．高温堆肥对六六六（HCH）和滴滴涕（DDT）的降解作用研究［J］．农业环境保护，2000，19（3）：141-144.

[529] 李海英，顾尚义，吴志强．矿山废弃土地复垦技术研究进展［J］．矿业工程，2007，5（2）：43-46.

[530] 李树志，周锦华，张怀新．矿区生态破坏防治技术［M］．北京：煤炭工业出版社，1998.

[531] 林雪原，荆延德，巩晨，等．生物炭吸附重金属的研究进展［J］．环境污染与防治，2014，36（5）：83-87.

[532] 刘立艳．矿山废弃地生态修复技术研究［J］．煤炭工程，2012（S2）：146-148.

[533] 宋法龙．以基材-植被系统为基础的生态护坡技术研究［D］．合肥：安徽农业大学，2009.

[534] 唐德权，王曙光．我国环境污染现状、症结与环境税改革构想［J］．经济研究导刊，2012（8）：89-90.

[535] 佟雪娇，李九玉，姜军，等．添加农作物秸秆炭对红壤吸附 Cu（Ⅱ）的影响［J］．生态与农村环境学报，2011，27（5）：37-41.

[536] 汪成成，刘红民，刘畅，等．我国矿区废弃地土地复垦技术研究综述［J］．辽宁林业科技，2014（1）：36-38.

[537] 汪全胜，王金荣，柏明娥．道路边坡生态修复技术方案——以丽水七百秧城市森林公园周边道路边坡为例［J］．华东森林经理，2011，25（2）：73-75.

[538] 薛小平．挂网喷混植生技术在金矿废弃物边坡植被恢复中的应用［J］．亚热带水土保持，2007，19（2）：39-40.

[539] 张甲耀，李静，夏威林，等．生物修复技术研究进展［J］．应用与环境生物学报，1996（2）：193-199.

[540] 张小凯，何丽芝，陆扣萍，等．生物质炭修复重金属及有机物污染土壤的研究进展［J］．土壤，2013，45（6）：970-977.

[541] 赵德良，蒋世谦，孔德江．那拉提草原风景区公路建设边坡植被修复技术探讨［J］．新疆畜牧业，2014（3）：58-60.

[542] 赵景逵．矿山土地复垦技术与管理［M］．北京：农业出版社，1993.

[543] 朱凤香，王卫平，陈晓旸，等．堆肥在环境修复与农业生产中应用的研究进展［J］．浙江农业学报，2008，20（6）：491-495.
[544] 胡明秀．农业废弃物资源化综合利用途径探讨［J］．安徽农业科学，2004，32（4）：757-759，767.
[545] 林向红．发展农业循环经济是我国现代农业的现实选择［J］．生态经济，2006（2）：110-112.
[546] 张建华．关于发展我国农业循环经济的对策研究［J］．河南农业，2006（9）：31-32.
[547] 黄军，何健，周青．循环农业模式下的农业废弃物资源化利用［J］．世界科技研究与发展，2006，28（6）：76-79.
[548] 陈娟，韩冀，雄东毕．发展农业循环经济促进农业可持续发展［J］．河南农业，2007（9）：49.
[549] 卢育红，史宝娟．农业循环经济是我国农业发展的必然选择［J］．农业经济，2008（7）：38-39.
[550] 张学会，赵凯，胡源，等．中国农业循环经济综述及评价［J］．世界农业，2008（9）：8-11.
[551] 苟在坪．大力发展农业循环经济是实现农业可持续发展的有效途径［J］．再生资源与循环经济，2008（9）：40-43.
[552] 孙士宇，徐青山，金经人．杭州农业循环经济的发展现状及对策［J］．环境保护与循环经济，2010（12）：15-17.
[553] 范稚莲，莫良玉，冯礼就，等．发展生态农业促进农业循环经济发展［J］．环境保护与循环经济，2011（4）：17-19.
[554] 吴景贵，孟安华，张振都，等．循环农业中畜禽粪便的资源化利用现状及展望［J］．吉林农业大学学报，2011，33（3）：237-242，259.
[555] 杜艳艳，赵蕴华．农业废弃物资源化利用技术研究进展与发展趋势［J］．广东农业科学，2012（2）：192-196.
[556] 韩金竹，张建华．农业废弃物和农产品的创意利用［J］．上海农业科技，2013（3）：26-27.
[557] 陶思源．辽宁农业废弃物资源化利用存在的问题、潜力及对策［J］．辽宁经济，2013（4）：10-11.
[558] 陶思源．基于农业循环经济视角下的农业废弃物资源化利用［J］．农业经济，2013（4）：22-23.

后　记

受“固体废物环境管理丛书”编委会委托，浙江省农业科学院农业废弃物资源化利用研究室承担了《农业固体废物处理与处置》一书的编写工作。在丛书编委会的指导下和编写人员的共同努力下，该书终于出版并与读者见面了。

丛书总主编、浙江省固体废物处理与资源化重点实验室副主任、浙江博世华环保科技有限公司董事长陈昆柏教授，河南省固体废物管理中心郭春霞副主任和河南科学技术出版社李肖胜副总编辑亲自指导并多次参与本书的编写论证，对编写工作和书稿体例等提出了很多的宝贵意见，为本书得以顺利出版做出了很大贡献。陈燕平、郭光、石伟勇、熊万军、王根亮、汪孙军、温俊明、姚洪根为本书案例编写提供了相关材料，在此一并表示感谢。同时本书的编写出版还得到了南京农业大学原副校长、博士生导师、中国植物营养与肥料学会生物与有机肥料专业委员会主任沈其荣教授和浙江工商大学环境科学与工程学院原副院长、博士生导师、浙江省固体废物处理与资源化重点实验室副主任沈东升教授的肯定，在此对他们表示衷心的感谢。

本书由薛智勇主编，负责完成全书篇章设计，前言、后记的撰写和各章节修改定稿等工作；姚燕来、王卫平为副主编，参与全书篇章设计和各章节修改定稿及组织分工等工作。参加全书编写的主要人员及分工如下：第 1 章由王卫平编写，第 2 章和第 8 章由陈晓旸编写，第 3 章由朱凤香编写，第 4 章和第 5 章由洪春来编写，第 6 章和第 7 章由姚燕来编写，第 9 章由薛智勇编写。

编者

2016 年 5 月